ゲームを改造しながら学ぶ

Scratch（スクラッチ）

プログラミング

ドリル

アソビズム 著

誠文堂新光社

アクション、レース、釣り、ロールプレイング…ジャンルいろいろ！

ゲームメーカー開発の教材で レッツ！プログラミング

本書には人気ゲームを開発する株式会社アソビズムの教育部門、未来工作ゼミが考案したさまざまなジャンルのゲーム開発用プロトタイプ（原型）が収録されています。プロのゲームクリエイターたちのクオリティへのこだわりと、教育事業で培ったプログラミング学習のノウハウが詰まったプロトタイプをもとにゲームを作っていくことで、遊ぶように楽しく学べます。★★

アクションや
シューティング！

手に汗にぎる
格闘ゲームも！

ステップ草原

さらには
ロールプレイング
ゲーム(RPG)まで！

プログラミングが初めての人でもダイジョーブ！
そのワケは、次のページで紹介！

Let's GO

アソビズムって、どんなゲームを作っている会社？

株式会社アソビズムは、スマートフォンやコンソールのゲームを企画・開発・運営する制作集団です。
「城とドラゴン」(2015年2月5日配信開始)や「GUNBIT」(2019年5月15日配信開始)などを配信し、
つねに新しい遊びや他にマネのできないモノづくりを目指しています。

ゲームを改造しながらプログラミングが身につく「プロトタイプハッキング」とは？

　本書は未来工作ゼミが考案した、プログラミングをゲームのように楽しく学べる「プロトタイプハッキング」というメソッドをもとに構成されています。未完成のゲームデータ（プロトタイプ）を改造（ハッキング）することで、なぞなぞを解くようにプログラミングを学ぶことができます。実際にどのようにしてゲームを作っていくかは、14〜15ページでくわしく説明しています。

この本でのゲームの作り方

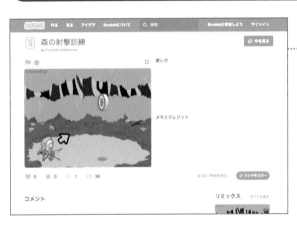

1 プロトタイプをゲット！

ゲームのもととなるプロトタイプはすでにWebサイトに用意されています。開いたら80%ほどはゲームとして動きますが、遊ぶためにはあともう少しプログラムが足りない状態です。

このままでは動けない…

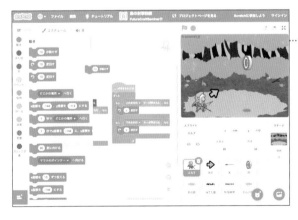

2 ゲームを完成させる！

それぞれのゲームのプロトタイプでは足りていない機能や処理が穴埋めクイズのように提示されますので、自分で考えてサクッとゲームを完成させましょう。ヒントもあるので簡単です。

動けるようになったぞ！

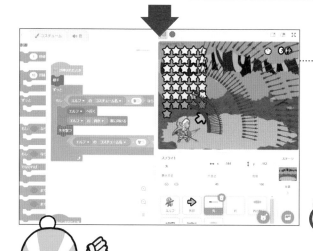

③さらに楽しくなるよう改造！

完成してからが本番です。ゲームは自由に改造できます。プログラムを読み解きながら、さらに面白いゲームに進化させましょう。夢中になってゲームの楽しさを追求するうちに、プログラミングの理解が深まります。

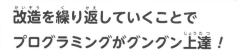

プログラムを改造して
ハイスコアに挑戦だ！

改造を繰り返していくことで
プログラミングがグングン上達！

Scratchの基本的な使い方もバッチリ解説！

Scratchが初めての人も安心ね！

▶▶▶▶▶ 25ページ ◀◀◀◀◀

自分だけのゲーム作りのコツも伝授！

超面白いゲームを作ってみせるぜ！

▶▶▶▶▶ 259ページ ◀◀◀◀◀

他にもコンテンツがいっぱい！
この本でたくさんゲームを作って
プログラミングをマスターしよう！

はじめに

　大好きなことをしていると、時が経つのも忘れて、夢中になってしまった経験は誰しもあるはずです。この本を手にしたみなさんは、きっとプログラミングやゲーム作りに興味関心があるはずです。あるいは大好きだという人もいるかもしれません。そんなみなさんに最初にお伝えしたいこと。それは、新しいことを始める時は、大好きなことに夢中になるように楽しく始めるのが一番ということです。

　本書にはアクションゲームや格闘ゲーム、RPGなど、いろんなジャンルのゲームが10本収録されています。どれも現役のクリエイターが作成した完全オリジナルのゲームばかりです。最初のステップでは、テキストに従ってゲームを完成させプログラムの基本を学びます。

　ゲームが完成したら、さっそく遊んでみてください。クリアーするのは意外と難しいかもしれません。中にはアクション系のゲームは苦手なんだと言う人もいるかもしれません。でも大丈夫。本書に掲載されたゲームは全てプログラムを改造することができるのです（普通のゲームは改造すると怒られますよ）。

　そうです。まるで映画に登場する天才少年が、コンピュータをハッキングして世界の危機を救うかのように、プログラムをハッキング（改造）してゲームのパーフェクトクリアーを目指すのです。

　ゲームを改造するためには、どこをどういじればどうなるのかを理解しなければいけません。そのためには、改造しては遊び、上手くいかなければ、また改造して…と、何度もトライ＆エラーしながら進めていく必要があります。実はこれ、現役のプログラマーが新しいプログラミング言語をマスターする

方法と同じ学習方法なんです。私たちは、この学習方法のことを「プロトタイプ・ハッキングメソッド」と名付けました。

　本書では、世界的に普及しているプログラミング学習用言語「Scratch」と「プロトタイプ・ハッキングメソッド」を用いて、ゲームを遊ぶのと同じような感覚で、段階的に楽しくプログラミングの要素を理解出来るように工夫しました。

　プログラミングやゲーム作りというと、なんだか難しそうに思えてくるかもしれませんが、決してそんなことはありません。ゲームをクリアーしたい！という気持ちに後押しされて、夢中で何度も試行錯誤しているうちに、プログラミングのスキルだけではなく、論理的に仕組みを考える力（プログラミング的思考力）も鍛えられているはずです。そして本書に掲載された全てのゲームをクリアーする頃には、様々なジャンルのゲーム作りのノウハウを手に入れているでしょう。

　改造して出来上がったゲームは、是非、友達にも遊んでもらってください。きっとゲームを遊ぶのと同じかそれ以上に「ゲームを作る楽しさ」の魅力に引き込まれると思います。そして、本書を読み進める時間がみなさんにとって「大好きなことに夢中になる時間」となれば、これ以上のことはありません。

2020年5月
株式会社アソビズム代表取締役CEO

大手 智之

保護者の方へ

注目され続けるプログラミング教育

　私たち「未来工作ゼミ」は、株式会社アソビズムの長野ブランチの社員により、2012年に活動をスタートしました。活動当初は、国内でプログラミング教育に関わる活動団体もまだ少なく、世間の注目も今ほど高くはありませんでした。

　しかし、年々プログラミング学習の必要性が叫ばれるようになり、今ではプログラミングを扱う教室は１万を超えると言われています。2020年度からは小学校でもプログラミング教育が必修化することとなり、2022年度からは、全国の小中高全ての学校で全面実施となります。

誰もがICT技術を使いこなす社会へ

　携帯電話や家電製品、自動車や自動販売機まで、今や至るところにコンピュータが埋め込まれ、誰もがテクノロジーの恩恵を受けて生活しています。そして、そのコンピュータの１つ１つが、プログラマによりプログラミングされ、日夜、私たちのために命令された通りの動きを行っているのです。

　たとえば、「LINEで友達と一緒に勉強した」「友達と一緒に旅行の計画をGoogleマップで作った」など、私たちはすでにICT技術を利用してこれまでできなかったことを実現しています。ICT技術への理解が深まれば、さらにこうした技術を繋ぎ合わせて新しいことを実現することができるようになると考えられます。

プログラミングの技術を学ぶのが目的ではない

　日進月歩のICT業界では、テクノロジーの進化が早く、せっかくプログ

ラミングを学んだとしても、いざ子供たちが社会へ出る頃には、すでに古い技術になっているかもしれません。ですから、プログラミング言語を学ぶことが大切なのではなく、プログラミングを通して、学び方を学ぶことや、論理的に仕組みを考える力（プログラミング的思考力）を育むのが重要だと考えられています。

　本書では、そうしたことを踏まえて、できるだけ暗記や写経などの一般的な学習方法を排除して、自ら考えて学ぶ力を養えるように工夫されています。本書の要となる「パーフェクトチャレンジ」のコーナーでは、決められた答えはありません。なぜなら、プログラミングの目的は1つですが、それを実現するための道筋は幾通りも考えられるからです。

　これらの力は、将来子供たちがどのような職業につくことになったとしても役立つ普遍的な能力でもあります。

未来工作ゼミからのメッセージ

　最後になりますが、便利な道具は時に諸刃の剣にもなり得ます。それらを正しく使いこなすためにも、ICT技術への理解と、人間らしい心の2つが大切だと言えます。

　そうした心を育てるためには、自然との触れ合いや五感を使った体験が子供たちには必要です。パソコンに触れたらそれと同じ時間だけ、夢中になって外で遊ぶ時間を大切にしていって欲しいと願っています。

　未来工作ゼミでは毎年夏には自然の中でダイナミックな物作りを体験できるサマーアドベンチャーキャンプを開催しています。興味のある方は是非、遊びに来てください！　　　（詳しくは「未来工作ゼミ」で検索！）

も く じ

ゲームメーカー開発の教材で レッツ！プログラミング ———— 2

はじめに ———— 6

保護者の方へ ———— 8

この本の楽しみ方 ———— 14

この本の見方をチェックしよう！ ———— 17

マンガ① ———— 20

データの著作権に関して ———— 24

Chapter 0

Scratchの基礎知識

はじめに／Scratchを触ってみる ———— 26

各エリアの名前を覚える ———— 28

プログラミングしてみる ———— 32

作ったゲームを保存する ———— 40

保存したゲームを読み込む ———— 42

マンガ② ———— 44

コラム／ゲーム会社を探検してみた！ 其の壱 ———— 46

Chapter 1

ゲームを作ろう！ －初級編－

ゲーム1 森の射撃訓練 ──────────── 48
ゲーム2 月面OMOCHI探査隊 ──────── 74
ゲーム3 爆撃ハンター ──────────── 98

マンガ③ ─────────────────── 124
コラム／ゲーム会社を探検してみた！ 其の弐────── 126

Chapter 2

ゲームを作ろう！ －中級編－

ゲーム1 イッキウチコロシアム ──────────128
ゲーム2 密林フィッシング ───────────154
ゲーム3 忍者の居合 ─────────────176

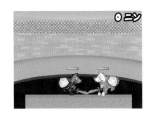  

マンガ④ ——————————————————— 192

コラム／ゲーム会社を探検してみた！ 其の参 ——————— 194

Chapter 3

ゲームを作ろう！ －上級編－

ゲーム1 激走戦闘員トレーニング ————————————196

ゲーム2 スノボーレーシング ———————————————212

ゲーム3 浮島クエスト —————————————————— 225

マンガ⑤ ——————————————————— 238

コラム／ゲーム会社を探検してみた！ 其の四 ——————— 240

Chapter 4

ゲームクリエイターからの挑戦状

ゲーム1 クラッシュナイト ——————————————— 242

マンガ⑥ ——————————————————————— 256

コラム／ゲーム会社を探検してみた！ 其の五 ————— 258

Chapter 5

自分のゲームを作ってみよう！

トロフィー獲得にチャレンジ ————————————— 266

Scratch虎の巻 —————————————————————— 268

ScratchのWebサイトでシェアしよう ————————— 276

マンガ⑦ ——————————————————————— 282

おわりに ——————————————————————— 287

この本の楽しみ方

本書は、初心者から経験者まで、どのレベルの人でも楽しみながらゲームプログラミングのスキルが身につくように構成されています。どのような流れでゲームを作っていくのか、本書の見方について解説します！

どうやってゲームプログラミングを進めていくのか見てみよう！

本書で登場するゲームは、すべてを1からつくるのではありません。ゲームのためのキャラなどが準備されたプロトタイプ（原型）をもとに、きちんとプレイできるようにプログラミングしていきます。そして、完成したゲームを「完全クリア」できるように、さらに改造（ハッキング）しながら遊んでいくことで、プログラミングの考え方に慣れていくとともに、自然と創造性や論理的思考力を伸ばすことができます。

1 プロトタイプ（原型）を使ってゲームを完成させよう！

特設サイトでプロトタイプをゲット！ https://scratch.futurecraft.jp/

ステップ1

特設サイトにはすべてのゲームのプロトタイプが用意されています。これから挑戦するゲームのデータを開きましょう。

ステップ2

プロトタイプは一見遊べそうですが、実は一部のプログラムが未完成なので、そのままではプレイできません。本の解説に沿って作り上げていきましょう！

ステップ3

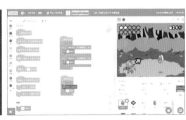

プレイしてみて、うまく動かなかったらプログラムを見直すを繰り返して、ゲームを完成させましょう。完成したら、ゲームで遊んでみてください！

ここがポイント①

プロトタイプは舞台やキャラクターが明確なので、「どんなゲームなのか」「何をプログラミングすればいいのか」目的がイメージできます。目的がはっきりしているとブロックの使い方や組み合わせ方にも想像力が働くので、1からつくるよりも習得効率が高まります！

② 完全クリアを目指してゲームを改造（ハッキング）しよう！

ステップ1

各ゲームには「完全クリア」の条件が設定されています。しかし、ゲームを完成させただけでは、完全クリアは難しいです！

ステップ2

完全クリアを目指して、ゲームを改造していきます。目的のためにはどのようにプログラミングしていけばいいのか、失敗を恐れずにいろいろ試してみましょう！

ステップ3

夢中になって改造して、完全クリアできたころには、プログラミングの知識も技術もぐんとレベルアップしています！

ここがポイント②

「ゲームを完全クリアしたい！」という楽しくて挑戦的な目標のために、手段としてプログラミングをするということが大切です。プログラミングは自分のやりたいことを実現する手段なのです。また、もともと作られたプログラムを改造するには、そのプログラムの内容を十分に理解する必要があります。トライ＆エラーを繰り返しながら内容を理解していくことは、本職のプログラマーと同じ学習方法なのです。

③ 難易度は徐々に上がるので初心者も安心！上級者も初級から楽しめる！

　本書では難易度を初級、中級、上級と三段階に設定して、それぞれに対応して解説やヒントの量が変わります。初級ではScratchのブロックの組み立て方から解説しますので、プログラミング未経験でも大丈夫です。徐々にヒントを減らすことで自分で考える力をつけてもらい、無理なく上級へ導きます。ゲームを完成させて終わりではなく、完全クリアを目指してゲームを改造することが本番なので、上級者でも初級から十分にプログラミングを学ぶことができます。

初級

● 森の射撃訓練（48ページ〜）
● 月面OMOCHI探査隊（74ページ〜）
● 爆撃ハンター（98ページ〜）

中級

● イッキウチコロシアム（128ページ〜）
● 密林フィッシング（154ページ〜）
● 忍者の居合（176ページ〜）

上級

● 激走戦闘員トレーニング（196ページ〜）
● スノボーレーシング（212ページ〜）
● 浮島クエスト（225ページ〜）

④ベテランクリエイターのゲームや自分だけのゲーム作りにチャレンジ！

上級クラスのゲームを完全クリアできたら、アソビズムのベテランクリエイターによるゲーム「クラッシュナイト」に挑戦しましょう。ここまでクリアできれば、Scratchでのゲームプログラミングをマスターしたといえるでしょう！ 身につけた知識や技術で、ぜひ自分なりのゲーム作りにもチャレンジしてみてください。

ゲームクリエイターからの挑戦状

242ページ〜

自分のゲームを作ってみよう

259ページ〜

特設サイトでゲームプログラミングがもっともっと面白くなる！

本書の特設サイトではプロトタイプをダウンロードするだけではなく、さまざまな特典や情報がいっぱい！ たとえば、本書掲載ゲームのキャラクターや背景画像の別バージョンデータや、さらにはみなさんが改造したゲームを紹介したりするコーナーも?! もしかしたら、今後まったく新しいゲームが追加されることもあるかもしれません。ぜひチェックしてみてくださいね。

TOPページ（制作中の画面です。実際とは異なる場合があります）

特設サイトでこんなことができる！

ゲーム素材のダウンロード

改造したゲームの紹介ページ（制作中の画面です。実際とは異なる場合があります）

この本の見方をチェックしよう！

ここからは、本書の見方や使い方を説明します。本の中で出てくる要素をしっかりと押さえてください。

ゲームタイトルだけでなく、「制作難易度」でプログラミングの難しさ、「指令」でこのゲームのプログラミングを通じてどんなことを学習できるのかがわかる。

自分が操作するキャラクターの動かし方を解説。実際にプロトタイプでプレイしてみて、何ができて何ができない状態なのか確認してみよう。

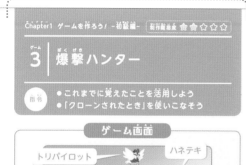

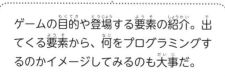

ゲームの目的や登場する要素の紹介。出てくる要素から、何をプログラミングするのかイメージしてみるのも大事だ。

最初に必ず「どんなゲームなのか」を紹介するページが登場！まずはゲームの世界観や遊び方をチェックしよう！

次に、STEPに沿ってゲーム完成を目指そう！

タイトルを見れば目的がわかる。「ゲーム完成度」で完成までの段階もわかるぞ。

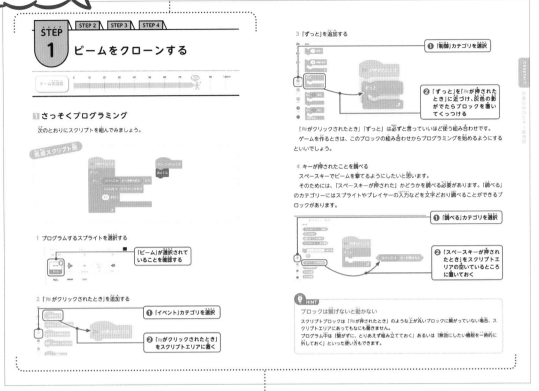

本書の各コーナーやアイコンの説明

 正しく動くブロックの組み合わせの例を見せるコーナー。初級ではお手本として最初に見せているけど、難易度が上がるにしたがって、まずは自分で考えてプログラミングをすることになるぞ。プログラミングに正解はない。完成プログラム例で紹介する以外の作り方もあるから、例を頼りすぎないようにしよう。

 初めて出てくる言葉の説明やプログラミングの注意点などを教えるコーナー。

 解説で登場したブロックや考え方などを、よりくわしく説明するコーナー。

 プチ情報や便利なテクニックなどを紹介するコーナー。

 STEPをクリアするためのヒントをもとに、自分で考えてみるコーナー。難易度が上がるにつれて、このコーナーの登場も増えてくるぞ！

 実際に自分で手を動かして挑戦してみる部分についているアイコン。これがあるときは、今まで学んできたことをもとに、自分でプログラミングしてみよう！

完全クリアの条件はここを見よう。まずそのままのゲームで挑戦して、どこを改造すれば完全クリアできるのか考えてみよう！

ゲームが完成したあとは、完全クリアを目指す「パーフェクトチャレンジ！」に挑戦だ！

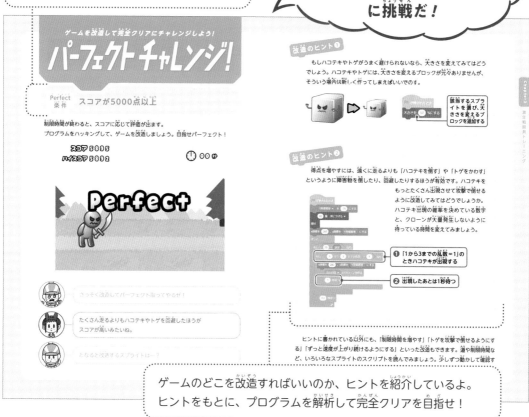

ゲームのどこを改造すればいいのか、ヒントを紹介しているよ。ヒントをもとに、プログラムを解析して完全クリアを目指せ！

Chapter0／Scratchの基礎知識

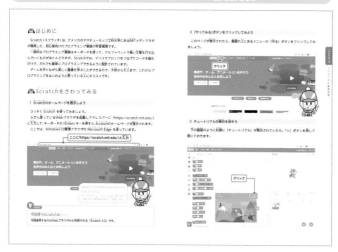

Scratchをやったことがない人向けに、最初にScratchの使い方を紹介しているよ。Scratchに慣れている人はChapter1へGO！

コラム／ゲーム会社を探検してみた！

ゲーム会社ってどんなところ？コーサクと一緒にのぞいてみよう！

たっだいま〜！

おかえりコーサク
ミクちゃん、あそびに
来てるわよ〜

ドタ
ドタ

ミクかぁ…
あいつ、いつも
エラそうにしてるから
ニガテなんだよな

あれ？
ミクいね〜し…

フン

なぁ、
モニタ

おい、
モニタ
きいてる？

おーい、なにを
そんなに夢中に

まほう少女
ミク

な…
なにコレ！？

ずいぶんと
お楽しみ
いただけている
ようで…

ミク!!
なんで押入れに
いるんだよ!!

いったい このゲーム
なんなんだよ!
なんでミクが主役なの?

そのゲーム。私が
「Scratch」で
作ったのよ

スクラッチ?…

キュッ
キュッ
キュッキュキュ
ちがーう!!

SCRATCH

じゃーなんだよ、その「Scratch」って？ 教えろよ！

ちょっとハズかしい

ふふふ…。それが人にものをたのむ態度？ まぁ、おやつ1ヶ月分と交換条件なら考えてもいいわよ

ケッ！だれがそんな条件… オレにもプライドってものがあるんだよ！

なぁ、モニ…

サッ

うむ

ってオイ!!

えーん！ うそうそ。 オレにも「Scratch」教えてよ〜！

わかったわかった。 まずはちょっと肩をもんでちょーだい！

ぜってーミクよりおもしろいゲームを作ってやる！

23

データの著作権に関して

特設サイトよりダウンロードしたサンプルファイルや、本書に掲載されているイラストなどは、著作権法により守られています。決められた範囲を超える利用は、著作権者に不快な思いをさせるだけではなく、法律違反となりますので、ルールを守って楽しく安全に使ってくださいね。

＜サンプルファイルの利用ルール＞

◎OK 本書の学習用途としての利用、または私的範囲内で利用すること

◎OK データを利用して自分で作ったゲームを、Web上やSNSで無償で公開すること

◎OK データを、塾や学校の教材として利用すること
（改変・一部の流用はNG。利用の際は必ず、©アソビズムを表記して、宜しければご一報ください）

⊗NG データの二次利用販売や商用目的での利用

※本書に記載されている内容やダウンロードしたデータの運用によって、いかなる損害が生じても、著者および出版社は一切の責任を負いかねますので、あらかじめご了承ください。

Scratchの基礎知識

🐶 はじめに

　Scratchは、アメリカのマサチューセッツ工科大学にあるMITメディアラボが開発した、初心者向けプログラミング言語の開発環境です。

　一般的なプログラミング言語はキーボードを使って、アルファベットで長い文章を打ち込んでいくものがほとんどですが、Scratchでは、マウスでブロックを繋げてコードを組むだけで、だれでも簡単にプログラミングできるように設計されています。

　ゲームを作りながら楽しく基礎を学ぶことができるので、子供から大人まで、これからプログラミングを始めようと思っている人にオススメです。

🐶 Scratchを触ってみる

1 ScratchのWebサイトを表示しよう

　さっそくScratchを使ってみましょう。

　普段使っているWebブラウザを起動し、アドレスバーに「https://scratch.mit.edu/」と入力して、キーボードの「Enter」キーを押すと、ScratchのWebサイトが表示されます。

　ここでは、Windows10標準ブラウザの Microsoft Edge を使っています。

ここに「https://scratch.mit.edu/」と入力

物語や、ゲーム、アニメーションを作ろう
世界中のみんなと共有しよう

使用するブラウザによっては、Scratchがうまく動かない可能性もあるから、注意してね！

> 💡 HINT
>
> **この本で使うScratchは……**
>
> この本で使用するのは、Webブラウザから利用できる「Scratch 3.0」です。

2 「作る」ボタンをクリックしてみよう

このページが表示されたら、画面の上にあるメニューの「作る」ボタンをクリックしてみましょう。

3 チュートリアルの表示を閉じよう

下の画面のように「チュートリアル」が表示されていたら、「×」ボタンを押して閉じておきます。

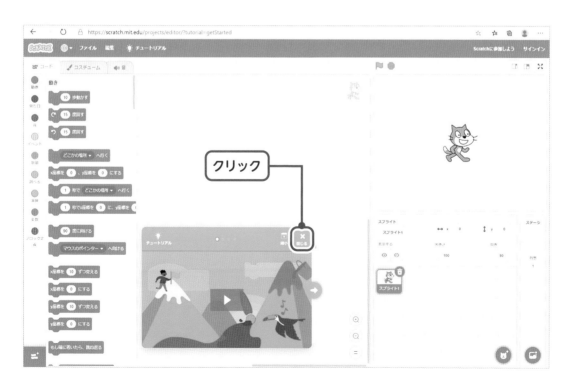

言語が日本語ではなかったら？

もし、文字が日本語になっていない場合は、メニューにある地球マークから言語を変更できます。地球マークを押して出てくるドロップダウンメニューには、たくさんの言語が入っています。マウスポインターをリストの下のほうに持って行き、リストを下にスクロールさせて「日本語」か「にほんご」を選択してください。

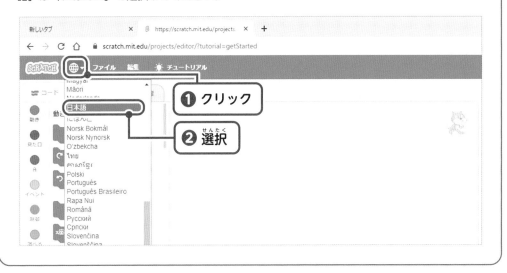

各エリアの名前を覚える

Scratchの画面は、5つのエリアに分かれています。

ゲームを作る説明のときによく出てくるので、しっかり名前を覚えておきましょう。

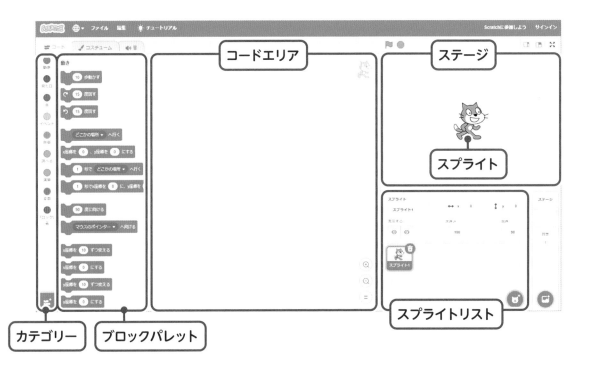

1 ステージ

　このエリアは「ステージ」です。Scratchでは、キャラクターやアイテムなど、ゲームに登場するもののことを「スプライト」と呼び、そのスプライトをこのステージに配置してゲームを作ります。

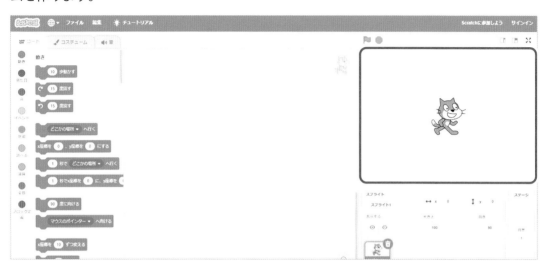

2 スプライトリスト

　このエリアは「スプライトリスト」です。ゲームに登場させたいキャラクターやアイテムなどは、この「スプライトリスト」に追加して管理します。

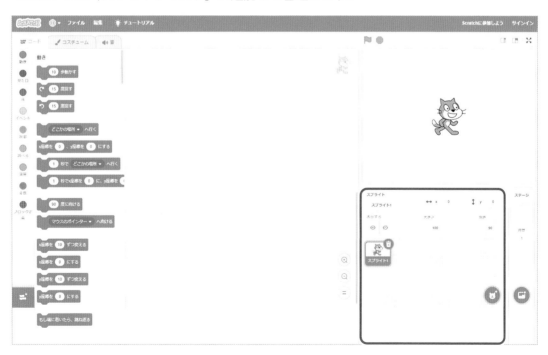

3 カテゴリー

このエリアは「カテゴリー」です。「カテゴリー」には、プログラミングに使うブロックが機能ごとに色分けして整理されています。

4 ブロックパレット

このエリアは「ブロックパレット」です。「ブロックパレット」には、各カテゴリーに対応したブロックが表示されます。

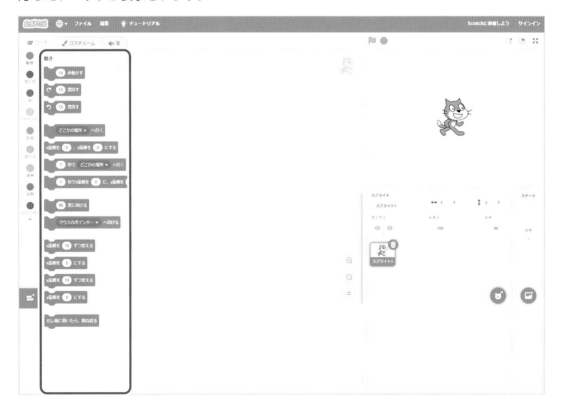

5 コードエリア

　このエリアは「コードエリア」です。「コードエリア」は、ブロックを組み立てて実際に
プログラミングする場所です。コードを組む場所という意味で「コードエリア」と呼びます。
　なお本書では、プログラミングすることを「コードを組む」とも表記します。

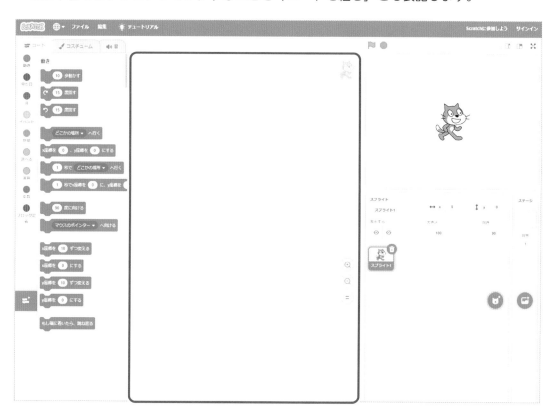

🐕 プログラミングしてみる

今回は、「スクラッチキャットがゲーム画面の中を左右に動きまわる」コードを組んでみたいと思います。

1 「10歩動かす」のブロックをコードエリアに置く

「動き」カテゴリーから「10歩動かす」のブロックをつかんで、コードエリアに置きます。

ドラッグ

Scratchを開いて、初めに表示されているスプライトのネコには、「スクラッチキャット」という名前がついています。

💡 HINT

ドラッグ、ドロップとは……
ブロックをつかんで移動させることがドラッグで、置くことをドロップと言います。

2 間違えてブロックを置いてしまった場合は…

もし間違えてブロックを置いてしまった場合は、ブロックパレットのエリアまで持って行けば、そのブロックを消すことができます。

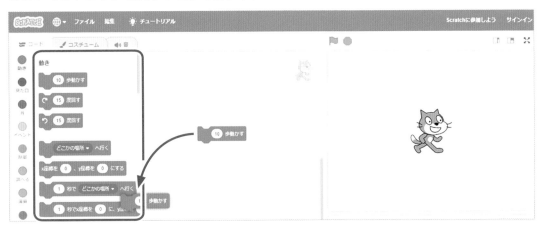

3 イベントを選択してみよう

コードエリアに「10歩動かす」のブロックを置いただけでは何も起こりませんね?

Scratchでは、「どんなとき」にブロックの命令を開始すればいいのか、一番最初にそのきっかけをあたえないといけません。「イベント」をクリックして、ブロックパレットに黄色のブロックを表示させてみましょう。

POINT

「イベント」カテゴリーの中身

「イベント」カテゴリーには、「▶が押されたとき」や「スペースキーが押されたとき」など、プログラムを実行するためのきっかけとなるブロックが入っています。

4 「▶が押されたとき」のブロックを使ってみよう

「▶が押されたとき」のブロックを、「10歩動かす」のブロックの上に持って行って置いてみましょう。

5 プログラムを実行してみよう

プログラムを実行してみましょう。

▶ を押すと、スクラッチキャットが右に少しだけ動きます。何度も押すと、どんどん右に移動していきます。

POINT

命令の実行順について

ブロックに書かれた命令は上から順番に実行されて、続きの命令がなければそこで処理が終了します。

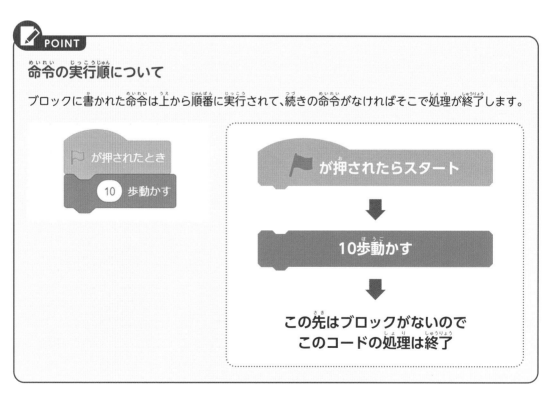

6 🏳 をクリックしたら「ずっと」10歩ずつ動くようにしてみよう

次は、🏳 をクリックしたらずっと10歩ずつ動くようにしてみましょう。

「制御」カテゴリーにある「ずっと」のブロックを、下の図のようになるように置いてください。

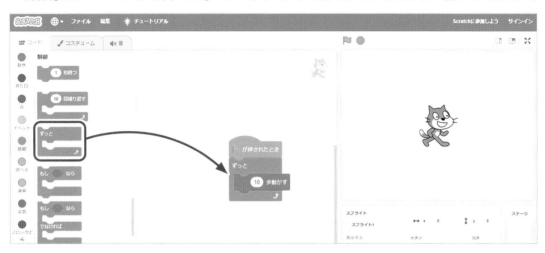

 HINT

ブロックのあいだにブロックを入れるには

「ずっと」のブロックを、最初に置いた2つのブロック
のあいだに近づけると灰色の影が出ます。このときに
「ずっと」のブロックを置くと、2つのブロックのあいだ
に割り込めます。

✏ POINT

命令の繰り返しについて

「ずっと」のブロックで挟むと、その中のブロックに書かれた命令はずっと繰り返されます。

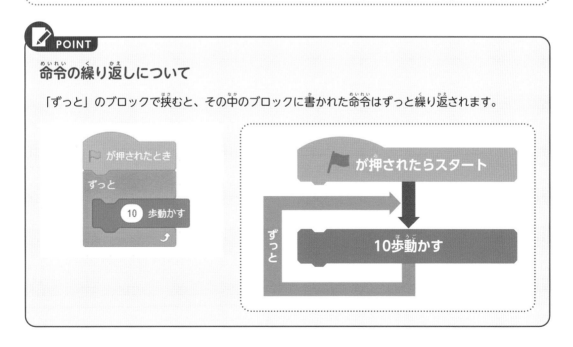

ここまでで、「🏳 がクリックされたら、ずっと10歩動かす」というコードが組めました。
せっかくなので、ステージ左上にある🏳をクリックして、動くか確かめてみましょう。
スクラッチキャットが画面の右側に向かって動きましたか？

✏️ **POINT**

画面から隠れてしまった場合は……

もし、スクラッチキャットが画面の右側に隠れてしまった場合は、いったんステージ左上の「赤い丸」ボタンでゲームを止めてから、「動き」カテゴリーの「x座標を０にする」ブロックを直接クリックすると、中央に戻ります。

x座標はステージの横軸で、Scratchでは中央が０です。縦軸はy座標で、同じく中央が０になっています。ステージの上下に隠れてしまった場合は、「y座標を０にする」で中央に戻せます。

「座標」については、これからゲームを作りながら順に覚えていきます。今はスクラッチキャットが隠れてしまったら「０にする」で戻せる、とだけ覚えておいてください。

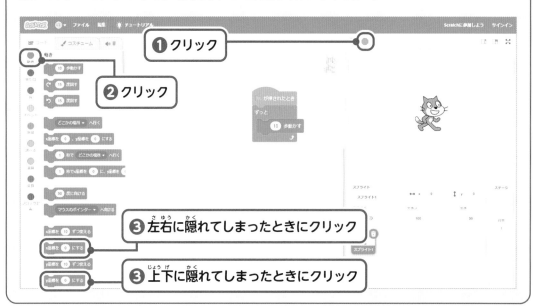

8 画面の端に着いたら跳ね返るようにしよう

　▶をクリックしたらずっと10歩ずつ動くようになったので、次は画面の端に着いたら跳ね返るようにします。

　「動き」カテゴリーの中から「もし端に着いたら、跳ね返る」を見つけて、コードエリアで組み立てたブロックの「10歩動かす」の下にくっつけてみましょう。

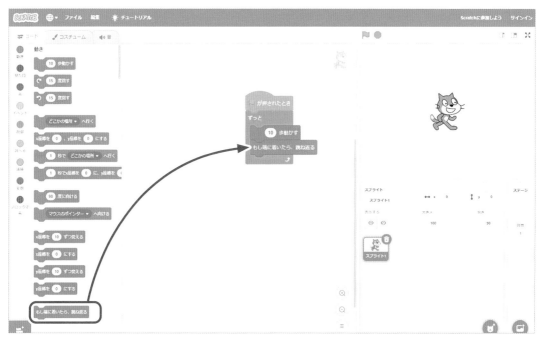

　上の図のようにコードを組んだら、▶をクリックして、ちゃんと跳ね返るかどうか確認してください。

9 プログラムを実行してみよう

　端に着いたら跳ね返るようにはなりましたが、このままだと左に進むときにスクラッチキャットが逆立ちしてしまいますね。

HINT

「もし端に着いたら、跳ね返る」ブロックについて

「もし端に着いたら、跳ね返る」ブロックは、スプライトが画面の端に触れたときに向いていた方向と反対方向に回転するという機能を持っています。

10 反対側を向いたときにひっくり返らないようにコードを組む

「動き」カテゴリーにある「回転方法を左右のみにする」のブロックを組み込んで、反対側を向いたときにひっくり返らないようにしましょう。これで、「スクラッチキャットがゲーム画面の中を左右に動きまわる」コードは完成です！

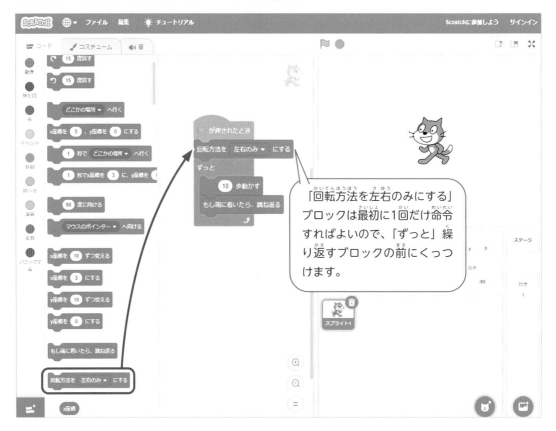

今回作ったコードの処理の流れを、くわしく見てみましょう！

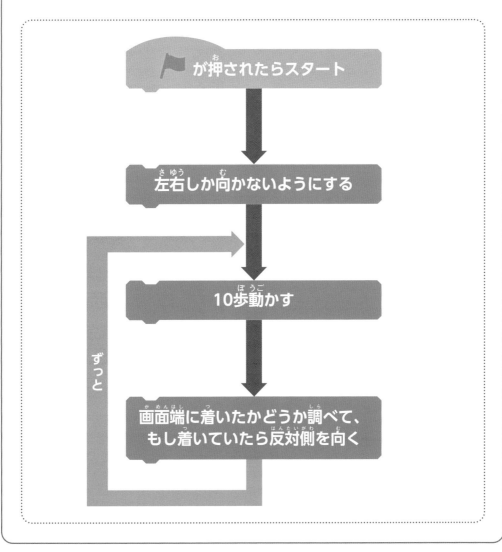

作ったゲームを保存する

コードが組めたら、自分のパソコンに保存してみましょう。

保存しておけば、パソコンの電源を切っても、前回の作業を終えたところから作業の続きが始められるようになります。

1 「ファイル」をクリックしよう

画面左上の「ファイル」をクリックします。

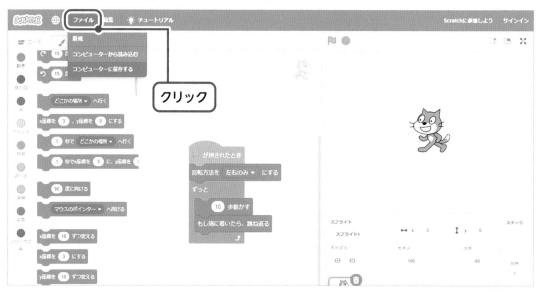

2 「コンピューターに保存する」をクリック

「コンピューターに保存する」をクリックします。

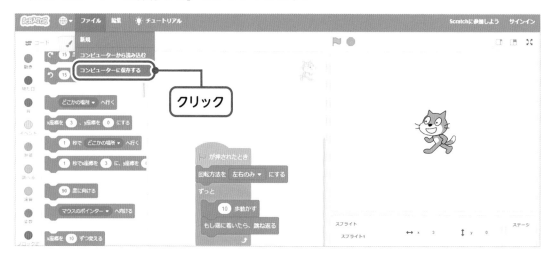

3 ダウンロードされたファイルを確認しよう

コンピューターに保存するを選択すると、「Scratchのプロジェクト」という名前のファイルがダウンロードされます。ダウンロードのされ方は使っているWebブラウザによって異なります。

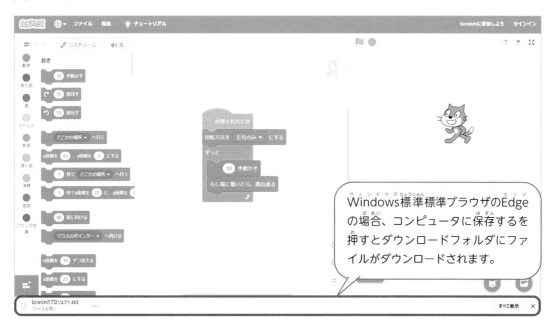

Windows標準標準ブラウザのEdgeの場合、コンピュータに保存するを押すとダウンロードフォルダにファイルがダウンロードされます。

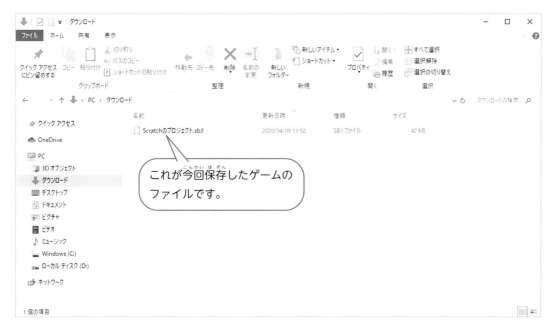

これが今回保存したゲームのファイルです。

上の図ではWindowsの「ダウンロード」フォルダに保存されました。

保存したゲームを読み込む

1 「ファイル」をクリックしよう

画面左上の「ファイル」をクリックします。

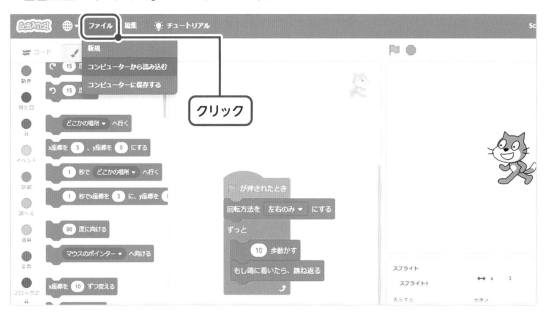

2 「コンピューターから読み込む」をクリック

「コンピューターから読み込む」をクリックします。

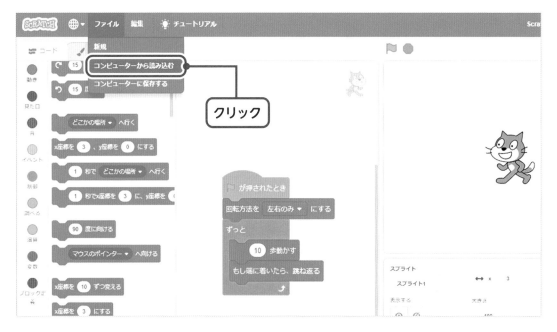

3 前回保存したファイルを開こう

「開く」のウィンドウが開いたら前回保存した場所からファイルを選んで、ウィンドウ右下の「開く」ボタンをクリックします。

ここではWindows10標準ブラウザのMicrosoft Edgeを使って、ダウンロードフォルダに保存したファイルを開いています。

バッチリわかったぜ。
プログラミングなんて簡単だな！
ガンガンゲームを作ってやるぜ。

はい、そこー
すぐ調子にのらなーい！

まだまだ
この本は始まったばかりだよ。
次のチャプターでは、いよいよ
ゲーム作りがはじまるわよ！

が…
がんばりやす

イタイ…

ゲーム会社を探検してみた！

其の壱

ゲームを作る会社って、どんなとこ？

オレ、コーサク。みんな、ゲーム作り楽しみだな。ゲームが作れるなんてサイコーの遊びじゃん！ でもゲーム会社ってどんなところなんだろうって思わない？ ゲームを作って暮らす大人が大勢集まっているって考えると不思議だよな。

実はオレ、ゲーム会社の中を見学できることになったんだ。一緒に潜入してどんなところか確かめてみようぜ。さっそくやってきたのは「城とドラゴン」や「ガンビット」を開発している…

株式会社アソビズムだ！

> コーサクくん、こんにちは！ アソビズムへようこそ。
> 今日はいろいろなところを見学していってね。まずは僕がいる部署を紹介しよう。
> ここでは会社の設備を管理したり、今みたいにお客様に応対したりするよ。
> ゲーム会社といっても、みんながパソコンとにらめっこしている訳じゃないんだ。

お客様を案内したり、仕事がスムーズに進むように職場の環境を作ることも大切な仕事なんだ

部署によっては、この本みたいにゲーム作りを教える仕事をやっていたりもするよ

ゲーム会社にいるのは
ゲームを作っている人ばっかりじゃないんだな！

ゲームを作ろう！

— 初級編 —

初級で登場するゲーム

P048

森の射撃訓練

シューティング

エルフが動く的めがけて、矢を放つゲームです。的に矢を当てて、ハイスコアを目指しましょう！

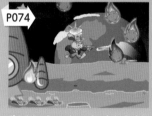

P074

月面OMOCHI探査隊

アクション

宇宙と月面の2つのステージを冒険するゲームです。超合金のOMOCHIを手に入れましょう。

P098

爆撃ハンター

シューティング

爆弾を落として敵をやっつけるゲームです。仲間のハーピーに当てないように気をつけて！

いろんなゲームがあるじゃん！
早く遊びたいぜ！

ゲーム 1 | 森の射撃訓練

指令
- Scratchの使い方を覚えよう
- 処理の順序を考えよう

ゲーム画面

当てた数

制限時間

的

エルフ

弓矢の訓練をして、一人前のエルフになろう！
制限時間内にどれだけの的を射ぬけるかな？

的を狙って
矢を放とう！

操作方法

矢の狙いを上に移動	矢の狙いを下に移動	矢を放つ

Webサイトから「1-1 森の射撃訓練」を開いてゲームに挑戦だ！

https://scratch.futurecraft.jp/ | scratchプログラミングドリル | 検索

インターネット検索などから本書のWEBサイトへアクセスしてください。「プロトタイプ」のセクションに各ゲームのプロトタイプへのリンクがあります。「つくってみる」のボタンからScratchのサイトへ移動した後、さらに「中を見る」のボタンを押してエディター画面を表示したら制作を始めましょう。

※本書のWEBサイトはブックマークしておくことをおススメします。
※インターネットに接続しないパソコンで本書を遊ぶ場合でも、一度インターネットに接続できるパソコンでプロトタイプのデータを保存して使用してください。

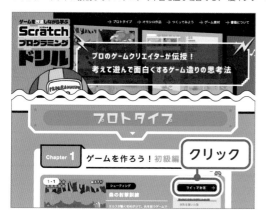

ゲームデータをScratchの画面に読み込んだら、ステージの左上にある🏳をクリックして、ゲームを開始しましょう。どうなるでしょうか。

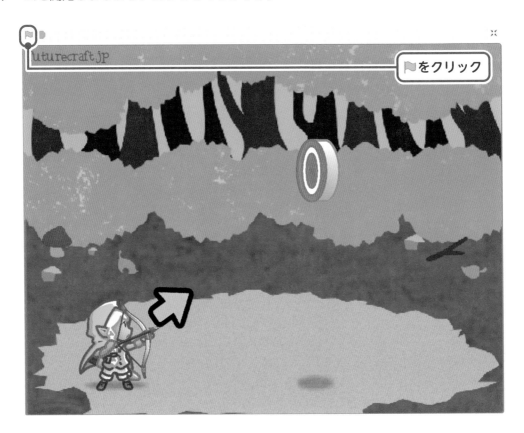

 あれ!? 何をしても矢が撃てない！ 矢印も動かせないぞ??
どうやって操作するんだ？

 ふふん。気がついた？ 実はゲームはまだ未完成なの。
エルフにプログラミングしないと動かせないのよ。

 なんだよそれ！ めんどくさいなー。どうすればいいんだよ。

 未完成のゲームだったら、自分で完成させちゃえばいいのよ。次のページから、一緒にゲームを完成させちゃいましょう！

次ページから
ゲームを完成
させよう！
Let's GO

矢を撃てるようにする

ゲーム完成度

0　10　20　30　40　50　60　70　80%　90　100(%)

1 プログラミングを始めよう！

まずは、次の図を目標にプログラミングをしていきましょう。

完成プログラム例

```
🏳 が押されたとき
ずっと
　次のコスチュームにする
　　　0.5　秒待つ
```

1 「エルフ」のスプライトを選択する

「スプライト」リストで、「エルフ」というスプライトをクリックして選択する

2 「▶️が押されたとき」ブロックを追加する

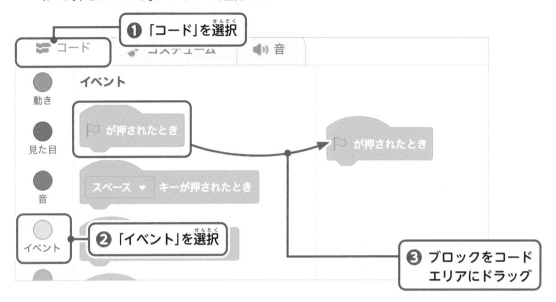

❶ 「コード」を選択

イベント

動き

見た目

音

イベント

❷ 「イベント」を選択

▶️ が押されたとき

❸ ブロックをコード
エリアにドラッグ

3 「ずっと」ブロックを追加する

❶ 「制御」を選択

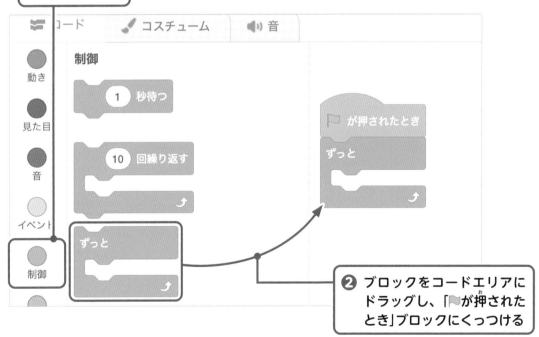

制御

動き

見た目

音

イベント

制御

❷ ブロックをコードエリアに
ドラッグし、「▶️が押された
とき」ブロックにくっつける

💡 HINT

スプライトを確認してから作業しよう！
うっかり別のスプライトを選択していませんか？ よく確認してから作業しましょう。

Scratchではこのように、処理を表す「ブロック」を組み立ててプログラミングします。ここで作ったのは「▶が押されたとき」に処理を始めて、ゲームしているあいだ「ずっと」何かを続ける、というコードです。このブロックがないと、スプライトは「いつ処理を始めればいいのか」「いつ処理を終わらせればいいのか」がわかりません。

このゲームでは、エルフのコスチュームが変わると矢が飛んでいく仕組みになっています。次の手順を参考にして、0.5秒ごとにコスチュームが切り替わるようにしてみましょう。

4　「次のコスチュームにする」と「〜秒待つ」ブロックを追加する

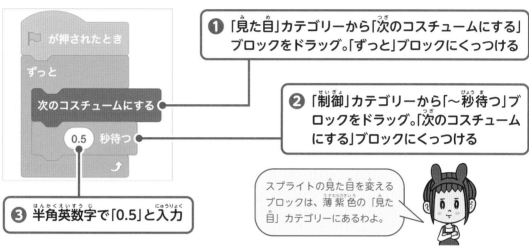

❶ 「見た目」カテゴリーから「次のコスチュームにする」ブロックをドラッグ。「ずっと」ブロックにくっつける

❷ 「制御」カテゴリーから「〜秒待つ」ブロックをドラッグ。「次のコスチュームにする」ブロックにくっつける

❸ 半角英数字で「0.5」と入力

スプライトの見た目を変えるブロックは、薄紫色の「見た目」カテゴリーにあるわよ。

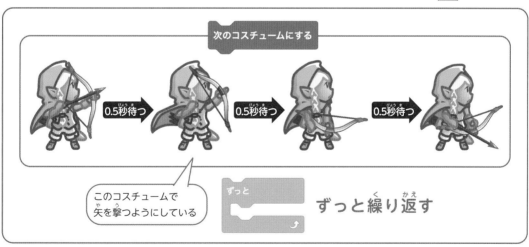

次のコスチュームにする

0.5秒待つ　0.5秒待つ　0.5秒待つ

このコスチュームで矢を撃つようにしている

ずっと　ずっと繰り返す

💡 HINT

コスチュームとは

「コスチューム」とは、スプライトの見た目や外観のことです。スプライトに複数のコスチュームを割り当て、これらを連続で切り替えるようにコードを組めば、スプライトをアニメーションのように動かせるようになります。

2 動かして試してみよう

　コードが組めたら、🚩をクリックしてゲームを開始してみましょう。0.5秒ごとにエルフのコスチュームが変わり、矢が飛んでいきます。

1 ゲームを実行する

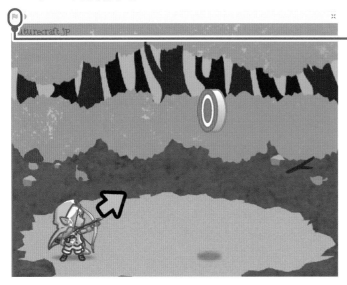

🚩をクリック

2 矢が飛んでいく

0.5秒ごとにコスチュームが変わり、矢が飛んでいく

う、動く。
こいつ…動くぞ！

💡 HINT

プログラムがうまく動かないときは……

プログラムがうまく動かない場合は、ブロック同士がきちんとくっついていなかったり、数字が全角で入力されていたりする可能性があります。もう一度確認してみましょう。

STEP 2 狙いをつけられるようにする

ゲーム完成度

```
0    10    20    30    40    50    60    70    80  (85%) 90    100(%)
```

① 矢が飛んでいく方向を変えよう

矢が撃てるようになりましたが、まだ矢が飛ぶ方向を変えられません。次はきちんと狙いをつけられるようにしましょう。

このゲームでは、矢はエルフが向いている「向き」のほうへ向かって飛んでいきます。エルフの「向き」を変えることができれば、狙いがつけられそうです。

STEP1で作ったエルフのプログラムに、次のようにコードを追加してみましょう。

完成プログラム例

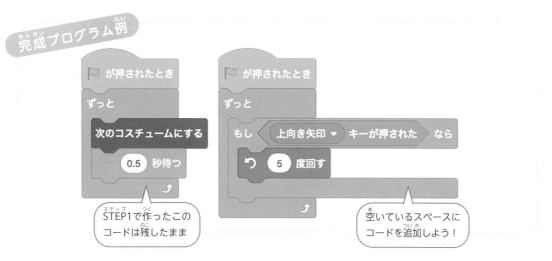

STEP1で作ったこのコードは残したまま

空いているスペースにコードを追加しよう!

1 「エルフ」のスプライトを選択する

「スプライト」リストで、「エルフ」というスプライトをクリックして選択する

※実は ➡ は、エルフの「向き」の方向に連動して動いているだけです。

2 「🏳が押されたとき」ブロックを追加する

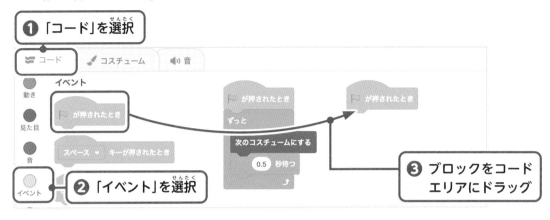

❶ 「コード」を選択

❷ 「イベント」を選択

❸ ブロックをコード
エリアにドラッグ

3 「ずっと」ブロックを追加する

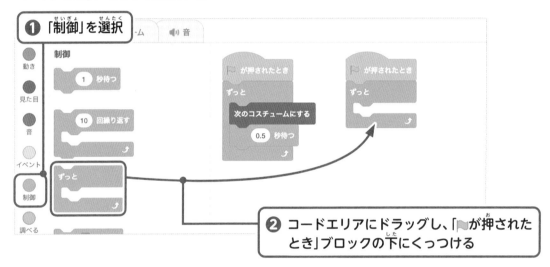

❶ 「制御」を選択

❷ コードエリアにドラッグし、「🏳が押された
とき」ブロックの下にくっつける

4 「もし〜なら」ブロックを追加する

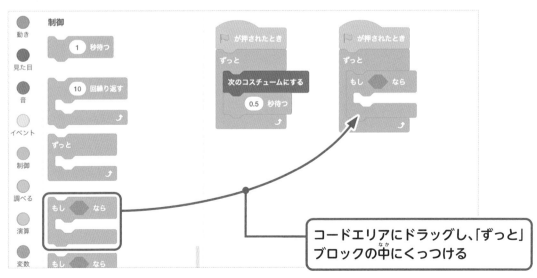

コードエリアにドラッグし、「ずっと」
ブロックの中にくっつける

5 「上向き矢印キーが押された」ブロックを追加する

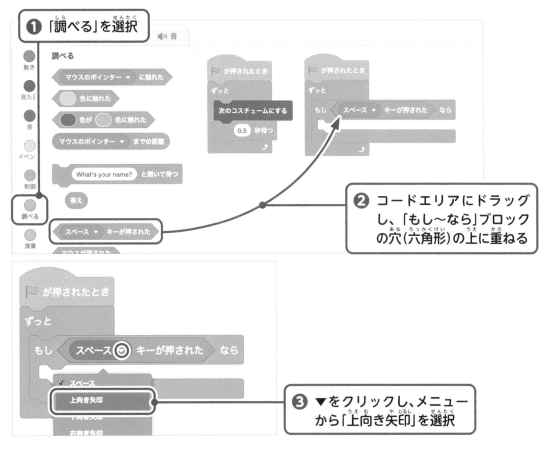

❶ 「調べる」を選択

❷ コードエリアにドラッグし、「もし〜なら」ブロックの穴（六角形）の上に重ねる

❸ ▼をクリックし、メニューから「上向き矢印」を選択

6 「反時計回りに15度回す」ブロックを追加する

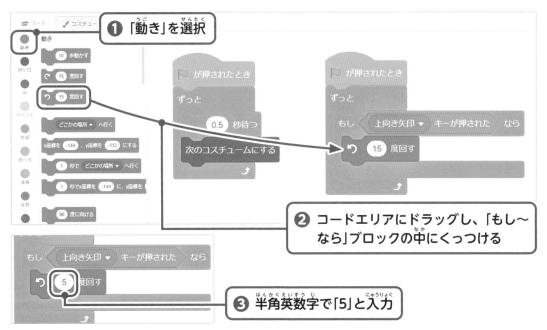

❶ 「動き」を選択

❷ コードエリアにドラッグし、「もし〜なら」ブロックの中にくっつける

❸ 半角英数字で「5」と入力

POINT

スプライトの「向き」について

スプライトはそれぞれ数値として「向き」という値を持っています。画面の上を向いていると0度、右が90度、下が180度、左が-90度となります。

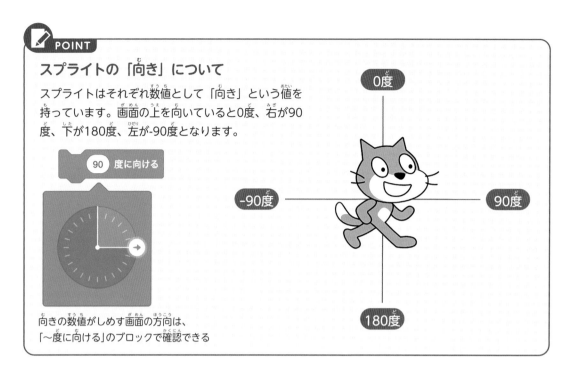

向きの数値がしめす画面の方向は、「〜度に向ける」のブロックで確認できる

POINT

「もし〜なら」について

「もし〜なら」は、特定の条件のときに処理を分岐させるブロックです。穴（六角形）に"条件"を示す「調べる」カテゴリーなどのブロックを入れて使います。条件が一致した場合にだけ、「もし〜なら」ブロックで囲まれた処理を行います。

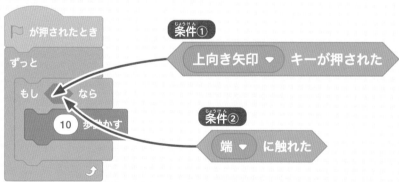

「もし〜なら」ブロックに設定できる条件は1つです。

ここでは 条件① を入れた場合と、条件② を入れた場合を例にあげて説明をします。

〈例1〉 条件① の「上向き矢印キーが押された」を入れた場合は、⬆️ キーが押されるとスプライトが10歩進みます。

〈例2〉 条件② を設定した場合は、スプライトが端に触ったときに10歩進みます。

条件は、キーを押したときにキャラクターを操作したいなど、何かのときだけ処理を行いたい場合に利用します。

2 動かして試してみよう

コードが組めたら、🚩 をクリックしてゲームを開始してみましょう。

1 ゲームを実行する

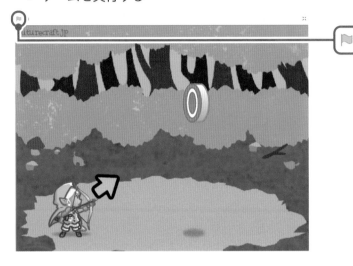

🚩 をクリック

2 矢を上方向にしか操作できない

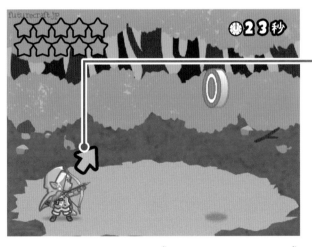

⬆キーを押すたびに、矢の向きが上方向に動くが、⬇キーを押しても下方向には動かせない

う、動きが何だかおかしい！

　キーボードの ⬆ キーを押したら、エルフの「向き」が変わって、矢を撃つ方向が上向きに変わったはずです。

　ところが下に向けようと ⬇ キーを押しても動きません。なぜでしょうか？

💡 **HINT**

矢印キーを押したときに、どうしてエルフのスプライトの向きは変わらないの？

見た目上、エルフの向きは変わりませんが、これは見た目が変化しないように設定されているからです。ここでは、「そういう設定がされているんだ」と思うようにしましょう。

3 矢が下向きにも回転するようにプログラミングしよう

ここまでで組み上げたのは、⬆キーが押されたときに、反時計回りにスプライトの「向き」を変えるコードです。

まだ下方向（時計回り）に動かすコードが組み上がっていないため、狙いを下に向けられません。

P55の「矢が飛んでいく方向を変えよう」を参考にして、「下向き矢印キーが押された」なら「時計回りに5度回す」コードを組んでみましょう。

完成プログラム例

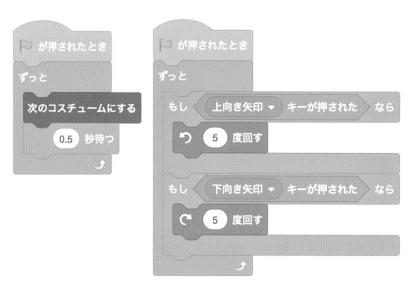

コードが組めたら、ゲームを開始して動きを試しましょう。⬇キーを押したときに、矢印が下のほうを向くはずです。

4 プログラムを実行しよう

　矢を撃つ、上下に方向を変える、ができているでしょうか。ここまでできたらゲームで遊んでみて、何点取れるか挑戦してみましょう。

1　ゲームを実行する

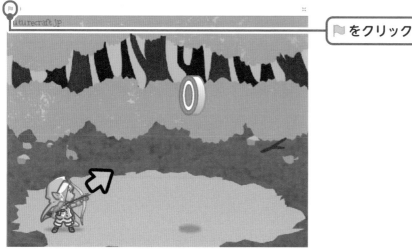

▶ をクリック

2　矢を上下方向に操作できるようになった

⬆⬇ で矢の向きを自由に操作できるようになった

よし！上も下も狙えるぞ！満点取ってやるぜ！

💡 HINT

例と違っていても大丈夫！

例と多少違っていても、矢が撃てて、上下に狙えれば大丈夫です。「必ずこうでなくてはならない」ということではありません。うまく動かないときは、もう一度プログラムを見直してみましょう。

・処理を始めるタイミングと、どのくらい処理を続けるかのブロックはあるでしょうか。
・ブロック同士はきちんとくっついていますか。

STEP 3 自分のタイミングで 矢を撃てるようにする

ゲーム完成度 0 10 20 30 40 50 60 70 80 90 100(%)

■1 キーを押したときに矢が撃てるようにしよう

　ゲームをプレイしていると、矢が勝手に飛ぶのが気になってきませんか？ そう思ったら、プログラムを改造して自分の操作で矢を撃てるようにしましょう。

　このゲームでは、エルフのコスチュームが、「撃つ」になったときに矢が発射される仕組みになっています。今まで組んできたコードは、下の図のように、ゲームが始まるとずっとエルフのコスチュームが自動的に切り替わり、「撃つ」のコスチュームに切り替わった時点で矢が放たれていました。

改造前のエルフのコスチューム

発射！

構える → 0.5秒待つ → 撃つ → 0.5秒待つ → 補充 → 0.5秒待つ → 棒立ち → 0.5秒待つ

COLUMN

入力方法を変えてみよう！

このゲームでは、エルフがキーボードの ↑ キーで上を向き、↓ キーで下を向きます。矢の発射はスペースキーです。

しかし「もし〜なら」の条件になっている「〜キーが押されたとき」は変えることができます。パソコンゲームでは移動や方向を変える操作を左手で行うため、上・下・左・右をそれぞれ「W」「S」「A」「D」キーに割りつけられていることが多いです。

もしゲームプレイがしづらい場合は、好みのキーに変えてみてもよいでしょう。

発射！ space スペースキー

そこで、ここではスペースキーを押したら、エルフが矢を放つようにプログラムを改造していきましょう。

改造前の「次のコスチュームにする」ブロックの前に、「もし～なら」ブロックと「スペースキーが押された」ブロックが必要になります。またスペースキーを押す前、つまりエルフが矢を放つ動作を行う前は「棒立ち」状態のコスチュームにしたほうが自然です。エルフの動作の流れを図にまとめると、

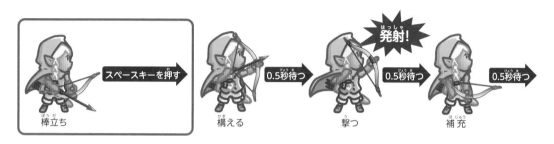

改造前のプログラムに対して、上の図の赤枠部分のコードを追加しなければいけません。上の図のとおりにコードを組み直すと、以下のようになります。

完成プログラム例

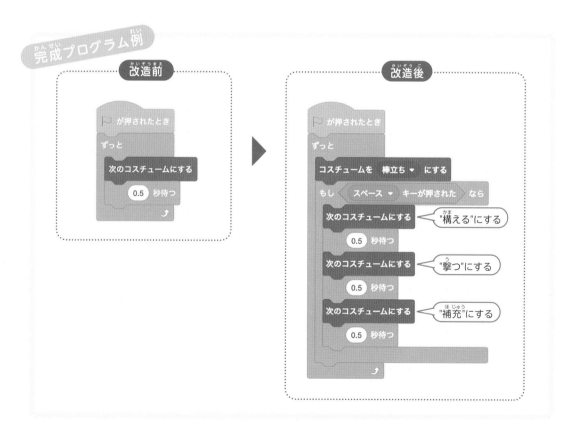

最初のコードを改造する点に注意しましょう。

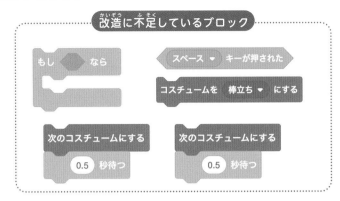

　プログラムは主に「イベント」のカテゴリーにある上が丸いブロックを始めとして、上から順番に処理されます。最初から順番に一個ずつ確認して、足りないブロックを追加していきましょう。

1　「次のコスチュームにする」「0.5秒待つ」ブロックを外す

「次のコスチュームにする」と
「0.5秒待つ」ブロックを外す

2　「コスチュームを棒立ちにする」ブロックを追加する

「見た目」カテゴリーにある「コスチュームを棒立ちにする」ブロックを「ずっと」ブロックの中にくっつける

3　「もし～なら」ブロックを追加する

「制御」カテゴリーにある「もし～なら」ブロックを「コスチュームを棒立ちにする」ブロックの下にくっつける

4 「スペースキーが押された」ブロックを追加する

「調べる」カテゴリーにある「スペースキーが押された」ブロックを「もし〜なら」ブロックの穴(六角形)に入れる

5 ブロックを複製する

「次のコスチュームにする」と「0.5秒待つ」を右クリックし、「複製」を選択

※複製をすると、同じブロックをもうひとつ作ることができます

6 複製したブロックをくっつける

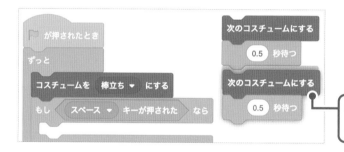

複製した「次のコスチュームにする」と「0.5秒待つ」をくっつける

7 5〜6の操作を繰り返す

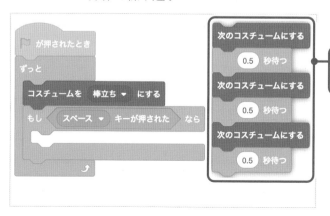

5〜6の操作を繰り返し、左図のようにブロックを作る

8 複製したブロックを「もしスペースキーが押されたなら」ブロックにくっつける

複製したブロックを「もしスペースキーが押されたなら」ブロックの中にくっつける。これでコードの改造は完了

ブロックをつける位置を間違えてしまったときは……

ブロックを放すタイミングを誤って、思っていたのとは違う位置にブロックがくっついてしまうことがよくあります（図1）。

Scratchはつかんだブロックの下についているブロックも一緒にくっついてきます。このまま思ったとおりに組み上げるのは難しいです。

誤って組み込んだブロックは、一度コードエリアの空いているところに置いて（図2）、一番下のブロックから分解しましょう（図3）。

分解したブロックをひとつずつ正しいと思う個所へ組み込んでいきます（図4）。もしまた間違えたら、間違えた部分を外してやりなおします。

操作を誤ってしまうとあわててしまいますが、落ち着いてきれいに整理して、自分にとってわかりやすい状態にしてから改めて組み立て始めることが大切です。

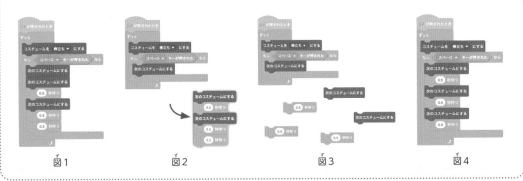

図1 　　　図2 　　　図3 　　　図4

プログラムの処理の順番は？

プログラムは先頭から順番に処理されます。わからなくなったら始めから順に確認していきましょう。声に出しながらブロックを読んでいくとわかりやすいです。

② 動かして試してみよう

　ここで組んだコードでは「スペースキーが押された」ことを条件にしています。キーボードのスペースキーを押してみましょう。

1　ゲームを実行する

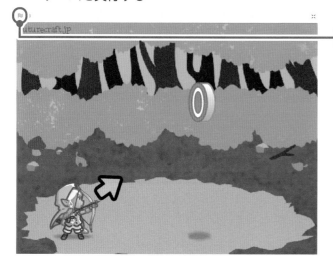

▶をクリック

2　スペースキーを押すと矢が放たれる

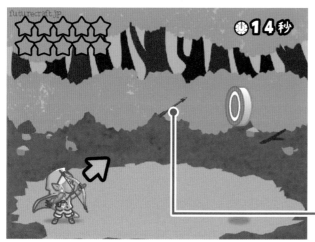

スペースキーを押すと、矢が放たれるようになった

　ずっと最初のコスチューム「棒立ち」になっていますが、スペースキーが押されると、コスチュームを変えることで、アニメーションしながら矢が発射されます。

 HINT

全角入力モードと、半角入力モードの違いに気をつけて！
全角入力モードになっていると、スペースキーが反応しません。スペースキーが動かないときは入力モードも確認してみてください。

COLUMN

同じ処理の繰り返しがあるときは、「～回繰り返す」を使おう！

このプログラムをよく見ると「次のコスチュームにする」と「0.5秒待つ」という同じ処理を3回繰り返しています。
同じ処理を3回も入力するのは「面倒くさいなあ」と感じたあなたはプログラマーに向いています。実は「～回繰り返す」のブロックを使って次のように簡単に表現することができます。

「もし～なら」ブロックの中から、繰り返している部分を抜き出して分解します。
「～回繰り返す」の数字の個所に「3」と入力して、「もし～なら」ブロックの中に入れ、「次のコスチュームにする」と「0.5秒待つ」のブロックを1つだけ戻せば完成です。
どうでしょう。すっきり簡単になりましたね。

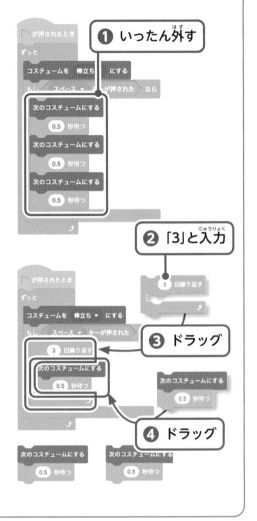

❶ いったん外す

❷ 「3」と入力

❸ ドラッグ

❹ ドラッグ

💡 HINT

不要なブロックはどうすれば消せるの？

不要なブロックはブロックパレットに戻すことで、消すことができます。

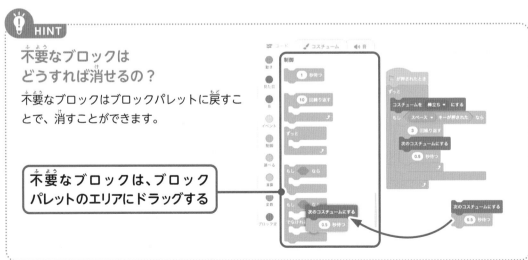

不要なブロックは、ブロックパレットのエリアにドラッグする

③ 動かして試してみよう

これで、⬆⬇ キーで狙いをつけて、スペースキーで矢が撃てるようになりました。おめでとう。「森の射撃訓練」完成です。ゲームを遊んで何点取れるかチャレンジしましょう！

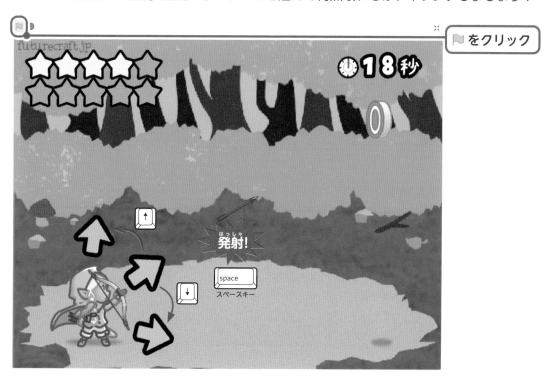

🚩 をクリック

完成プログラム例

ゲームを改造して完全クリアにチャレンジしよう！
パーフェクトチャレンジ！

Perfect 条件 **得点を10点以上獲得せよ！**

ゲームが終わると、得点に応じて BAD ／ OK ／ GOOD ／ Perfect の結果が表示されます。「森の射撃訓練」のパーフェクトの条件は、10点以上獲得することです。頑張ってパーフェクトを目指しましょう！

 ぐわぁぁああ！ 8点までいったのに！ このゲーム難しすぎるぞ！

 それなら、ゲームを改造してみればいいじゃない。

 そんなことしていいのか？ チート※じゃん！

 いいに決まってるじゃない。このゲームの開発者はあんたでしょ。どんなゲームにするかは自分で決めればいいのよ。

※チートとはコンピューターゲームにおいて本来とは異なる動作をさせる行為です。「ズル」あるいは「騙す」という意味の英単語cheatからきています。

完成させたゲームは、そのままではパーフェクトは難しいでしょう。プログラムを改造して、たとえば矢の速度を速くしたり、的が小さくならないようにしたりすることができます。

改造のヒント①

　ゲーム作りではエルフのコードを組みましたが、改造ではその他のスプライトも変えてみましょう。スプライトリストで矢を選択してみます。コードエリアが矢のスクリプトになったのがわかります。

「エルフ」が選択されている

「矢」が選択されている

　矢の速度を上げる改造をしてみましょう。「矢の速度が上がる」ということは、何が変わっているでしょう？見た目が変わっていますか？音が出ていますか？

　そうです。「動き」が変わっていますね。変わるのが「動き」だとすると、改造するのは青いブロックということになります。矢のプログラムの中にある青いブロックで、前に動かしていそうなブロックを探しましょう。

　矢のプログラムの中で、前に動くブロックは「20歩動かす」だけです。この動く歩数を大きくすれば矢が動くスピードが速くなります。数字を変えて、どう動きが変わったかゲームをスタートして試してみましょう。

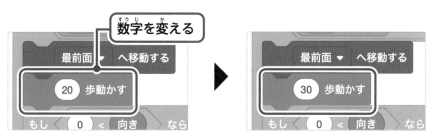

　Scratchのステージは、右端から左端までが480。上から下までが360しかありません。あまり大きな数字を入れるとすぐに画面から飛び出してしまいますので気をつけましょう。

「改造のヒント①」では組み立てられているコードの数字を変える改造をしてみましたが、次は新しいブロックを追加して改造してみましょう。

「的」のスプライトを選択してください。的は得点を重ねると小さくなっていきますが、小さくならないように改造してみたいと思います。

「『的』の表示が小さくならないようにする」ということは、どのカテゴリーのブロックを使えばいいでしょうか？

そうです。「見た目」です。「見た目」のカテゴリーの中に「大きさを〜％にする」というブロックがあります。これで大きさを変えられます。

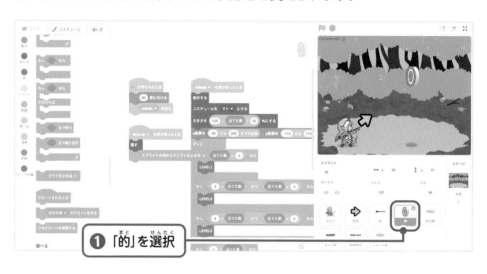

❶ 「的」を選択

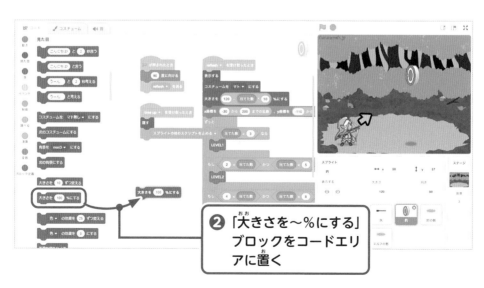

❷ 「大きさを〜％にする」ブロックをコードエリアに置く

　大きさを変えるブロックだけでは思ったとおり動きません。プログラムの処理が行われるには、処理を開始する条件と、どのくらい処理を続けるかをコンピューターに教えてあげる必要があるからです。

　今回は「ゲームが始まったらずっと同じ大きさでいてほしい」ので、「的」には以下のようにプログラミングしましょう。

　実はこのゲームは10点以上の得点を取ることもできます。パーフェクトが取れても、さらにいろいろな改造をして、画面から星があふれるくらいの得点を目指してみてください。

へーん。コーサクぅ！
あんたも早くパーフェクトを取ってみなさいよ！

くっそー！ すげー改造して10000点取ってやるから見てろよー！

「少し変えて少し試す」を繰り返しましょう

ブロックの数字を変える改造と、新しくブロックを追加する改造を学びました。矢や的以外にも、エルフが矢を撃つ待ち時間や制限時間の数字を変えたり、矢が的を追いかけるようにブロックを追加することもできます。「少し変えて少し試す」を繰り返して、いろいろな改造をしてみましょう。

2 | 月面OMOCHI探査隊

指令
- 「何かのキーが押されたとき」をマスターしよう
- 「クローンされたとき」を使ってみよう

ゲーム画面

個性豊かな2つのステージを往来だ！
うさダンディを操作して、宇宙船の良質燃料にもなる、
高エネルギーインゴット「OMOCHI」を集めよう！

宇宙ステージは宇宙船を操作！

月面ステージでOMOCHI集めだ！

操作方法

STAGE1／宇宙ステージ

下がる宇宙船を操作！

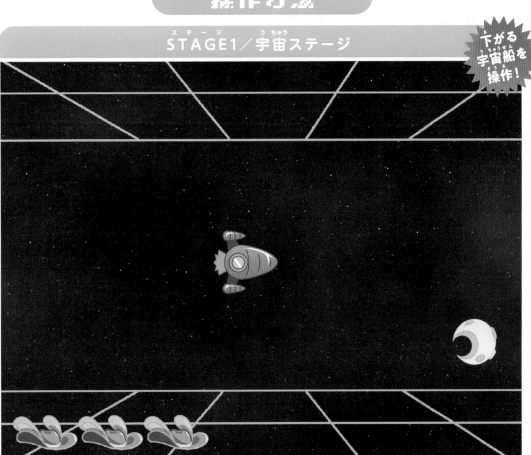

宇宙船の上昇

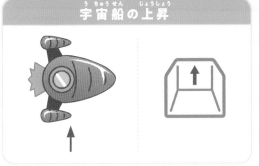

ゲームは宇宙ステージから始まります。いずれかのキーを押せば、ゲームはスタートします。宇宙ステージでは宇宙船がだんだん下がってくるので、位置を調整して月に着陸しましょう。
上下の壁にぶつかるとミスになってしまいます。小刻みに 🖮 キーを押すのがコツです。

STAGE2／月面ステージ

うさダンディを操作！

ジャンプ

右に移動

左に移動

月に到着すると、月面ステージが始まります。月面では、うさダンディを操作してOMOCHIを取りに行きます。最初は隕石をよけながら、画面の右端を目指して進みましょう。

月面の右のほうにあるOMOCHIに触るとゲットできます。

クリア後は次のステージに挑戦だ！

そのあとは宇宙船まで戻りましょう。無事に持ち帰れたらステージクリアです。

Webサイトから「1-2 月面OMOCHI探査隊」を
開いてゲームに挑戦だ！
https://scratch.futurecraft.jp/　scratchプログラミングドリル　検索

遊んでみたけど、けっこう難しいぞ！ どうしても隕石に当たっちゃう。
くっそー。壊せないのかな、隕石。

「ビーム」っていう未完成のスプライトがあるわね。このビームを使っ
て隕石を壊せるようにしたらどうかしら？

ビームを撃って
隕石を壊せるように
改造してやるぜ！

次ページから
ゲームを完成
させよう！

Let's GO

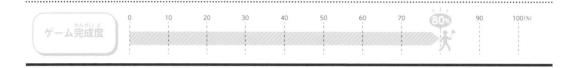

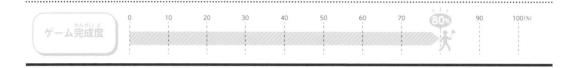

ビームをクローンする

STEP 2 \ STEP 3 \ STEP 4 \

ゲーム完成度

■1 さっそくプログラミング

次のとおりにコードを組んでみましょう。

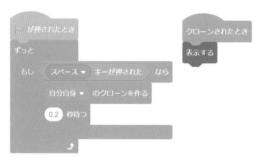

1 プログラムするスプライトを選択する

「ビーム」が選択されていることを確認する

2 「🏳 が押されたとき」を追加する

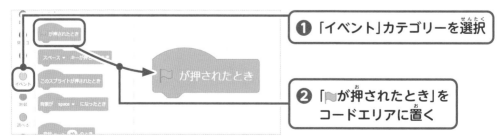

❶ 「イベント」カテゴリーを選択

❷ 「🏳 が押されたとき」を
コードエリアに置く

3 「ずっと」を追加する

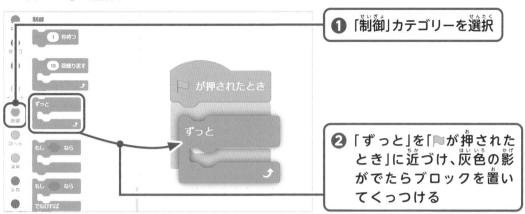

❶ 「制御」カテゴリーを選択

❷ 「ずっと」を「▶ が押されたとき」に近づけ、灰色の影がでたらブロックを置いてくっつける

　「▶ が押されたとき」「ずっと」は必ずと言っていいほど使う組み合わせです。ゲームを作るときは、このブロックの組み合わせからプログラミングを始めるようにするといいでしょう。

4 キーが押されたことを調べる

　スペースキーでビームを撃てるようにしたいと思います。

　そのためには、「スペースキーが押された」かどうかを調べる必要があります。「調べる」のカテゴリーには、スプライトやプレイヤーの入力などを文字どおり調べることができるブロックがあります。

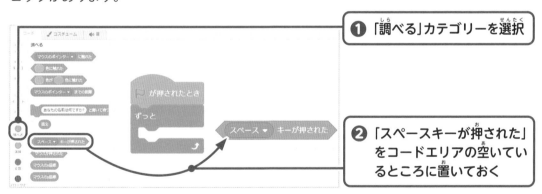

❶ 「調べる」カテゴリーを選択

❷ 「スペースキーが押された」をコードエリアの空いているところに置いておく

❗ HINT

ブロックは繋げないと動かない

ブロックは「▶ が押されたとき」のような上が丸いブロックに繋がっていない場合、コードエリアにあってもなにも働きません。

プログラム中は「繋がずに、とりあえず組み立てておく」あるいは「無効にしたい機能を一時的に外しておく」といった使い方もできます。

六角形のブロックは、真か偽かの値を調べるブロックです。真とは「正しいこと、あっていること」を、偽とは「違っていること、真ではないこと」を示します。

このブロックはある「制御」カテゴリーのブロックと組み合わせて使います。

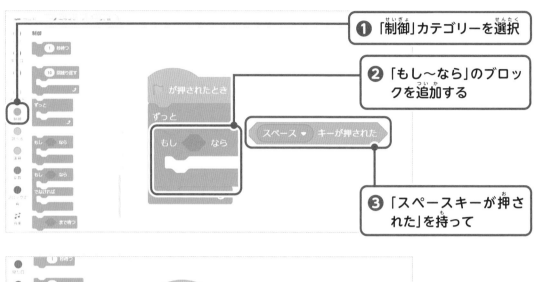

❶ 「制御」カテゴリーを選択

❷ 「もし〜なら」のブロックを追加する

❸ 「スペースキーが押された」を持って

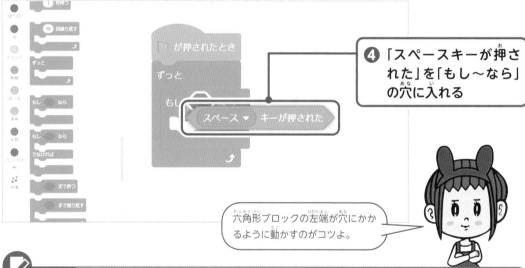

❹ 「スペースキーが押された」を「もし〜なら」の穴に入れる

六角形ブロックの左端が穴にかかるように動かすのがコツよ。

📝 POINT

真偽値って？

ある問いや判断が正しいか、そうでないかを表す値です。とりうる値は、真（True）か偽（False）の二つしかありません。

真であること	1.この本は紙でできている	2.一般的な車は鉄でできている
偽であること	1.この本は鉄でできている	2.一般的な車は紙でできている

このように、そうであることは真、そうではないことは偽となります。「スペースキーが押された」は、対象のキーが押されたときに真、押されていないときに偽となります。「もし〜なら」は、穴の中が真になったときに囲まれたブロックの中身を実行するよう制御をします。

5 ビームのクローンを作る

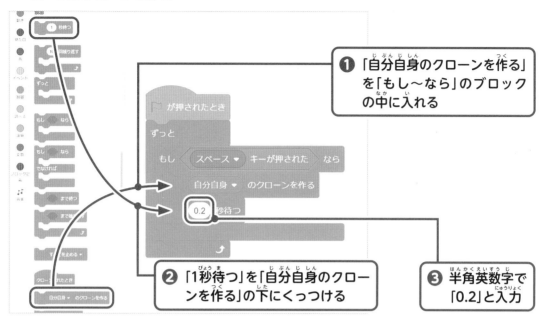

① 「自分自身のクローンを作る」を「もし〜なら」のブロックの中に入れる

② 「1秒待つ」を「自分自身のクローンを作る」の下にくっつける

③ 半角英数字で「0.2」と入力

6 クローンが作られたときの処理を追加する

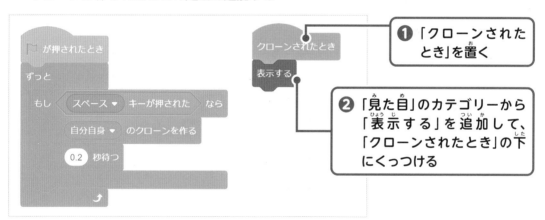

① 「クローンされたとき」を置く

② 「見た目」のカテゴリーから「表示する」を追加して、「クローンされたとき」の下にくっつける

✏️ POINT

クローンてなんだ？

ゲームでは、まったく同じ処理をするものが何度も繰り返し登場することがよくあります。スライムのようなモンスターだったり、キャラクターに向けて飛んでくるミサイルだったり……。そうしたときに毎回、同じ処理を作っていたら大変です。そのようなときはクローンを使うと便利です。

「クローンを作る」ブロックを使えば、元のスプライトとまったく同じコピーを作ることができます。座標や向き、変数などもすべて元のスプライトからコピーされます。

今回のビームのように、一度にたくさんのスプライトを表示したい場合にはまさにうってつけです。実はゲーム中に空から落ちてくる隕石もクローンを使ってたくさん登場させています。

② 動かして試してみよう

コードが組めたら動かして、どう変わったかを確認しましょう。

1 ステージの上の ▶ をクリックする

▶ をクリック

2 スペースキーを押してビームが表示されることを確認する

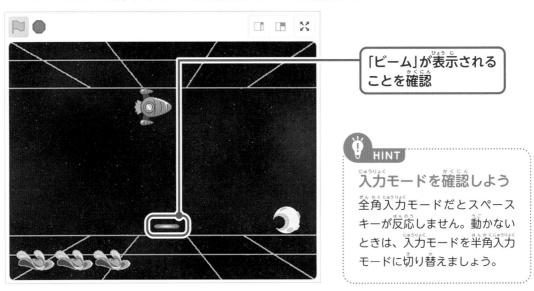

「ビーム」が表示される
ことを確認

HINT

入力モードを確認しよう

全角入力モードだとスペース
キーが反応しません。動かない
ときは、入力モードを半角入力
モードに切り替えましょう。

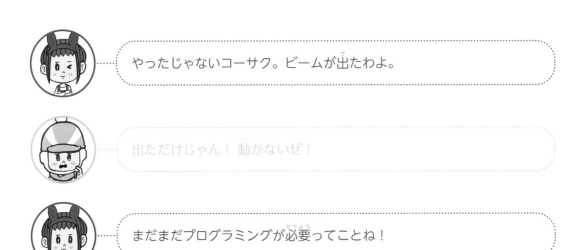

やったじゃないコーサク。ビームが出たわよ。

出ただけじゃん！動かないぜ！

まだまだプログラミングが必要ってことね！

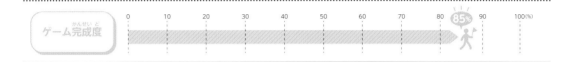

STEP 2 ビームが前進するようにする

ゲーム完成度

0　10　20　30　40　50　60　70　80　85%　90　100(%)

1 ビームのクローンが動くようにプログラミングしよう

ビームは表示されるようになりましたが、その場に止まったまま。これでは隕石を壊すことができません。クローンされたあとの処理を追加して、ビームが動くようにしましょう。

完成プログラム例

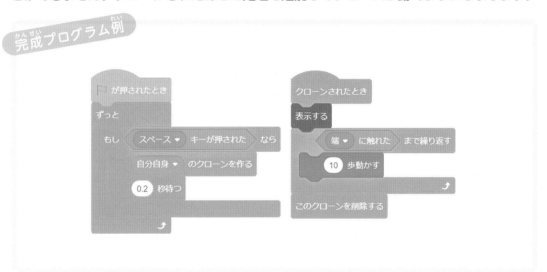

1 「クローンされたとき」に「〜まで繰り返す」を追加する

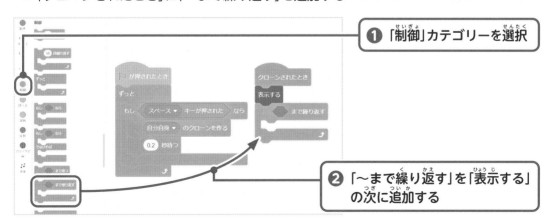

❶ 「制御」カテゴリーを選択

❷ 「〜まで繰り返す」を「表示する」の次に追加する

2 「～まで繰り返す」の繰り返しが終わる条件を追加する

「～まで繰り返す」のブロックは、穴の中の条件に"一致しない"あいだ、ブロックの中の処理を繰り返します。

今回の場合、ビームのクローンが端に触れないとブロックの中の処理を繰り返すことになります。

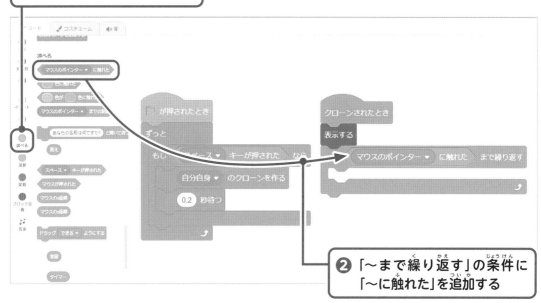

❶ 「調べる」カテゴリーを選択

❷ 「～まで繰り返す」の条件に「～に触れた」を追加する

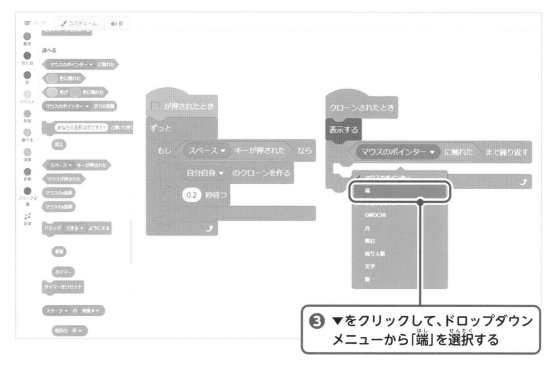

❸ ▼をクリックして、ドロップダウンメニューから「端」を選択する

84

3 繰り返しが終わったあとの処理を追加する

「ずっと」は繰り返しが終わることがありませんでしたが、「〜まで繰り返す」は繰り返しが終わる場合があります。

ブロックの下に凸があって、終わったあとの処理が追加できることがわかります。

今回は、繰り返しが終わったとき、つまりビームのクローンが端に触ったときに「このクローンを削除する」と処理します。

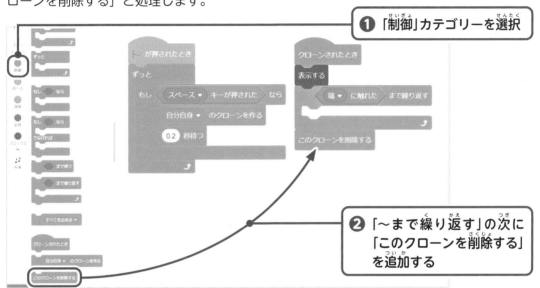

❶ 「制御」カテゴリーを選択

❷ 「〜まで繰り返す」の次に「このクローンを削除する」を追加する

💡 HINT

不要なクローンは削除しよう

ステージ上に登場できるスプライトの数は決まっています。クローンをたくさん作りすぎると、新しいクローンを作れなくなってしまいます。クローンが不要になったら、「このクローンを削除する」で削除するようにしましょう。

---

4 繰り返し行う処理を追加する

ビームは端に触るまで、どのような処理をすればいいでしょうか?

真っすぐ前に進んでほしいですね。真っすぐ前に進む処理「10歩動かす」を繰り返しのブロックの中に追加します。

どこに追加すればいいか、考えてみましょう。

「10歩動かす」は「動き」カテゴリーにある

2 動かして試してみよう

コードが組めたら、どう変わったかゲームを実行して試してみましょう。

1 ステージの上の🏳をクリックする

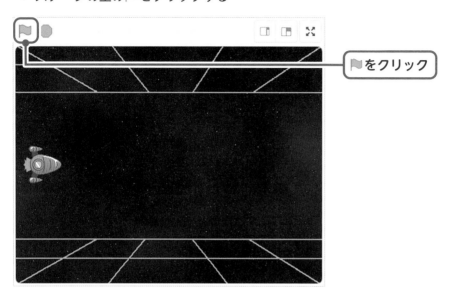

🏳をクリック

2 ビームの動きを確認する

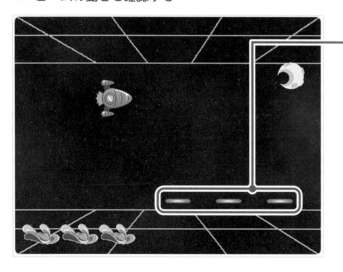

「ビーム」が前進することを確認

動いたけど、発射される場所が変ね！

　スペースキーを押してビームを発射すると、ビームが表示されて前進します。

　ビームが端に触ると、繰り返しを抜けてビームのクローンが削除され、消えます。さあ、これで隕石が壊せるでしょうか？

STEP 3 うさダンディから ビームを発射する

ゲーム完成度

1 ビームがクローンされる位置を変えよう

今ビームは、クローンされる前の位置から発射されています。

これをうさダンディから発射されるようにするには、どうしたらいいでしょうか？

「ビーム」がいる位置

「うさダンディ」の位置
から出てほしい

「動き」のカテゴリーの中に、あるスプライトの座標に移動する「〜へ行く」というブロックがあります。

これを追加して、ビームをうさダンディの位置に移動させましょう。ブロックを追加する場所はビームがクローンを作る前です。

よく考えて、「うさダンディへ行く」を処理の中に追加してみましょう。処理を上から一個ずつ読んでいくといいです。

1 「～へ行く」を追加する

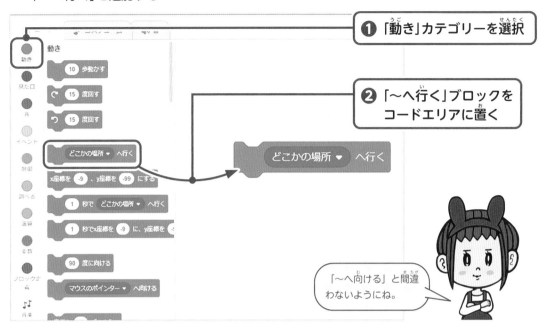

❶ 「動き」カテゴリーを選択

❷ 「～へ行く」ブロックを
コードエリアに置く

「～へ向ける」と間違
わないようにね。

2 ビームの発射する位置を「うさダンディ」に変更する

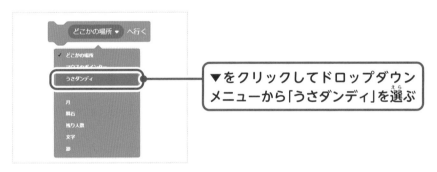

▼をクリックしてドロップダウン
メニューから「うさダンディ」を選ぶ

3 「うさダンディへ行く」をコードに組み込む

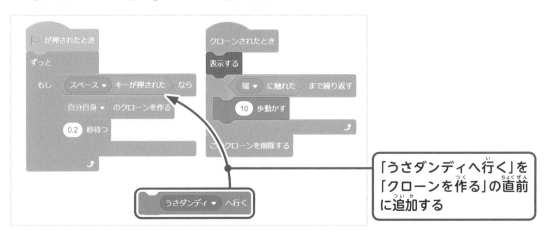

「うさダンディへ行く」を
「クローンを作る」の直前
に追加する

② 動かして試してみよう

プログラミングをしたら、思ったとおりに動くかゲームを実行して試してみましょう。

うさダンディからビームがうまく発射されるでしょうか。うまくいったらステージクリアできるかどうか遊んでみましょう。

1 ステージの上の▶をクリックする

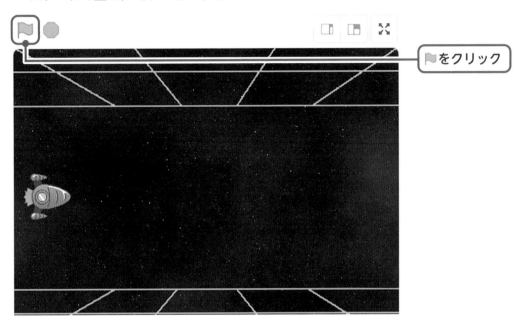

▶をクリック

2 うさダンディからビームが発射されることを確認する

うさダンディから
ビームが発射され
るようになった

89

3 うさダンディのお尻からビームが発射されてしまう

OMOCHIを持って帰るとき、ビームがお尻から出る

あれ？ 帰り道のときにビームがお尻から出るぞ?!

完成プログラム例

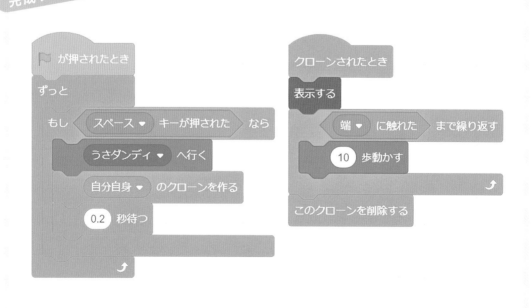

STEP 4 ビームの向きをうさダンディに合わせる

ゲーム完成度

① うさダンディの向きを調べよう

ビームの動きが完成したかと思いきや、帰り道でビームが発射される方向が逆です。

これはビームの向きが、ステージの右側を向いたままのために起こります。ビームは、うさダンディと同じ方向を向いて発射される必要があります。

1 うさダンディの向きを調べる

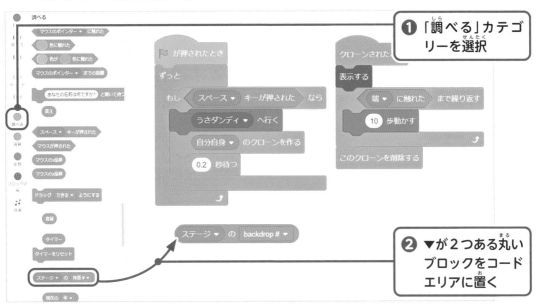

❶ 「調べる」カテゴリーを選択

❷ ▼が2つある丸いブロックをコードエリアに置く

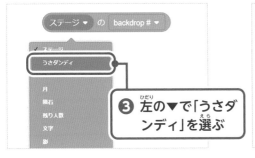

❸ 左の▼で「うさダンディ」を選ぶ

❹ 右の▼で「向き」を選ぶ

Chapter1

月面OMOCHI探査隊

91

「調べる」のブロックには、真偽値を調べられる六角形のブロック以外に、いろいろな値を調べられる丸型のブロックがあります。

「▼」が2つある「調べる」ブロックは、あるスプライトの持つ値、座標や向き、コスチュームの番号を調べることができます。

2 うさダンディの向きにビームを合わせる

"うさダンディの向き"は角度の数値として調べられます。右向きのときは「90」、左向きのときは「-90」という数値になります。

「動き」のカテゴリーにある、向きを指定の角度に向けるブロックと組み合わせて、"うさダンディの向きに向ける"ブロックを作りましょう。

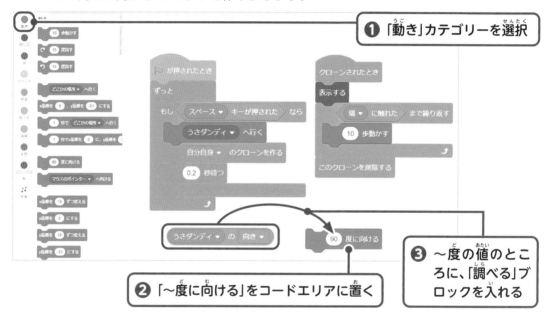

❶ 「動き」カテゴリーを選択

❷ 「〜度に向ける」をコードエリアに置く

❸ 〜度の値のところに、「調べる」ブロックを入れる

3 向きを変えるブロックを追加する

"うさダンディの向きに向ける"ブロックができたら、クローンを作る前に追加しましょう。さあ、どこに追加すればいいかわかりますか。

✎ POINT

値を調べるブロック

角が丸いブロックは、さまざまな値を調べるためのブロックです。「動き」や「見た目」カテゴリーなどにあるブロックで、他のブロックの白い丸穴の部分に値を当てはめて使います。

値とは、数値または文字のことです。たとえば、座標を調べる場合は「120」のような数値が得られます。プレイヤーに文字を入力させて、入力された「答え」を調べるブロックもあります。このブロックを使うと、プレイヤーが入力した文字が得られます。

② 動かして試してみよう

ここまでできればゲームは完成です。実際に動かしてみて、うさダンディの向いている方向にビームが発射されるかどうか確認しましょう。

1 ステージの上の🚩をクリックする

🚩をクリック

2 うさダンディと同じ向きにビームが出ていることを確認する

ビームがうさダンディと同じ向きに出るようになった

```
🏳 が押されたとき

ずっと
    もし   スペース ▼ キーが押された   なら
        うさダンディ ▼ の  向き ▼  度に向ける
        うさダンディ ▼ へ行く
        自分自身 ▼ のクローンを作る
        0.2 秒待つ
```

```
クローンされたとき

表示する
    端 ▼ に触れた まで繰り返す
        10 歩動かす

このクローンを削除する
```

3 まとめ

　一般的なゲームでは、プレイヤーの入力操作でキャラクターを動かすので、「調べる」→「条件に一致するときだけ処理する」というプログラムが基本になります。覚えておきましょう。

　このゲームでも、いずれかのキーが押されたことを調べて、条件に一致するときだけ処理をするというコードを組みました。

　初めて使った「クローンを作る」機能ですが、いろいろなゲームで使われています。ザコ敵や銃弾など、ゲーム中にたくさん出現するモノはこの機能を使うと便利です。

　処理は始まりのブロックから、順番に実行されていきます。順番が1つ違っただけで動きが大きく変わる場合もあるので、いろいろ試してみましょう。

ゲームを改造して完全クリアにチャレンジしよう！

パーフェクト チャレンジ！

Perfect 条件 **DAY10以上クリア**

クリアしたステージ（DAY）の数に応じて、クリア時に評価が出ます。

最高評価のパーフェクトを目指して、頑張りましょう。もちろんゲームを改造してもOKです。

最初は簡単だけど、だんだん隕石の数が増えるぞ！
ぐあっ。やられた！

ゲームが難しいと思ったら、プログラムを改造するのがプログラマー流よ！

 HINT

ゲームのコピーを保存しよう

「ビーム以外のスプライトを改造すると、ゲームが動かなくなってしまうかも」と心配な場合は、ゲームのファイルを一度保存してコピーしておくといいでしょう。

もし残り人数が足りなくてすぐゲームオーバーになってしまうのなら、残り人数を増やしてみてはどうでしょうか。残り人数は「最大残り人数」という変数を設定している個所の数値で変えられます。(変数については、P167を参照しよう)

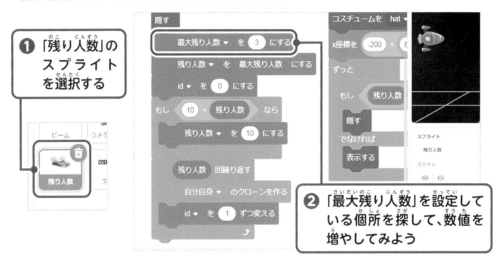

❶ 「残り人数」のスプライトを選択する

❷ 「最大残り人数」を設定している個所を探して、数値を増やしてみよう

隕石は、落下すると燃えて邪魔になるので、その前に壊してしまうほうが有利です。ビームを強化してみてはどうでしょうか。ビームは、「ビーム」のスプライトのプログラム内で、「自分自身のクローンを作る」という処理をすると発射される仕組みです。では、この処理を複数回行うとどうなるか考えてみましょう。

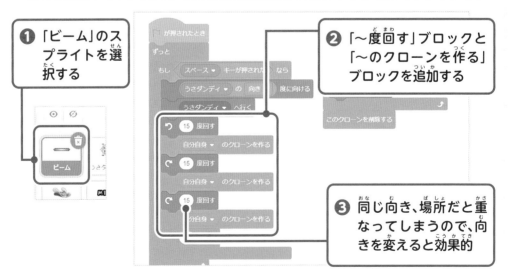

❶ 「ビーム」のスプライトを選択する

❷ 「〜度回す」ブロックと「〜のクローンを作る」ブロックを追加する

❸ 同じ向き、場所だと重なってしまうので、向きを変えると効果的

改造のヒント❸

　どうしてもクリアできない場合、うさダンディの足を速くしてみたらどうでしょうか。うさダンディと宇宙船の動きは「うさダンディ」のスプライトにプログラムされています。月面で⬅️、➡️が押されたときに行っている処理が、移動の処理のはずです。

❶ 「うさダンディ」のスプライトを選択する

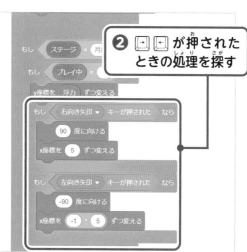

❷ ⬅️➡️が押されたときの処理を探す

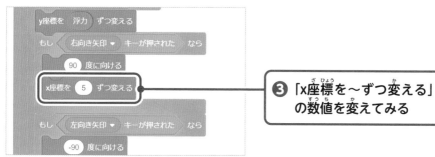

❸ 「x座標を〜ずつ変える」の数値を変えてみる

　残り人数を増やして、ビームをたくさん撃てるようにして。もうDAY9まで来たわ！

　うわっ。もうすぐパーフェクトじゃん！　スゲー！

　このゲームもDAY10以上続けることができます。さあ、いくつステージをクリアできるでしょうか？

3 | 爆撃ハンター

指令
- これまでに覚えたことを活用しよう
- 「クローンされたとき」を使いこなそう

ゲーム画面

トリパイロット

ハネテキ

ハーピー

爆弾

金のテキ

制限時間

ハコテキ

🕐50　スコア30　ハイスコア4100

トリパイロットになって、現れるテキを爆撃だ！
制限時間内にスコアを稼ごう。

あの金のテキは　レアものか？

操作方法 (そうさほうほう)

爆撃で テキたちを 倒せ！ (ばくげき)(たお)

右に移動 (みぎ・いどう)	左に移動 (ひだり・いどう)	爆弾の投下 (ばくだん・とうか)

		space

 **Webサイトから「1-3 爆撃ハンター」を開いて (ウェブ)(ばくげき)(ひら)
ゲームに挑戦だ！ (ちょうせん)**

https://scratch.futurecraft.jp/ 　scratchプログラミングドリル　検索 (けんさく)

エディターが表示されたら、🚩をクリックしてゲームを開始してみましょう。 (ひょうじ)(かいし)

🚩をクリック

むむ。テキやハーピーは動くけど、トリパイロット
の動かし方がわからない。ということは？

トリパイロットにプログラミングして
ゲームを完成させるのね！ (かんせい)

次ページから (じ)
ゲームを完成 (かんせい)
させよう！
Let's GO

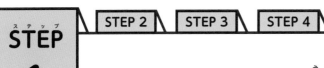

トリパイロットを動かそう

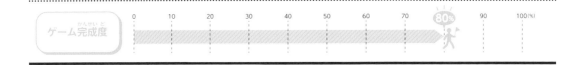

1 さっそくプログラミング

キーボードの ← キーと、→ キーでトリパイロットを左右に動けるようにします。下の完成プログラム例を参考にプログラミングしてみましょう。

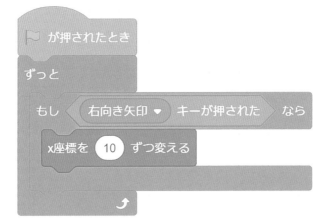

1 プログラミングするスプライトを選択する

2 「🏴 が押されたとき」を追加する

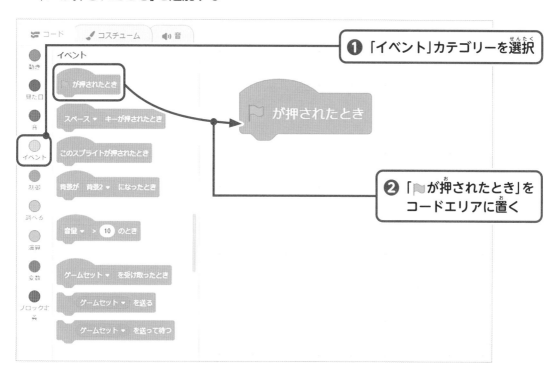

❶ 「イベント」カテゴリーを選択

❷ 「🏴 が押されたとき」を
コードエリアに置く

3 「ずっと」を追加する

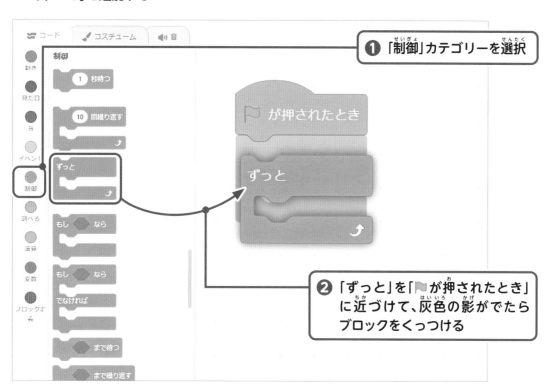

❶ 「制御」カテゴリーを選択

❷ 「ずっと」を「🏴 が押されたとき」
に近づけて、灰色の影がでたら
ブロックをくっつける

4 キーが押されたことを調べる

⬜️キーでトリパイロットを画面の右側に移動させるには、「右向き矢印キーが押された」かどうか調べる必要があります。「調べる」のカテゴリーには、スプライトやプレイヤーの入力などを文字どおり調べることができるブロックがあります。

六角形の「調べる」ブロックは、「制御」カテゴリーのあるブロックと組み合わせて使います。

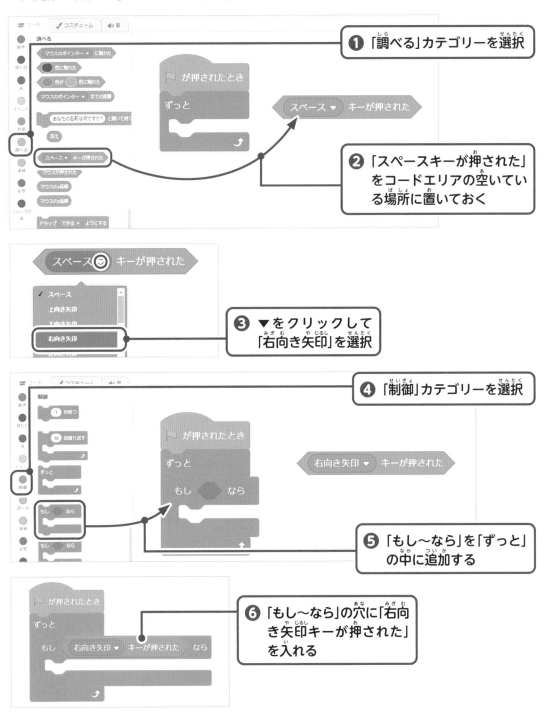

❶ 「調べる」カテゴリーを選択

❷ 「スペースキーが押された」をコードエリアの空いている場所に置いておく

❸ ▼をクリックして「右向き矢印」を選択

❹ 「制御」カテゴリーを選択

❺ 「もし〜なら」を「ずっと」の中に追加する

❻ 「もし〜なら」の穴に「右向き矢印キーが押された」を入れる

5 画面の右側に動かす

⬜キーが押されたら、トリパイロットを右側に動かします。スプライトが動くので「動き」のカテゴリーのブロックを使います。スプライトが持っている"x座標"という数値を変えると、左右の位置を動かすことができます。

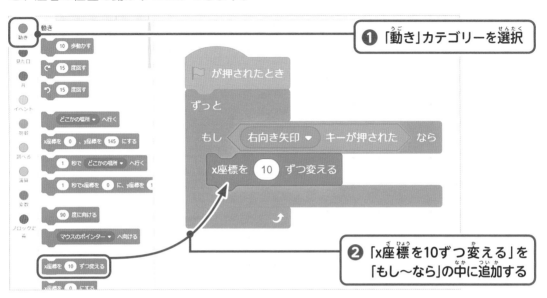

❶ 「動き」カテゴリーを選択

❷ 「x座標を10ずつ変える」を「もし～なら」の中に追加する

✏️ **POINT**

座標とは

ステージ上の位置は座標という数値で表されます。座標はスプライトごとに個別に記憶されています。ステージ上の左右はx座標、上下はy座標で表され、ステージの中央が「x座標＝0」、「y座標＝0」になります。右に行くとx座標の数値が増え、左に行くとx座標の数値が減ります。上に行くとy座標の数値が増え、下に行くとy座標の数値が減ります。「動き」カテゴリーにある、座標を変えるブロックを使うと、ステージ上を任意の方向に動かすことができます。

y座標180

x座標−240

x座標0
y座標0

x座標240

y座標−180

x座標を 10 ずつ変える

y座標を 10 ずつ変える

スコア　　ハイスコア

2 動かして試してみよう

コードが組めたらゲームを動かして、どう変わったかを確認しましょう。

1 ステージの上の⚑をクリックする

⚑をクリック

2 →キーを押して、トリパイロットが右に移動することを確認する

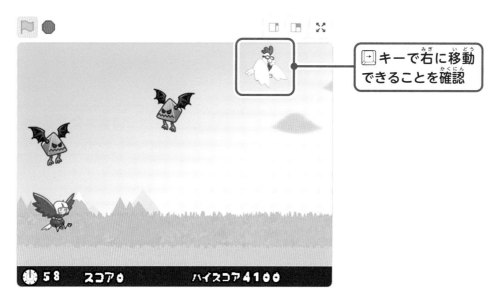

→キーで右に移動
できることを確認

やった！ 動いたぜ！ でも左に動かせないぞ!?

あんた、→キーを押したときの処理をプログラミングした記憶ある？

 HINT

くっつけないと動かない！

「右にも動かない！」という場合はコードを見直してみましょう。
きちんとブロック同士がくっついていますか？

③ 左側にも動けるようにしよう

　トリパイロットは右向きに移動できましたが、□キーを押しても左に動いてはくれません。"もし□キーが押されたなら"の処理を追加してあげる必要があります。

　今組んだコードと同じように、□キーが押されたことを調べて、左に動くようブロックを追加してみましょう。左側に動かすには、x座標を減らします。変える数値を「-10」にすると減らすことができます。□キーを押したら、トリパイロットが左に動くように、プログラミングに挑戦してみましょう。

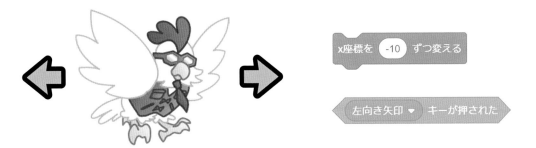

④ 動かして試してみよう

　コードが組めたらゲームを実行して、思ったとおりに動くか確認しましょう。

１ ステージの上の▶をクリックする

2 ←キーでトリパイロットが左方向に移動することを確認する

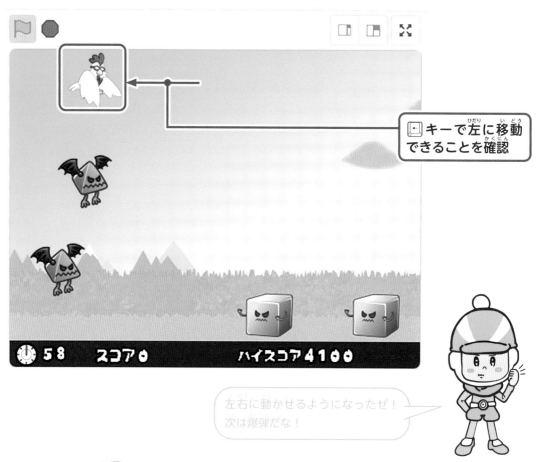

←キーで左に移動
できることを確認

左右に動かせるようになったぜ！
次は爆弾だな！

完成プログラム例

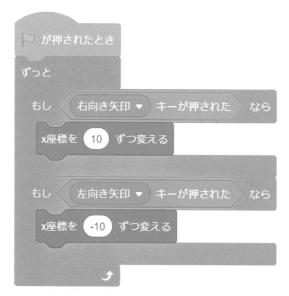

STEP 2 爆弾を投下する

ゲーム完成度　0　10　20　30　40　50　60　70　80　85%　90　100(%)

1 スペースキーを押して爆弾を落とせるようにしよう

　トリパイロットを左右に動かせるようになりましたが、爆弾を投下することができないため、このままではゲームを進めることができません。スペースキーを押したときに爆弾のクローンを作るようにしてみましょう。

完成プログラム例

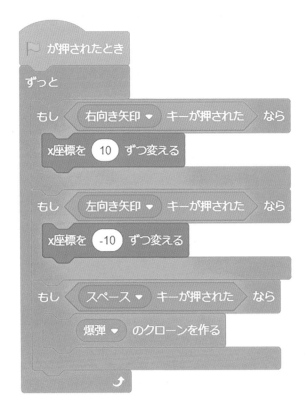

最初に作ったコードにブロックを追加していきます。条件(スペースキーが押されたこと)と分岐（もし）のブロックを組み合わせて使いましょう。

1 スペースキーが押されたことを調べる

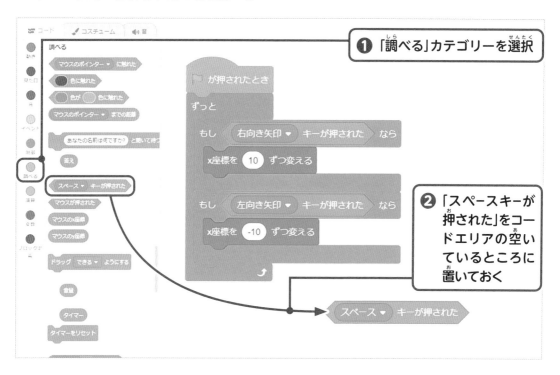

❶ 「調べる」カテゴリーを選択

❷ 「スペースキーが押された」をコードエリアの空いているところに置いておく

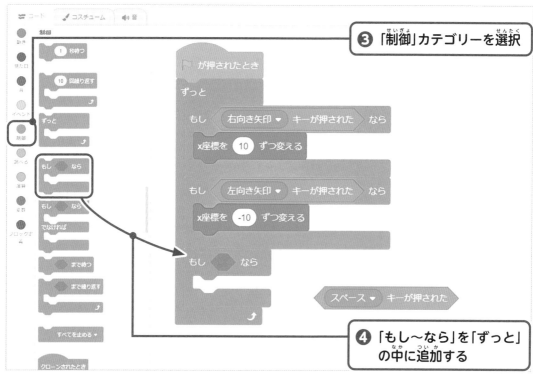

❸ 「制御」カテゴリーを選択

❹ 「もし〜なら」を「ずっと」の中に追加する

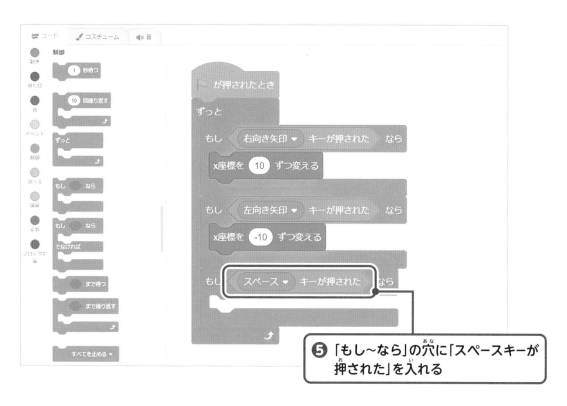

❺「もし〜なら」の穴に「スペースキーが押された」を入れる

2 爆弾のクローンを作る

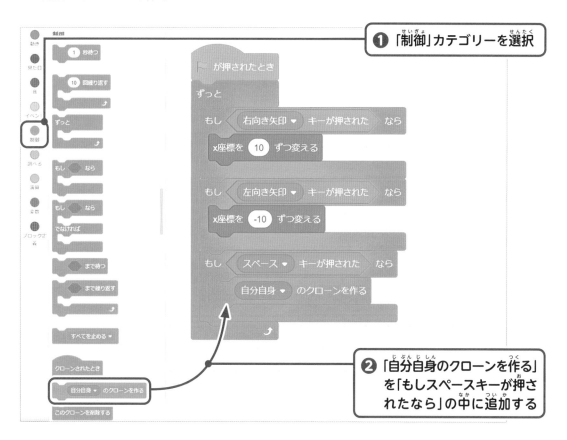

❶「制御」カテゴリーを選択

❷「自分自身のクローンを作る」を「もしスペースキーが押されたなら」の中に追加する

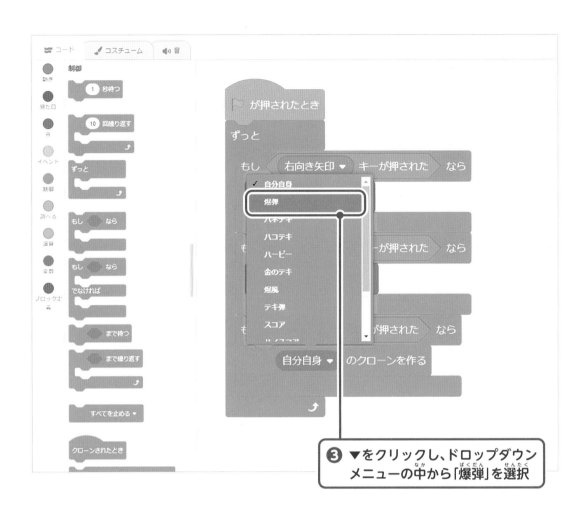

❸ ▼をクリックし、ドロップダウン
メニューの中から「爆弾」を選択

② 動かして試してみよう

コードが組めたらゲームを動かして、どう変わったかを確認しましょう。

1 ステージの上の🏳をクリックする

🏳をクリック

2 トリパイロットから爆弾が投下されることを確認する

スペースキーを押して、爆弾が投下されることを確認

 爆弾が落とせるようになったぜ！ これで完成だな！

 そうかしら？ まだちょっと動きが変じゃない？

STEP 3 爆弾を曲げて撃てるようにしよう

ゲーム完成度

| 0 | 10 | 20 | 30 | 40 | 50 | 60 | 70 | 80 | 90 | 95% | 100(%) |

1 爆弾は曲げて落とそう

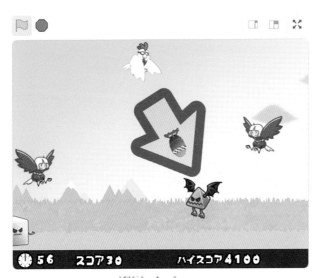

右方向の曲げ撃ち

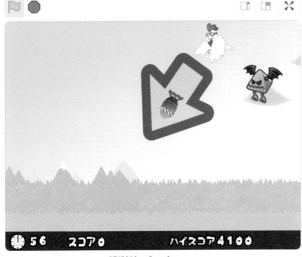

左方向の曲げ撃ち

爆弾は移動しながら発射すると、トリパイロットが向いている方向に曲げながら落とすことができます。

しかも曲げ撃ちのほうが落下スピードが速いので、命中させやすくなります。ゲームをプレイして気がついたかもしれませんが、右のほうに移動しているときは曲げ撃ちができますが、左のほうに移動しているときは爆弾が撃てません。これは、移動している方向にトリパイロットが向いていないと爆弾が出ないようにプログラムされているためです。

② 移動している方向に向くようにする

矢印キーが押されている方向にトリパイロットが向くようにしてみましょう。

完成プログラム例

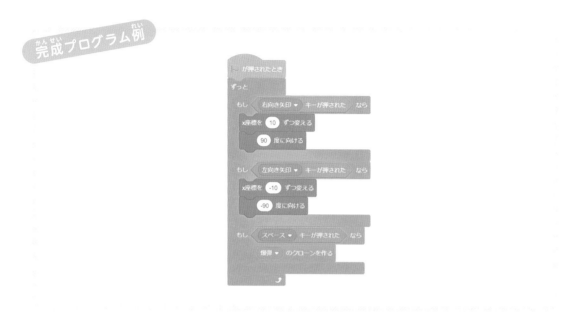

　ここでも、いままで組んだコードにブロックを追加していきます。右左それぞれの矢印キーが押されたときの処理に、同じ方向に向けるブロックを追加します。

1 □キーが押されたときに向きを変えるブロックを追加する

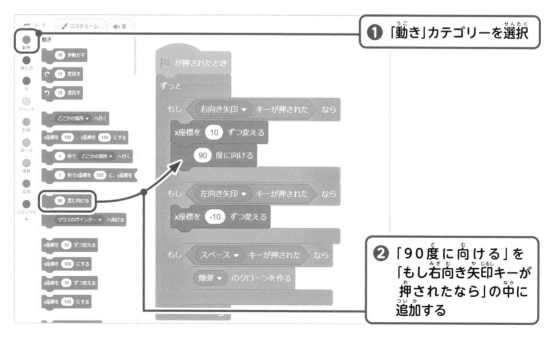

❶ 「動き」カテゴリーを選択

❷ 「90度に向ける」を「もし右向き矢印キーが押されたなら」の中に追加する

2 ⬅キーが押されたときに向きを変えるブロックを追加する

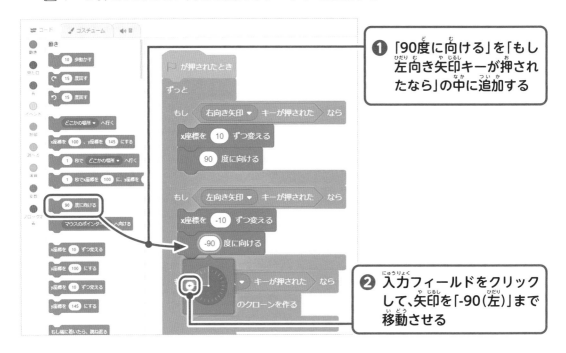

❶「90度に向ける」を「もし
左向き矢印キーが押され
たなら」の中に追加する

❷ 入力フィールドをクリック
して、矢印を「-90（左）」まで
移動させる

2 動かして試してみよう

コードが組めたらゲームを動かして、どう変わったかを確認しましょう。

1 ステージの上の🏳をクリックする

🏳をクリック

2 左右に曲げ撃ちできるか確認する

移動しながら爆弾を投
下して、左右に曲げ撃
ちできることを確認

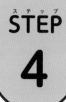

STEP 4 トリパイロットの羽を羽ばたかせる

ゲーム完成度

0 10 20 30 40 50 60 70 80 90 100(%)

1 コスチュームを変えてアニメーションを加える

　爆弾を落としてテキをやっつけられるようになりましたが、プレイ時間がまだたくさん残っているのにテキが出なくなってしまいます。

　これは、トリパイロットのコスチュームを変えてアニメーションしていないと、テキが止まるようにプログラミングされているからです。トリパイロットのコスチュームの「飛ぶ1」と「飛ぶ2」を交互に切り替えて、羽をばたばたさせるアニメーションを加えましょう。

完成プログラム例

いままで作ってきたものとは別に「▶ が押されたとき」から作っていきます。間違えないようにしましょう。

1 「▶ が押されたとき」を追加する

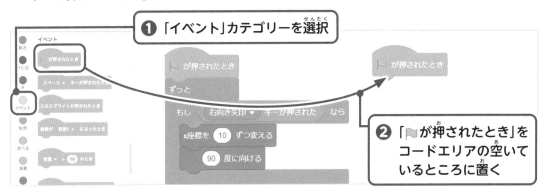

2 「ずっと」を追加する

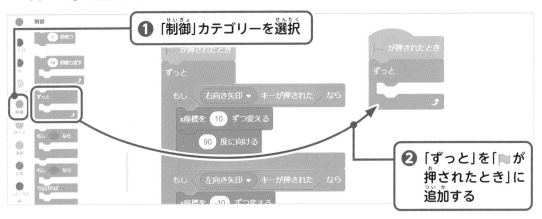

3 「コスチュームを飛ぶ1にする」を追加する

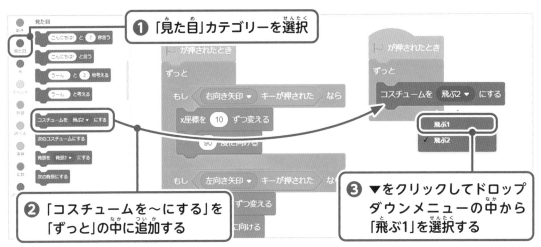

4 「0.2秒待つ」を追加する

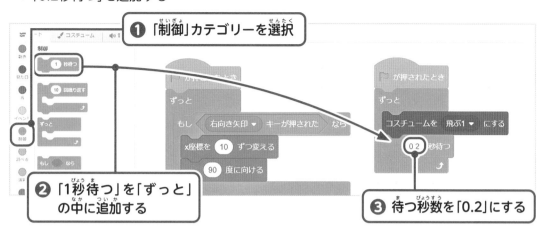

❶ 「制御」カテゴリーを選択

❷ 「1秒待つ」を「ずっと」
の中に追加する

❸ 待つ秒数を「0.2」にする

5 「コスチュームを飛ぶ2にする」を追加する

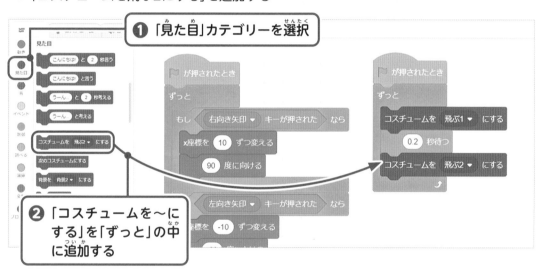

❶ 「見た目」カテゴリーを選択

❷ 「コスチュームを〜に
する」を「ずっと」の中
に追加する

6 もうひとつ「0.2秒待つ」を追加する

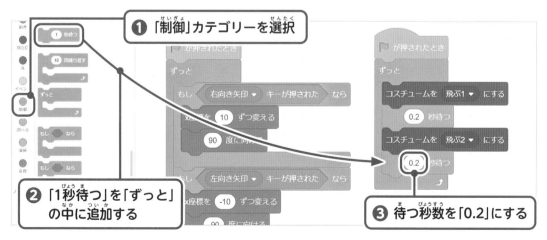

❶ 「制御」カテゴリーを選択

❷ 「1秒待つ」を「ずっと」
の中に追加する

❸ 待つ秒数を「0.2」にする

2 動かして試してみよう

ここまでできればゲームは完成です。ゲームを開始して、遊んでみましょう。

1 ステージの上の🚩をクリックする

🚩をクリック

2 トリパイロットが羽ばたいているのを確認する

トリパイロットが
羽ばたいていること
を確認

コードを分けたのはなぜ？

コスチュームを変えるためのコードを、「🚩が押されたとき」を追加して分けたのは、なぜでしょうか？
コスチューム切り替えのスピード調整のために使われている「～秒待つ」ブロックは、そのあとに続く同じコード内の処理も止めてしまうので、もし「～が押された」などのキー入力を調べる処理がそのあとにあると、これらの処理もすべて「待つ」ことになってしまうからです。
「～秒待つ」ブロックを使うときは、その点に注意して処理の順番などを考えてみてください。

完成プログラム例

③ まとめ

　コスチュームの切り替え、いずれかのキーが押されたときの処理、クローンなど、Chapter1で登場した要素が詰まったゲームでした。解説を細かく読まなくてもコードが組めるようになったかもしれません。次のチャプターからは内容がちょっとずつ難しくなっていきます。操作がわからなくなったら、Chapter1を見直して思い出すようにしましょう。

ゲームを改造して完全クリアにチャレンジしよう！
パーフェクト チャレンジ！

Perfect 条件 **3000点以上獲得**

タイムアップしたときのスコアに応じて評価が出ます。

最高評価のパーフェクトを目指して、頑張りましょう。もちろんゲームを改造しても OKです。改造したら必ずゲームを実行して、どう変わったか動きを確認しましょう。

 よし！ さっそく改造してやるぜ！

 だんだんわかってきたじゃない。改造したほうが断然楽しいわよね。

改造のヒント❶

　うまく爆弾を当てられないなら、テキが動くスピードを遅くすればいい！

　"動くスピード"ということは、動きのカテゴリーの青いブロックが関係していそうです。試しにハコテキを動かしているブロックを探してみます。「スピード」という変数のぶんだけ進んでいるようです。こういったときはオレンジ色の変数ブロックを抜いてしまえば、数値を直接変えることができます。さあ、これでハコテキの動きが遅くなったでしょうか？　変数ブロックは空いているところに置いておけばよいです。元に戻したいときは「～歩動かす」ブロックに入れ直しましょう。この考え方でハーピーの動きを速くすれば……？

❶ ハコテキを選択

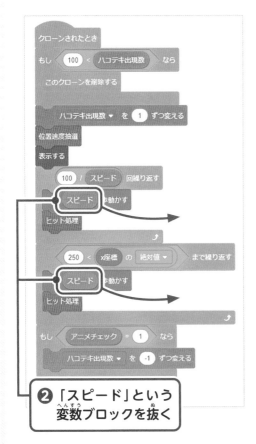

❷ 「スピード」という
変数ブロックを抜く

❸ 「～歩動かす」ブロックに
数値を直接入力する

どうしても当てられないのなら、いっそテキに近づこう！

　トリパイロットには、回キーと回キーが押されたときにx座標を変えて左右に移動できるようにプログラミングしました。同じように、回キーと回キーで上下に移動できるようにしたらどうでしょうか？　上に動くにはy座標を増やします。下に動くにはy座標を減らします。上下に動けるようになると、近づいて爆撃できるようになります。

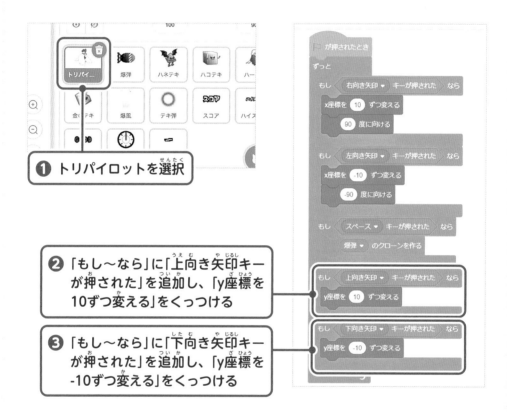

❶ トリパイロットを選択

❷「もし～なら」に「上向き矢印キーが押された」を追加し、「y座標を10ずつ変える」をくっつける

❸「もし～なら」に「下向き矢印キーが押された」を追加し、「y座標を-10ずつ変える」をくっつける

たくさんのスコアを取るには、テキがたくさん出ればいい！

　テキの出現を制御しているところを探しましょう。ステージに一度に登場できるテキの数は決まっていて、それぞれ「○○テキ出現数」という変数で制御されています。テキが出現する命令は「自分自身のクローンを作る」です。例としてハネテキのコードの一部に注目してみます。

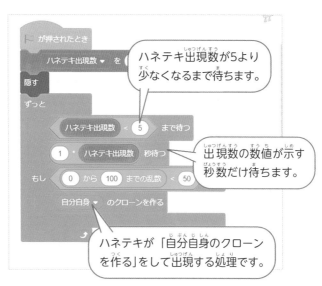

❶ ハネテキを選択

ハネテキ出現数が5より少なくなるまで待ちます。

出現数の数値が示す秒数だけ待ちます。

ハネテキが「自分自身のクローンを作る」をして出現する処理です。

　ここまでの処理を見ると、ハネテキは最大で一度に4体までしか出現せず、たくさん出れば出るほど次の出現まで時間がかかるようです。では、最大出現数を増やして、すぐにたくさんのハネテキが出現するようにするにはどうすればいいでしょうか。

　ここでは制御しているブロック自体を外してみます。いったん全体を外してから、「自分自身のクローンを作る」部分だけ戻します。上が丸い形のブロック（「🏳️が押されたとき」など）につながっていないブロックは処理されない、という点を思い出しましょう。

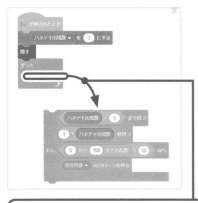

❷ 「ずっと」にくっついているブロックをいったん外す

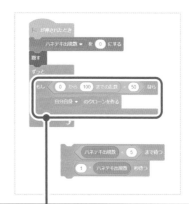

❸ 「もし～なら」以下のブロックだけを「ずっと」の下にくっつける

　ゲームのスコアは、もちろん3000点以上取れます。改造の方法もまだまだあります。何点取れるかや、どんな改造ができるか、友達と競争してみましょう。

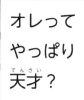

オレって
やっぱり
天才？

よし！
コーサク
カレー
作って
みて

また
すぐに
図に
のるー

な…なぜ、今カレーを？
まぁいいや、おなかが
すいているのかな…？
いっちょ
作ってやるか〜！

よーし！

あー、レシピなんていらない
まずはカレー粉を
いためてっと…

そして
野菜の皮を
むいて

アメなんて
ないぞ。今から
買って…

それで
たまねぎを
アメいろ？

ん？あれっ
コゲくさい…

124

エヘッ！
料理でも
プログラミングでも
順序が大事なのよ。

わかった？

わかった、わかったよ
だからそのカレー
食べさせて〜

其の弐

ゲームって
どうやって思いつくの？

　ゲーム作りって考えることが多くて大変だよな。普段から作っている人は一体どうやって思いつくんだろう。

　おやっ？　アソビズムで作っているゲームの内容を、大勢の人が話し合っているぞ。スケッチしたり身振りで説明したり、どうすればゲームが面白くなるかを熱く語っているな。ゲーム会社ではみんなでアイディアを出し合って、内容を考えているんだな。

なんと！　仕事中に遊んでいる人がいるぞ！

　仕事中に遊んでいるなんてサボっているのかと思ったら、ボードゲームをしながら何が面白いのか分析していたみたいだ。ただ遊んでいるだけじゃなくて面白いってどういうことか、楽しみながら真剣に考えているんだな。よく見ると、そこらじゅうで話をしている人たちがいる。ゲームの面白さやキャラクターについて、いろんな人が話し合っているみたいだ。

ゲームの仕組みやキャラクターについて、チームに分かれて相談して決めていたぞ

チームで話し合ってゲームの面白さを考えていくんだな！

ゲームを作ろう！

— 中級編 —

中級で登場するゲーム

P128
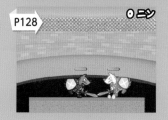

P154

P176

イッキウチコロシアム

格闘ゲーム

コロシアムで犬剣士が対戦犬士と
バトルするゲームです。リングか
ら対戦犬士を落としましょう！

密林フィッシング

釣りゲーム

エルフが釣りをするゲームです。
魚は種類ごとに得点が違います。
高得点の魚を狙ってみては…？

忍者の居合

タイミングゲーム

木を居合斬りするゲームです。ガ
イドラインに合わせてタイミング
よく斬撃を当てましょう。

ここまでで覚えてきたことを思い出して
ジャンジャン作りましょ

1 | イッキウチコロシアム

指令
● 必要な動きからスクリプトを考えてみよう
● 「もし〜でなければ」を使ってみよう

ゲーム画面

スタミナ

対戦犬士

犬剣士

穴

コロシアムでは今日も犬剣士達が熱い戦いを
繰り広げる！ はたして勝利をつかめるのか？

犬バトル！

決め手はアイテム？

操作方法
（そうさほうほう）

左右に移動
（さゆう　いどう）

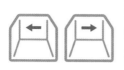

ジャンプ

攻撃
（こうげき）

好きなキーを設定しよう

自由（じゆう）

防御
（ぼうぎょ）

好きなキーを設定しよう

自由（じゆう）

下段攻撃
（げだんこうげき）

 ＋ 自由（じゆう）攻撃（こうげき）

下段防御
（げだんぼうぎょ）

 ＋ 自由（じゆう）防御（ぼうぎょ）

ルール説明
（せつめい）

攻撃をして（こうげき）
相手を穴に落とすと勝ち（あいて　あな　お　か）

吹き飛ばされないように（ふ　と）
防御を決めろ！（ぼうぎょ　き）

上段防御には上段攻撃は無効！

上段防御には下段攻撃が有効！

頭上のスタミナバーは攻撃や防御で減る

隙を見て自然回復させよう

観客席から来るアイテムは良いものばかりじゃない

スタミナ回復薬 回復速度UP薬

回復速度DOWN薬 爆弾

厳選してゲットしよう！

Webサイトから「2-1 イッキウチコロシアム」を開いてゲームに挑戦だ！

https://scratch.futurecraft.jp/

scratchプログラミングドリル　検索

動かしてみたけど、案の定このままじゃ犬剣士が操作できないわね。

犬剣士を改造してコロシアムを勝ち抜くぜ！

次ページからゲームを完成させよう！

Let's GO

STEP 1 犬剣士を動かせるようにする

ゲーム完成度　0　10　20　30　40　50　60　70　80%　90　100(%)

1 自分で考えてプログラミング

? 自分で考えよう 犬剣士が右に移動できるようにする

犬剣士がまったく操作できないので、すぐにやられてしまいます。まずは犬剣士が動き回れるようにしましょう。犬剣士を選択して、順番に次のとおりのコードを組んでいきます。犬剣士にはすでにいくつかコードが組んでありますが、空いているところに新しくコードを追加しましょう。

1. ▷キーが押されたとき、右に移動
2. ◁キーが押されたとき、左に移動
3. △キーが押されたときに、ジャンプを送る

考えよう 1 スプライトを選択してプログラムを始める

犬剣士に「🏳が押されたとき」と「ずっと」を追加しましょう。

❶ 犬剣士を選択

犬剣士

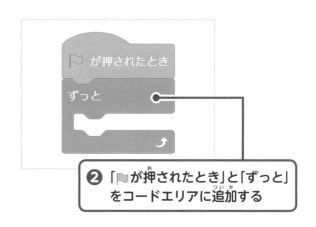

🏳 が押されたとき

ずっと

❷「🏳が押されたとき」と「ずっと」をコードエリアに追加する

131

「もし右向き矢印キーが押されたなら」を追加する

「ずっと」の中に、□キーが押されたときを判断するブロックを追加します。

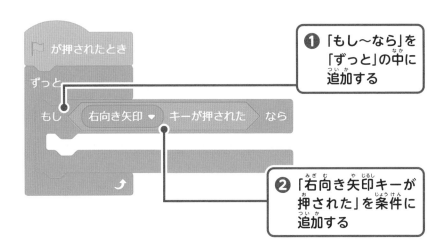

❶ 「もし〜なら」を「ずっと」の中に追加する

❷ 「右向き矢印キーが押された」を条件に追加する

右に動かすブロックを追加する

□キーが押されたときに右に動かすようブロックを追加します。右に動かすためには、x座標の数値を増やします。

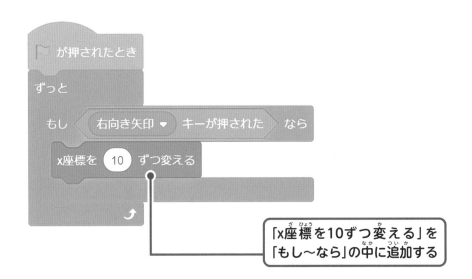

「x座標を10ずつ変える」を「もし〜なら」の中に追加する

２ 動かして試してみよう

　ここまでで、最初に示した処理のうち「1. →キーが押されたとき、右に移動」のコード
が組めました。実際に動かして試してみましょう。

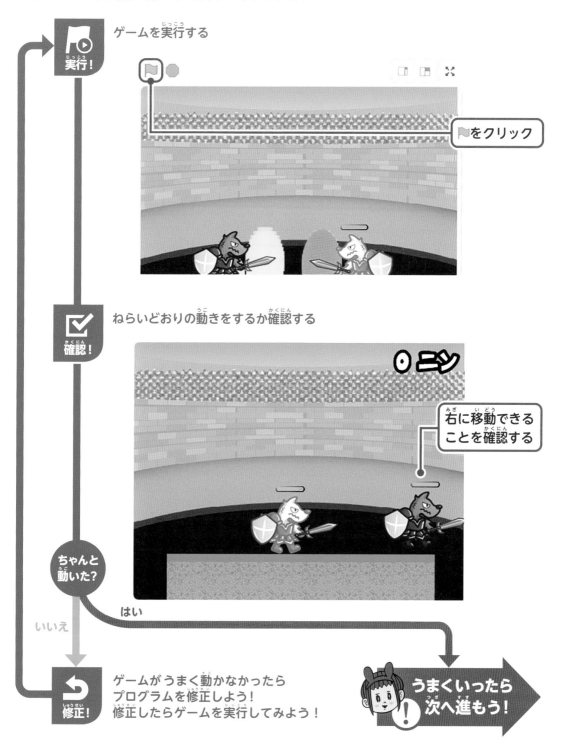

ゲームを実行する

🏳 をクリック

ねらいどおりの動きをするか確認する

○ニン

右に移動できる
ことを確認する

ちゃんと
動いた？

いいえ

はい

ゲームがうまく動かなかったら
プログラムを修正しよう！
修正したらゲームを実行してみよう！

うまくいったら
次へ進もう！

右には移動できるけど、左には当然戻れないわね！

え？ 本当だ！ どうなっているんだ？

今まで何をしてきたのよ。
ゲームは、プログラミングしていない動きはしないのよ。

そうか！「左に動く」もプログラミングをしないといけないんだった！

3 自分で考えてプログラミング

？自分で考えよう 犬剣士が左に移動できるようにする

犬剣士を右に動かすことはできました。ですが、まだ左に戻ることができません。次の処理を自分で考えて追加してみましょう。

2. ⬜キーが押されたとき、左に移動
3. ⬜キーが押されたときに、ジャンプを送る

考えよう 1 左に移動するにはx座標を……

右に動かすときには、x座標という値を増やしました。左に動かすにはx座標の値を「-10」ずつ変えて減らしましょう。

ヒント 使うブロックは以下のとおりです。

⬜キーを押したときに「x座標を-10ずつ変える」の処理を行う

ジャンプするには

犬剣士はジャンプすることもできます。「イベント」カテゴリーにある「〜を送る」というブロックを使いましょう。

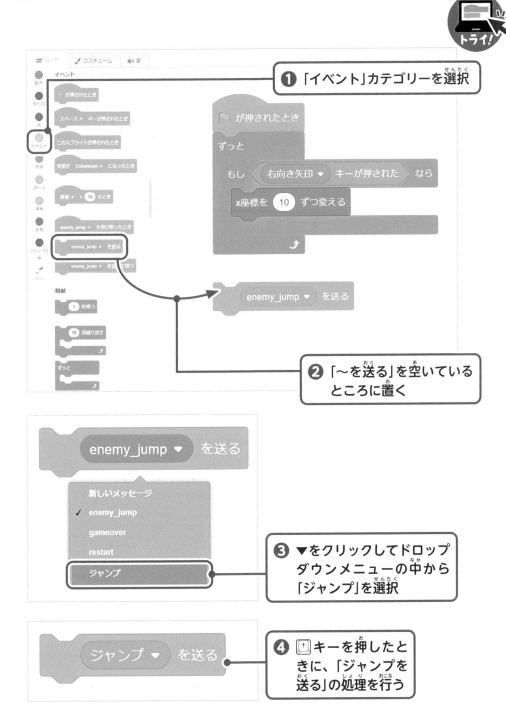

❶「イベント」カテゴリーを選択

❷「〜を送る」を空いているところに置く

❸ ▼をクリックしてドロップダウンメニューの中から「ジャンプ」を選択

❹ ▲キーを押したときに、「ジャンプを送る」の処理を行う

135

⁴ さらに動かして試してみよう

コードが組めたら動かして確認しましょう。

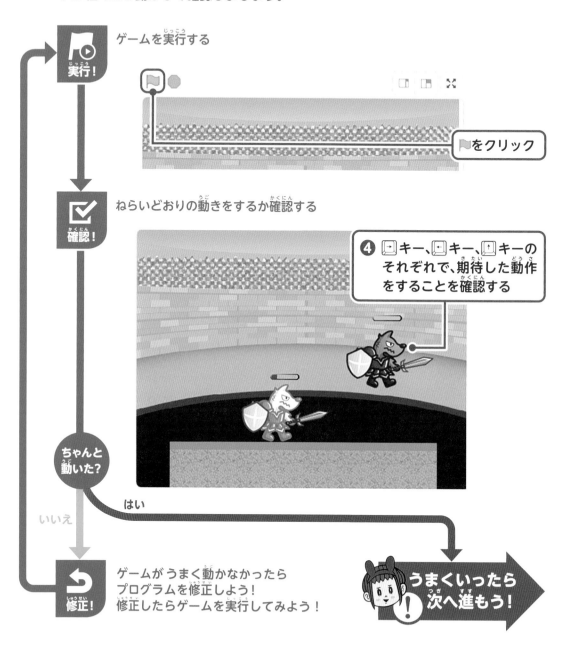

実行！　ゲームを実行する

▶をクリック

確認！　ねらいどおりの動きをするか確認する

❹ →キー、←キー、↑キーの
それぞれで、期待した動作
をすることを確認する

ちゃんと
動いた？

はい

いいえ

修正！　ゲームがうまく動かなかったら
プログラムを修正しよう！
修正したらゲームを実行してみよう！

うまくいったら
次へ進もう！

💡 HINT
他の処理も動いているか確認しよう

もともと動いていた処理が、改造すると動かなくなる場合があります。プログラムを改造するたびに、
他の処理もきちんと動いているか確認するようにしましょう。

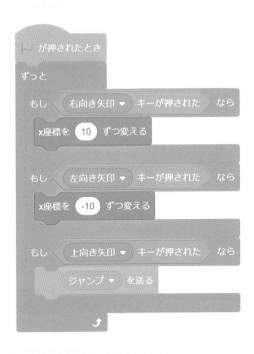

✎ **POINT**

「～を送る」ブロックって何？

ジャンプの処理で使った「～を送る」というブロックは、"メッセージ"を送るブロックです。「～を受け取ったとき」という、メッセージを受け取るブロックがあり、メッセージが送られた場合、対応する「～を受け取ったとき」から処理が開始されます。違うスプライトでもメッセージが届くので、ある処理のタイミングを別のスプライトに伝えるときに使います。

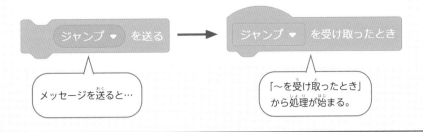

よし！ コロシアム上を動き回れるようになったわ。

でも、逃げ回ってるだけじゃ勝てないぜ！？ 攻撃したい！

137

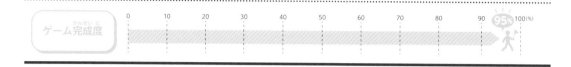

STEP 3

STEP 2 防御と攻撃をできるようにする

1 自分で考えてプログラミング

防御できるようにする

このゲームでは、「ブロック定義」カテゴリーに「防御」というブロックが用意されています。この処理を行うことで防御することができます。「何かキーを押したときに防御」としてみましょう。防御はアニメーションが入ります。アニメで使われる「〜秒待つ」のブロックは他の処理も止めてしまうため、「▶が押されたとき」は分けたほうがいいです。

考えよう 1 「▶が押されたとき」と「ずっと」を追加する

新しく「▶が押されたとき」と「ずっと」のブロックを追加しましょう。

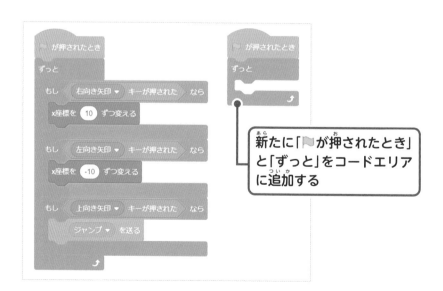

新たに「▶が押されたとき」と「ずっと」をコードエリアに追加する

考えよう **2**

「何かキーを押したとき」を追加する

キーボードを見て「防御」の操作に割り当てるキーを考えましょう。例と違ってもいいので、自分が操作しやすいと思うキーが押されたことを条件に追加します。

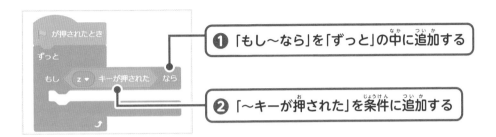

❶ 「もし〜なら」を「ずっと」の中に追加する

❷ 「〜キーが押された」を条件に追加する

考えよう **3**

「防御」を追加する

ブロック定義のカテゴリーにある「防御」のブロックを追加しましょう。

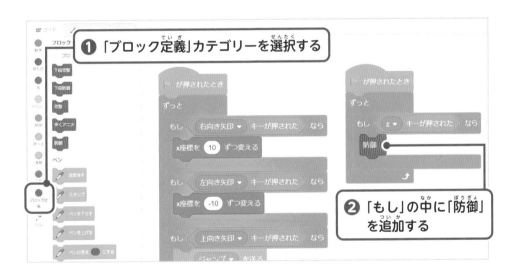

❶ 「ブロック定義」カテゴリーを選択する

❷ 「もし」の中に「防御」を追加する

📝 **POINT**

ブロック定義とは

ブロック定義では、「ブロックを作る」というボタンを使って、ある処理のまとまりを1つのブロックにして「定義」することができます。「防御」ブロックの中身は、防御できるかどうかを確認して、できる場合は「コスチュームを変える」などの処理を行っています。実際に、どこで処理しているのか探してみるのも面白いかもしれません。

2 動かして試してみよう

ここまでで、防御ができるようになったはずです。実際に動かして試してみましょう。
自分が条件にしたキーは何だったか、確認して押してみましょう。押しているあいだ、防御の構えをしたら成功です。

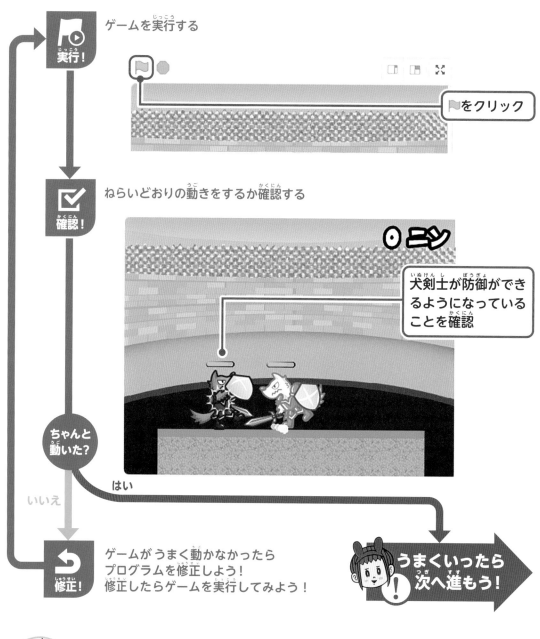

実行！　ゲームを実行する

▶をクリック

確認！　ねらいどおりの動きをするか確認する

●ニン

犬剣士が防御ができるようになっていることを確認

ちゃんと動いた？

はい

いいえ

修正！　ゲームがうまく動かなかったらプログラムを修正しよう！
修正したらゲームを実行してみよう！

うまくいったら次へ進もう！

防御はできたけど、攻撃しないと勝てないぞ！

3 自分で考えてプログラミング

 攻撃する

防御の処理を参考にして、攻撃もできるようにブロックを追加してみましょう。防御と攻撃は同じ手で操作できるように、キーボードの近い位置のキーを使うようにしたほうがいいでしょう。「ブロック定義」カテゴリーにある「攻撃」ブロックを処理することで攻撃ができます。

4 さらに動かして試してみよう

コードが組めたら動かして確認しましょう。

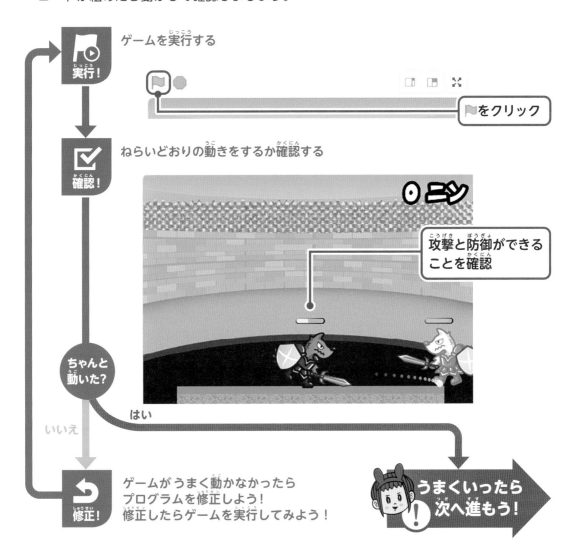

実行! ゲームを実行する

🏳をクリック

確認! ねらいどおりの動きをするか確認する

攻撃と防御ができることを確認

ちゃんと動いた?

はい

いいえ

修正! ゲームがうまく動かなかったらプログラムを修正しよう!修正したらゲームを実行してみよう!

うまくいったら次へ進もう!

よーし、これで攻撃できるぜ！ あれ？ でも??

5 自分で考えてプログラミング

 自分で考えよう　　つねに対戦犬士のほうを向くようにする

攻撃と防御ができるようになりましたが、実はひとつ困ったことが残っています。対戦犬士をジャンプで飛び越えたりして、画面の右側に犬剣士がいる状態になると、対戦犬士に背中を向けた状態になり、攻撃が当たらなくなります。これでは不利です。

相手のほうを
向いていない

つねに対戦犬士のほうを向くようにしてあげましょう。「動き」のカテゴリーの中に「〜に向ける」という、スプライトを特定のスプライトの方向に向ける便利なブロックがあります。これを"つねに"処理するようにしましょう。さあ、どこに追加すればいいかわかるでしょうか。「ここだ！」と思うところに追加してみましょう。

ヒント　使うブロックは以下のとおりです。

▼をクリックして、ドロップダウンメニューの中から「対戦犬士」を選択

6 さらに動かして試してみよう

コードが組めたら動かして確認しましょう。

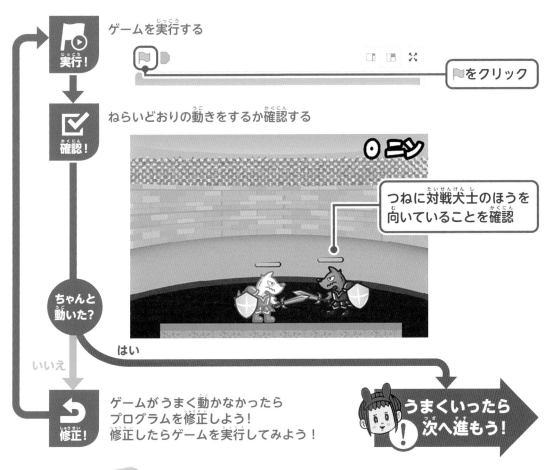

実行！ ゲームを実行する

▶をクリック

確認！ ねらいどおりの動きをするか確認する

● ニン

つねに対戦犬士のほうを向いていることを確認

ちゃんと動いた？

はい

いいえ

修正！ ゲームがうまく動かなかったらプログラムを修正しよう！修正したらゲームを実行してみよう！

うまくいったら次へ進もう！

完成プログラム例

※元からあったコードは記載していません

下段技を使えるようにする

ゲーム完成度

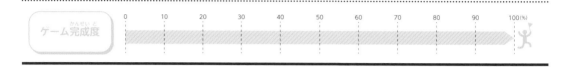

1 自分で考えてプログラミング

複数の条件を組み合わせて下段の動きをする

「ブロック定義」カテゴリーには、下段攻撃と下段防御というブロックもあったことに気がついたでしょうか。このゲームでは攻撃、防御とも対戦犬士の動きに合わせて、下段の動きを使うと有利になります。⬇キーを押しながら、攻撃、防御をすると下段技になるようにしてみましょう。

考えよう 1 ⬇キーが押されたときと、そうでないときを分ける

「もし～なら～でなければ」は、条件に一致する（真の）ときは上の処理をして、一致しない（偽の）ときは下の処理をする制御ブロックです。⬇キーが押されたときは下段の動きにしたいので、通常の動きは「でなければ」のほうになります。

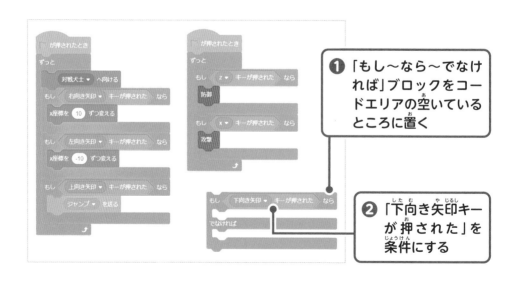

❶「もし～なら～でなければ」ブロックをコードエリアの空いているところに置く

❷「下向き矢印キーが押された」を条件にする

通常の処理を「でなければ」に移動する

ここまでで作った攻撃と防御の処理を「でなければ」の下に移動しましょう。

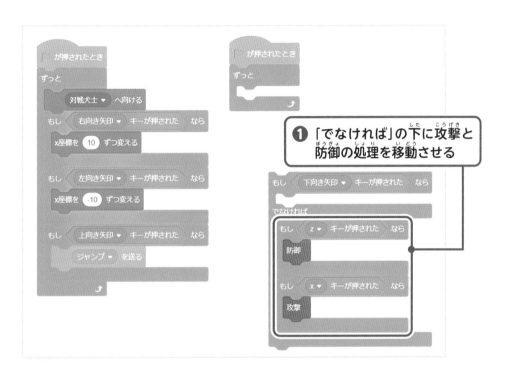

❶「でなければ」の下に攻撃と
防御の処理を移動させる

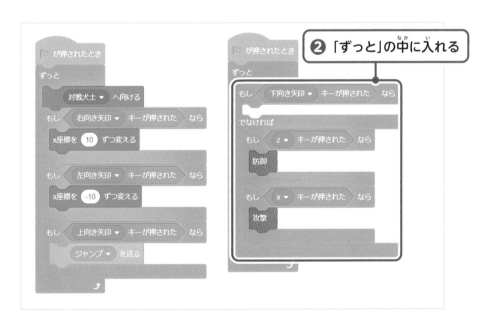

❷「ずっと」の中に入れる

145

考えよう 3　⌨️キーが押されたときの処理を追加する

「下向き矢印キーが押された」の条件に一致する（真の）カッコの中に、下段防御と下段攻撃の処理を追加しましょう。

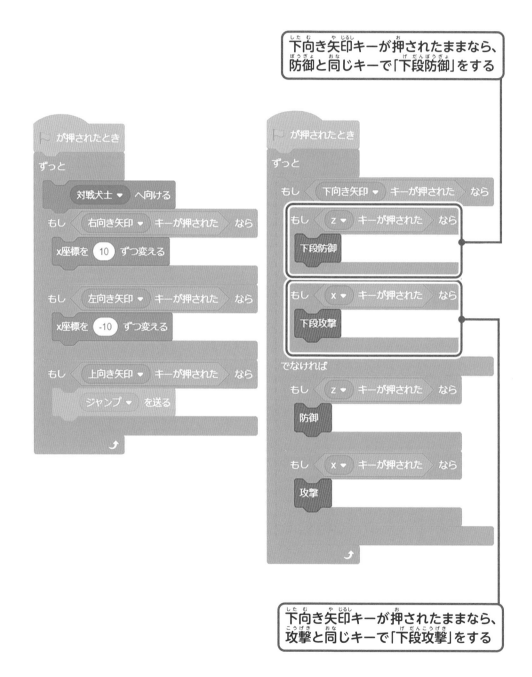

下向き矢印キーが押されたままなら、防御と同じキーで「下段防御」をする

下向き矢印キーが押されたままなら、攻撃と同じキーで「下段攻撃」をする

POINT

「もし」の中の「もし」を使って複数の条件を設定する

ここで紹介したコードのように、「もし～なら」の中にはもう1つ「もし～なら」を入れることができます。こうすることで1つ目の条件が「真」で、なおかつ2つ目の条件も「真」のときに処理をする、というような、複数の条件を設定したプログラミングもすることができます。

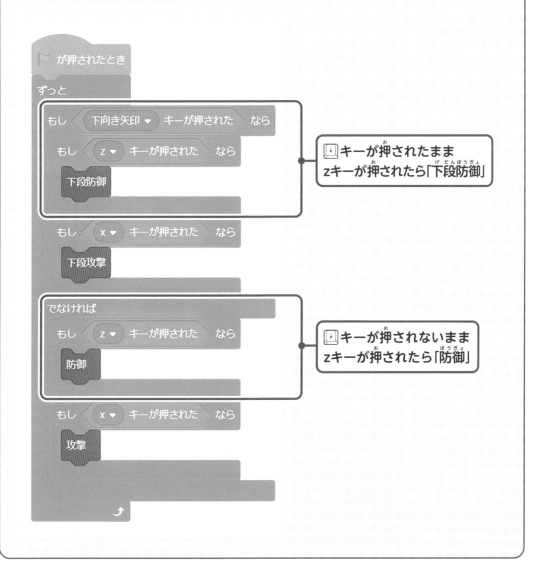

⬇️キーが押されたまま
zキーが押されたら「下段防御」

⬇️キーが押されないまま
zキーが押されたら「防御」

 HINT

ゲームは両手を使ってプレイしよう

移動とジャンプ、防御と攻撃など、操作するキーが増えてきました。片手で操作していては間に合いません。右手で移動とジャンプ、左手で防御と攻撃という具合に、両手を使ってプレイしましょう。

2 動かして試してみよう

コードが組めたら動かして確認しましょう。

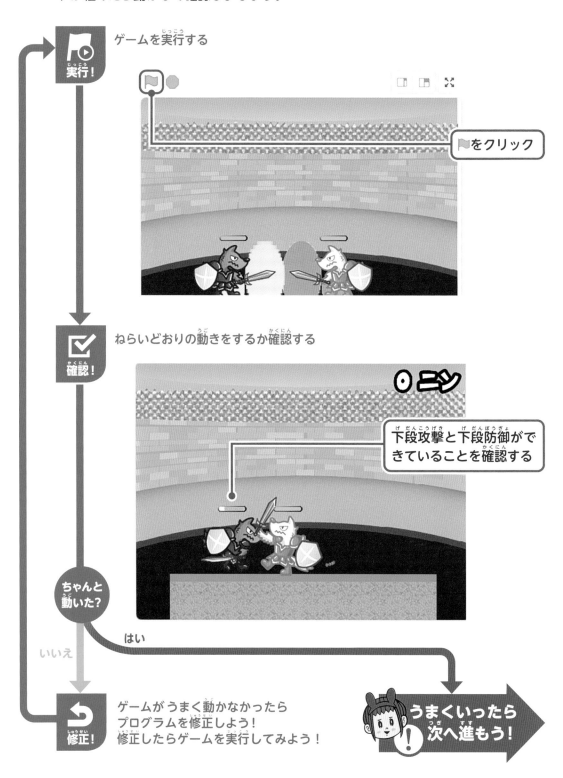

実行！　ゲームを実行する

をクリック

確認！　ねらいどおりの動きをするか確認する

下段攻撃と下段防御ができていることを確認する

ちゃんと動いた？

はい

いいえ

修正！　ゲームがうまく動かなかったらプログラムを修正しよう！修正したらゲームを実行してみよう！

うまくいったら次へ進もう！

完成プログラム例

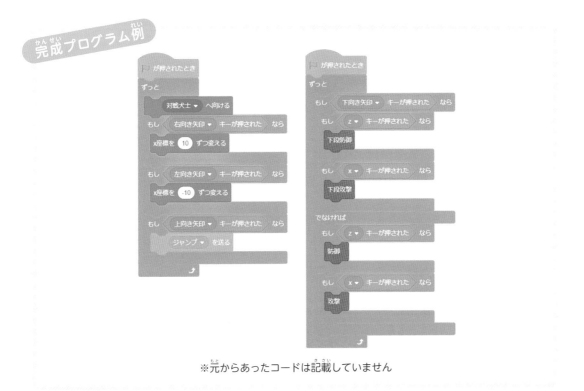

※元からあったコードは記載していません

3 まとめ

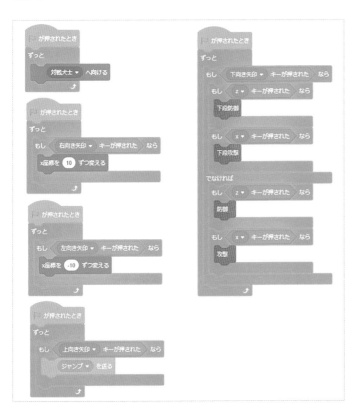

初級の内容とは違い、自分で考えてコードを組むことが多くなってきました。自分で考えたプログラムが例と違うことがあるかもしれませんが、説明と同じように動いていれば例と違っていても大丈夫です。たとえば、このゲームの犬剣士のプログラムは左のように組んでも正しく動きます。例だけが正解と思わず、自分なりのやり方で、実現できる方法を探してみてください。

次のゲームからも、どんなキーでどんなふうに動かすかを考えてプログラミングするようにしましょう。

149

ゲームを改造して完全クリアにチャレンジしよう！
パーフェクト チャレンジ！

Perfect 条件　倒した数が10人以上

対戦犬士を倒すと、倒した数に応じて評価が出ます。最高評価のパーフェクトを目指して頑張りましょう。もちろんゲームを改造してもOKです。

だんだん対戦犬士が強くなってきているわね……

くそー！相手の攻撃を防御するのが難しいな。

改造のヒント❶

「防御が難しい」と思うのなら、自動で防御するように犬剣士を改造してみてはどうでしょうか。対戦犬士は攻撃するときに、必ず振りかぶるコスチュームに変わります。ということは、対戦犬士のコスチュームを調べて、振りかぶっていたら防御するようにしてみましょう。

犬剣士のスプライトを改造しよう。

他のスプライトの値を調べられるブロックで、対戦犬士の「コスチューム#」(コスチューム番号) を調べます。黄緑色の「演算」カテゴリーにある「＝」ブロックを使って「コスチューム#」が「1」かどうかを調べ、真の場合は防御するようにしています。

ちなみに下段攻撃が来る前の対戦犬士の「コスチューム#」は「3」です。

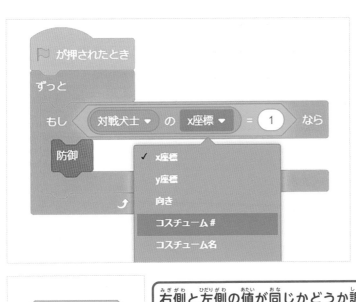

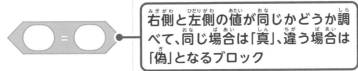

右側と左側の値が同じかどうか調べて、同じ場合は「真」、違う場合は「偽」となるブロック

　操作キーを増やして、オリジナルコンボを作ってみるのはどうでしょうか。攻撃、防御とは別に犬剣士にキー操作を追加してみましょう。

犬剣士のスプライトを改造しよう。

　突進下段攻撃の例。移動しながら攻撃できるように、「🚩が押されたとき」を分けています。

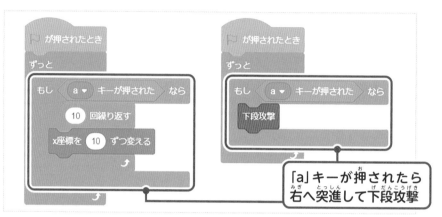

「a」キーが押されたら
右へ突進して下段攻撃

　上段下段コンボの例。対戦犬士は防御のあとに隙ができるので、連続攻撃が有効です。コンボはスタミナの消費が激しいので、回復速度に気をつけましょう。

「s」キーが押されたら攻撃、
下段攻撃のコンボ

　観客席から飛んでくる飛来物がたくさん出るとハプニングが起きて、ゲームがより楽しくなります。飛来物を改造して、アイテムが出現する間隔や種類を改造してみましょう。

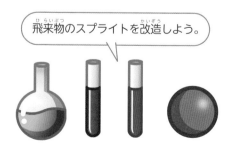

飛来物のスプライトを改造しよう。

　下の図は、飛来物のプログラムの一部です。「〜秒待つ」ブロックはアイテムが出現する間隔を決めています。「コスチュームを〜にする」ブロックはアイテムの種類を決めています。

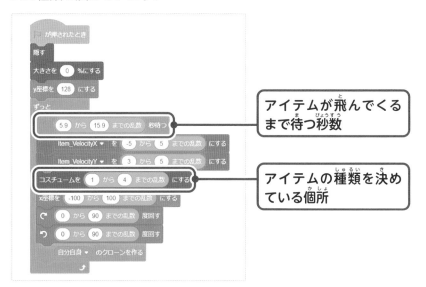

アイテムが飛んでくるまで待つ秒数

アイテムの種類を決めている個所

　数値を決めている「〜から〜までの乱数」は、乱数を返すブロックです。1〜4までとしたときは、「1、2、3、4のどれかの数値」になります。1〜2までとしたときは、「1、2のどれかの数値」、4〜4までとしたときは必ず「4」になります。
　アイテムの種類はそれぞれ、

1=スタミナ回復薬　2=回復速度UP薬　3=回復速度DOWN薬　4=爆弾

となります。0以下、5以上はないので注意しましょう。

何人勝ち抜けるか、無敵の100人抜きを目指してみてもいいかもしれません。

 POINT

乱数とは

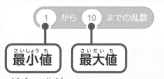

最小値　最大値

乱数はランダムな数のことです。ゲームでは、敵キャラクターが落とすアイテムの種類や攻撃が当たったか外れたかなど、プレイするたびに違う現象を起こしたほうが楽しくなる要素に利用します。
乱数を返すブロックは、とりうる最少と最大の数値を指定すると、その間のどれかの数値を返してくれます。乱数はあくまでランダムなので、同じ値が連続したり、ある値がまったく出なかったりすることもあります。

ゲーム 2 | 密林フィッシング

指令
- キーを使って操作を考えることをマスターしよう
- 演算して数値を判定してみよう

ゲーム画面

ハイスコア3500
スコア0

残り釣り針

エルフ

魚

魚

射撃の次は、釣りの特訓だ！
エルフは今日も大忙し。

魚に向けて、釣り針を投げろ！

どんな魚が釣れるかな？

操作方法（そうさほうほう）

釣り針を投げる位置を決める（つりばりをなげるいちをきめる）

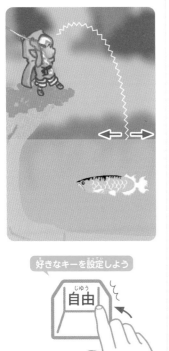

好きなキーを設定しよう

自由（じゆう）

キーを押しっぱなし

釣り針を投げ込む（つりばりをなげこむ）

好きなキーを設定しよう

自由（じゆう）

キーから指を放す（ゆびをはなす）

釣り針を引き上げる（つりばりをひきあげる）

好きなキーを設定しよう

自由（じゆう）

針を（はり）
クイクイ
操作（そうさ）

Webサイトから「2-2 密林（みつりん）フィッシング」を
開いてゲームに挑戦だ！（ひらいてゲームにちょうせんだ！）

https://scratch.futurecraft.jp/

scratchプログラミングドリル　検索

エディターが表示（ひょうじ）されたら、▶をクリックしてゲームを開始（かいし）してみましょう。

例によって、
またもやエルフが動かないぞ！

いつものように、エルフにプログラミングして
ゲームを完成（かんせい）させるわよ！

次（じ）ページから
ゲームを完成（かんせい）
させよう！
Let's GO

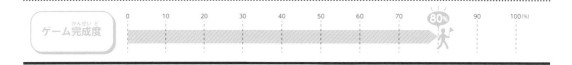
STEP 1 釣り針を投げられるようにする

ゲーム完成度

0　10　20　30　40　50　60　70　**80%**　90　100(%)

■ 自分で考えてプログラミング

自分で考えよう　キー操作でコスチュームを切り替える

さっそく釣りを始めたいところですが、釣り針を投げられるようにするには、プログラミングが必要です。エルフのスプライトを選択して、次のとおりのコードを順番に組んでいきます。

1. コスチュームをずっと「釣り」にする
2. 何かのキーが押されたとき「コスチュームを振り上げにする」

考えよう 1　スプライトを選択してプログラミングを始める

エルフに「🏁 が押されたとき」と「ずっと」を追加しましょう。

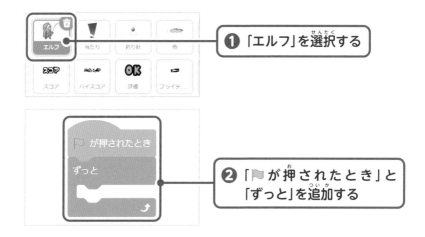

❶「エルフ」を選択する

❷「🏁 が押されたとき」と「ずっと」を追加する

考えよう 2 コスチュームを「釣り」にする処理を追加する

「ずっと」の中に「コスチュームを釣りにする」を入れます。▼をクリックして、ドロップダウンメニューから適切なコスチュームを指定するのを忘れないように。

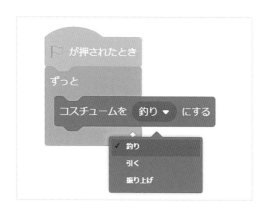

考えよう 3 何かのキーを押したときの判断を追加しよう

「ずっと」の中の「コスチュームを釣りにする」の次に、キーが押されたときを判断するブロックを追加します。何のキーにするかは自由に決めてください。

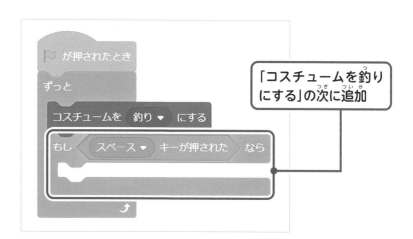

「コスチュームを釣りにする」の次に追加

考えよう 4 キーを押したときの処理に「コスチュームを振り上げにする」を追加する

ここまでできたら、キーを押したときの処理に「コスチュームを振り上げにする」を追加しましょう。

トライ！

2 動かして試してみよう

　ゲームを開始して動作を確認します。条件に設定したキーを"押したまま"にして「コスチュームを振り上げにする」と、そのあいだはガイド線が出て、投げる位置を決められます。

　キーから手を放すと、コスチュームが「釣り」に戻り、ガイド線の位置に釣り針が投げられます。釣り針が投げられることを確認しましょう。

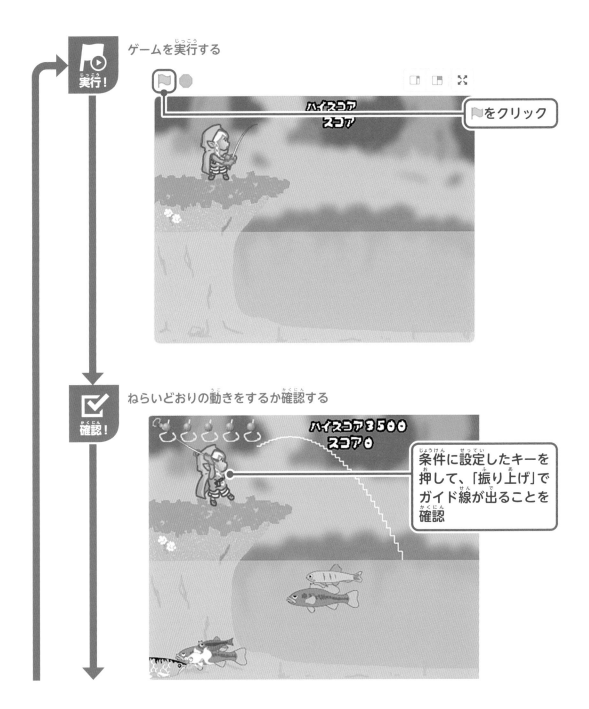

実行！　ゲームを実行する

🏳をクリック

確認！　ねらいどおりの動きをするか確認する

条件に設定したキーを押して、「振り上げ」でガイド線が出ることを確認

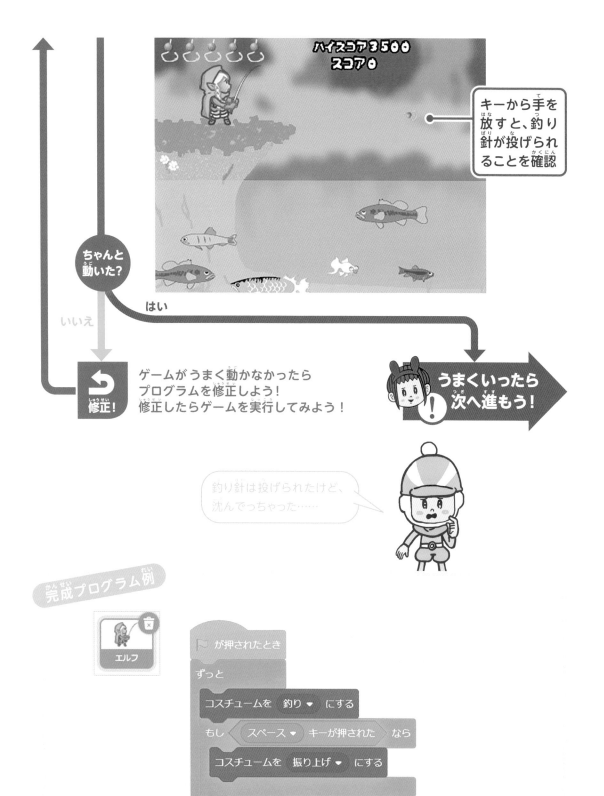

キーから手を放すと、釣り針が投げられることを確認

ちゃんと動いた?

いいえ

はい

修正!

ゲームがうまく動かなかったらプログラムを修正しよう！修正したらゲームを実行してみよう！

うまくいったら次へ進もう！

釣り針は投げられたけど、沈んでっちゃった……

完成プログラム例

エルフ

▶ が押されたとき

ずっと

コスチュームを 釣り ▼ にする

もし スペース ▼ キーが押された なら

コスチュームを 振り上げ ▼ にする

159

STEP 2 釣り針を引っ張れるようにする

ゲーム完成度

0　10　20　30　40　50　60　70　80　90%　100(%)

　魚の目の前に釣り針を投げることができれば、魚が食いつきます。ですが、魚は動きまわるので、目の前にうまく投げるのは難しいです。

1 自分で考えてプログラミング

コスチュームを変えるボタン操作を追加する

　投げたあとに、釣り針を引っ張って動かせるようにしてみましょう。投げるときとは別のキーで「コスチュームを引くにする」と水中で釣り針を動かせます。

ハイスコア3500
スコア0

釣り針を魚の目の前に落とすと、魚が食いつく

何かのキーが押されたら「コスチュームを引くにする」を追加しよう

「ずっと」のカッコの中に、「振り上げ」とは別のキーを条件にして、何かのキーが押されたら「コスチュームを引くにする」処理を追加しましょう。

ヒント　使うブロックは以下のとおりです（困ったときはP157を参考にしよう）。

コスチュームを　引く▼　にする

2 動かして試してみよう

コードが組めたと思ったら、動かして確認しましょう。

それぞれで条件にしたキーを押して、コスチュームを変えることができると、「振り上げ」で釣り針を投げ、「引く」で引っ張ることで水中の釣り針の位置を自分でコントロールすることができます。

ゲームを実行する

実行！

ハイスコア
スコア

▶をクリック

確認！

ねらいどおりの動きをするか確認する

条件に設定したキーを押して、「振り上げ」で釣り針を投げることを確認

条件に設定したキーを押して「引く」にすると、釣り針を引っ張って動かせることを確認

ちゃんと動いた？

はい

いいえ

 修正！

ゲームがうまく動かなかったらプログラムを修正しよう！修正したらゲームを実行してみよう！

 うまくいったら次へ進もう！

 完成プログラム例

 エルフ

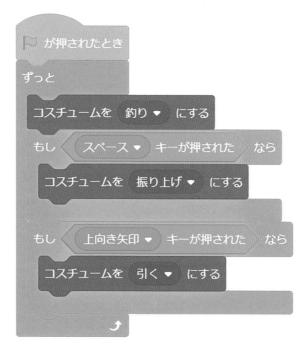

 よっ！よっ！
引っ張って釣り針を魚の前に動かして、ちょっとコツがいるな。

 あ！食いついたわよ、ほら！

 え？ほんとに？あ！釣り針がなくなった……取られちゃったな……

 魚が食いついたことが、わかりづらいわね。

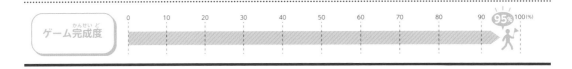

STEP 3 / STEP 4

当たりの瞬間がわかるようにする

ゲーム完成度

0　10　20　30　40　50　60　70　80　90　95%　100(%)

---

1 自分で考えてプログラミング

自分で考えよう 魚が食いついた「当たり」を見えるようにする

魚が食いついたタイミングでコスチュームを「振り上げ」にすると、魚を釣り上げることができます。
今のままでも釣り上げられますが、魚が食いついた瞬間の「当たり」が来たことが見てわかるように
なると、よりゲームらしくなります。
スプライトリストで「当たり」を選択して、魚が食いついている状態のときだけ表示されるように
しましょう。

考えよう 1 「当たり」を選択してプログラムを始める

「当たり」を選択して「▶が押されたとき」と「ずっと」を追加しましょう。「当たり」には、すでにコー
ドが組んでありますが、空いているところにコードを追加しましょう。

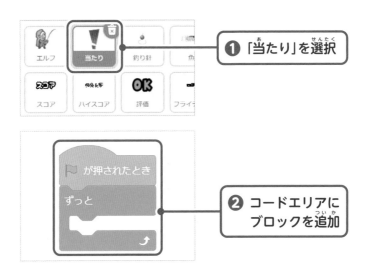

① 「当たり」を選択

② コードエリアに
ブロックを追加

考えよう 2 「当たり」が来たときを判断する

このゲームでは、魚が食いついていないときは「当たり」という"変数"の値が「0」、食いついているときは「1」、という処理をしています。

"変数"とは、いろいろな値を保存しておける箱のようなものです。

目的の処理を実現するには、変数「当たり」を条件にして、スプライト「当たり」の表示を切り替えればよさそうです。「演算」のブロックを使って、変数「当たり」が「1」かどうかを調べましょう。

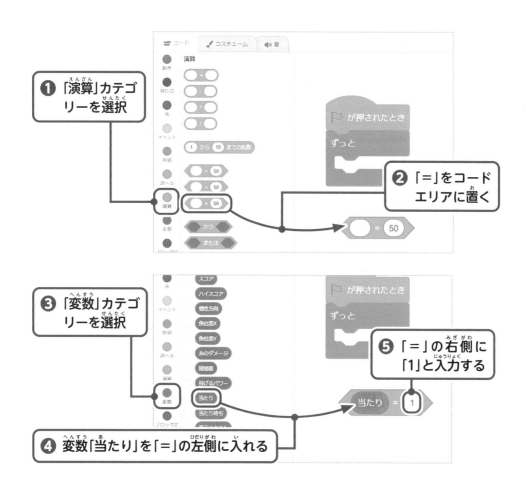

❶「演算」カテゴリーを選択

❷「=」をコードエリアに置く

❸「変数」カテゴリーを選択

❹ 変数「当たり」を「=」の左側に入れる

❺「=」の右側に「1」と入力する

💡 HINT

半角入力と全角入力に注意

変数「当たり」には数値の「0」または「1」が代入されます。数字を入れるとき、半角文字で入力しないと数値として判定されませんので注意しましょう。

「もし～なら～でなければ」を「ずっと」に追加する

魚が食いついたときは、スプライト「当たり」が表示され、そうでないときは隠すようにしたいと思います。条件に一致したときと、そうでないときの処理を制御できる「もし～なら～でなければ」を使いましょう。

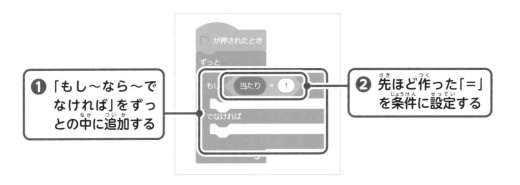

❶ 「もし～なら～でなければ」をずっとの中に追加する

❷ 先ほど作った「＝」を条件に設定する

「当たり＝1」のときと、そうでないときの処理を追加する

変数「当たり」が1のときは、スプライト「当たり」を表示して、そうでないときは隠しましょう。

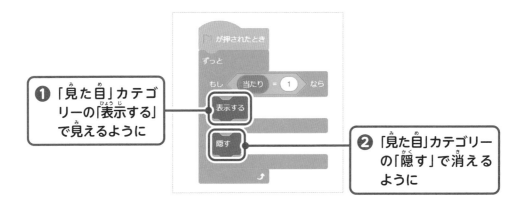

❶ 「見た目」カテゴリーの「表示する」で見えるように

❷ 「見た目」カテゴリーの「隠す」で消えるように

 HINT

名前にまどわされないように

このゲームでは「当たり」という名前の"スプライト"と、「当たり」という名前の"変数"、2つの「当たり」があります。それぞれ別のものなので、名前だけでなく、実体が何を指しているのかに注意しましょう。

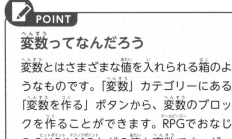

変数ってなんだろう

変数とはさまざまな値を入れられる箱のようなものです。「変数」カテゴリーにある「変数を作る」ボタンから、変数のブロックを作ることができます。RPGでおなじみのHPやMPなどの値も変数です。ゲームごとに必要な変数は違うため、ゲームに合った変数を作って利用します。また、変数に値を設定することを"代入"と呼びます。

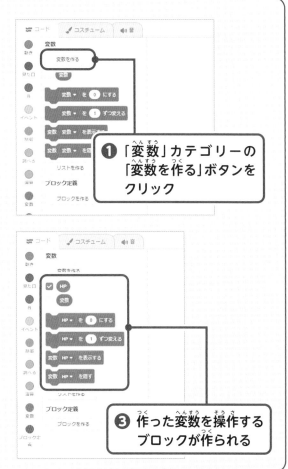

❶ 「変数」カテゴリーの「変数を作る」ボタンをクリック

❸ 作った変数を操作するブロックが作られる

❷ 変数名を入力し、「OK」をクリック

いろいろな「演算」

「演算」カテゴリーにある丸い穴の空いた六角形のブロックは、値を比べて真偽値を返すブロックです。
両方が同じであることを調べる「=」や、大きいか小さいかを調べる「<」「>」があります。算数の授業で習ったことがありますね。

値を比べるブロック

② 動かして試してみよう

コードが組めたら動かして確認しましょう。
うまく魚に釣り針を食べさせて、スプライト「当たり」が表示されるかどうか確認しましょう。魚が釣り針を食べていないときは表示されていない必要があります。

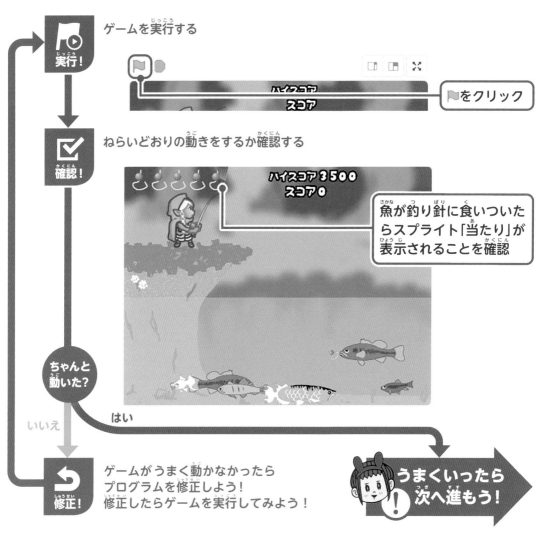

実行! ゲームを実行する

▶をクリック

確認! ねらいどおりの動きをするか確認する

ハイスコア 3500
スコア 0

魚が釣り針に食いついたらスプライト「当たり」が表示されることを確認

ちゃんと動いた?

いいえ

はい

修正! ゲームがうまく動かなかったらプログラムを修正しよう！
修正したらゲームを実行してみよう！

うまくいったら次へ進もう！

完成プログラム例

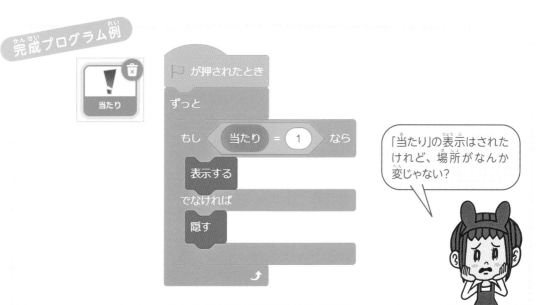

当たり

▶ が押されたとき

ずっと

もし 〈 当たり ＝ 1 〉 なら

表示する

でなければ

隠す

「当たり」の表示はされたけれど、場所がなんか変じゃない？

168

STEP 4 当たりを釣り針の位置に表示させる

1 自分で考えてプログラミング

スプライト「当たり」を見やすい位置に動かす

スプライト「当たり」が表示されるようになりましたが、今のままの位置では不便です。スプライト「当たり」は、釣り針の位置にあったほうがいいでしょう。

釣り針の座標に移動するブロックを組もう

釣り針の位置にスプライト「当たり」を移動するために、スプライト「当たり」のxとyの座標を調べるブロックを使います。

ヒント　使うブロックは以下のとおりです。

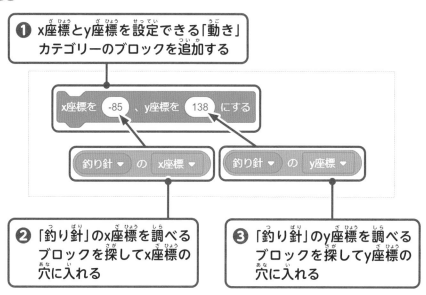

❶ x座標とy座標を設定できる「動き」カテゴリーのブロックを追加する

x座標を -85 、y座標を 138 にする

釣り針 ▼ の x座標 ▼ 　　　 釣り針 ▼ の y座標 ▼

❷ 「釣り針」のx座標を調べるブロックを探してx座標の穴に入れる

❸ 「釣り針」のy座標を調べるブロックを探してy座標の穴に入れる

スプライト「当たり」のxy座標を「ずっと」「釣り針」のxy座標にしよう

釣り針の位置にスプライト「当たり」を移動するブロックを、「ずっと」処理できるようにコードを組んでみましょう。

 POINT

「〜ずつ変える」と「〜にする」

座標を変えるブロックなどには、「〜ずつ変える」と「〜にする」の2種類あることに気がついていましたか？ この2つの違いは、たとえば「10ずつ変える」「10ずつ変える」「10ずつ変える」と3回処理すると「30」になりますが、「10にする」「10にする」「10にする」と3回処理しても「10」のままです。「〜ずつ変える」は入力した数値ぶん増やすまたは減らす、「〜にする」は入力した数値にする、という処理になります。
結果が異なることがあるので、よく考えて使い分けましょう。

2 動かして試してみよう

コードが組めたと思ったら動かして確認しましょう。

スプライト「当たり」がイメージどおりの場所に、うまく表示されたでしょうか。当たりが来たら、釣り針を投げたときと同じキーを押してコスチュームを「振り上げ」にしましょう。魚を釣り上げることができます。

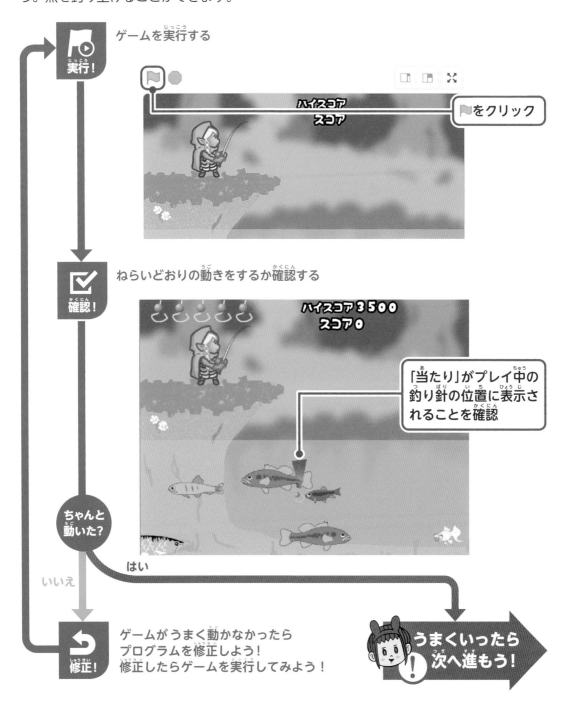

実行! ゲームを実行する

▶をクリック

確認! ねらいどおりの動きをするか確認する

「当たり」がプレイ中の釣り針の位置に表示されることを確認

ちゃんと動いた?

はい

いいえ

修正! ゲームがうまく動かなかったらプログラムを修正しよう！修正したらゲームを実行してみよう！

うまくいったら次へ進もう!

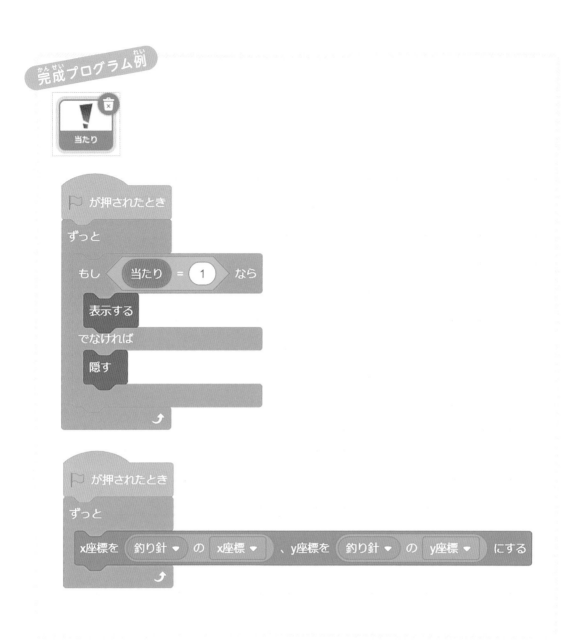

 よし！ ガンガン釣り上げてやるぜ！

 ボーっとしていると魚たちに 釣り針を取られちゃうわよ！
気をつけなさい。

ゲームを改造して完全クリアにチャレンジしよう！
パーフェクト チャレンジ！

Perfect 条件　スコアを4000点以上獲得

　釣り針を使い切るとゲーム終了です。終了時のスコアに応じて評価が出ます。

　最高評価のパーフェクトを目指して、頑張りましょう。難しいと思ったらゲームを改造してみましょう。

魚の得点

	ブラックバス	50点
	コイ	200点
	ムツ	500点
	アロワナ	800点
	金魚	1,000点

このゲーム、魚によってスコアが違うのね。
金魚のスコアが高いみたい。

うぉぉぉ！ ブラックバスが食いついちゃった！

得点の高い魚は、釣り針になかなか食いつきません。釣り針をうまく動かして目の前に持っていきましょう。

改造のヒント❶

エルフの「引く」動作だけでは釣り針を目的の位置に動かせない！……ということであれば、自由自在に釣り針を動かせるようにしてみてはどうでしょうか。

❶ 「釣り針」を選択

❷ コードエリアの空いているところに、新たにプログラミングする

新しく、⬆️キーを押したときに釣り針のy座標が増える、つまり上に移動するようにした例です。このようにスプライトにキー操作を追加して自在に動かすこともできます。
　上移動だけでなく、右移動（x座標を増やす）、左移動（x座標を減らす）などを追加してもいいかもしれません。

改造のヒント❷

　せっかく当たりが来てもタイミングが合わなくて逃がしてしまうなら、自動で釣り上げるようにエルフを改造するのはどうでしょうか。

　魚が食いついた、ということは変数「当たり」が「1」になっているはずです。

　この条件のときにエルフのコスチュームを「振り上げ」にすれば……。

改造のヒント❸

　その他にも次のような改造ができます。慣れてきたら挑戦してみましょう。

　　1. 釣り針の残りエサ数を増やす
　　2. 魚のコスチュームを変えて、金魚ばかりにする

 自動で釣り上げられるようになったぜ。これであとはスコアの高い魚を狙うことに集中だ！

 アタシは自動で釣れちゃうと面白くないから、たくさん釣れるように釣り針を増やしてみたわ。やり方はいろいろよね。

　改造しすぎて面白くなくなってしまったら、元のプログラムに戻してもいいでしょう。良い改造ができたと思ったら、友達やおうちの人に遊んでもらって感想をもらってみましょう。

3 │ 忍者の居合

指令
● 考えてプログラミングできるようになろう
● 繰り返しを使ってみよう

ゲーム画面

スコア
○○○○○
ハイスコア
01680

52秒

木

ジライヤ

ガイド

照準

斬撃

大切な姫君を守るため、
ジライヤは居合斬りの修行に明け暮れる！

斬撃とガイドを合わせ

居合斬りで目指せ高得点！

操作方法
（そうさほうほう）

斬撃を回転
（ざんげきかいてん）

好きなキーを設定しよう

自由（じゆう）

キーを押しっぱなし（お）

居合斬りをする
（いあいぎ）

好きなキーを設定しよう

自由（じゆう）

キーから指を放す（ゆび はな）

照準を移動
（しょうじゅん いどう）

木に合わせて調整だ（ちょうせい）

Webサイトから「2-3 忍者の居合」を開いて（ウェブ）（にんじゃ いあい）（ひら）
ゲームに挑戦だ！（ちょうせん）

https://scratch.futurecraft.jp/ 　scratchプログラミングドリル 　検索

エディターが表示されたら、🏳をクリックしてゲームを開始してみましょう。（ひょうじ）（かいし）

居合斬りしたいのに、ジライヤが動かないぞ！

さっそくプログラミングして
木をバッサバッサと居合斬りしちゃいましょ！（いあいぎ）

次ページから（じ）
ゲームを完成（かんせい）
させよう！

Let's GO

STEP 1 居合斬りができるようにする

ゲーム完成度

0　10　20　30　40　50　60　70　80%　90　100(%)

1 自分で考えてプログラミング

斬撃からメッセージを送る

ゲームを開始しても、まだ何もできません。まずは斬撃をプログラミングして、居合斬りができるようにしましょう。何かのキーが押されたときに、斬撃から「構える」と「斬る」の2つのメッセージが順番に送られる処理をプログラミングします。

考えよう 1 スプライトを選択してプログラミングを始める

斬撃に「 が押されたとき」と「ずっと」を追加しましょう。「斬撃」には、すでにコードがありますが、空いているところに新しく組みます。

考えよう 2 何かのキーが押されたときの判断を追加する

「ずっと」の中に、キーが押されたときを判断するブロックを追加します。どのキーにするかは自分で決めましょう。

考えよう 3 「構えを送って待つ」「斬るを送って待つ」を追加する

キーが押されたときに「構え」と「斬る」の2つのメッセージを「送って待つ」処理を追加します。
「〜を送って待つ」ブロックは「イベント」のカテゴリーにあります。
▼でドロップダウンメニューを表示して、①構え → ②斬る の順番で追加しましょう。

 HINT

待つことが大事

メッセージを送るブロックは「〜を送る」と「〜を送って待つ」の2種類あります。今回は後者を使いますので気をつけましょう。この違いは、「〜を送って待つ」は文字どおりメッセージを受け取った側の処理が終わるまで、先に進まず待ちます。今回のケースでは、きちんと構えたあとに斬らないとうまく動かないので、「構えるのを待つ」と「斬るのを待つ」というようにしています。

② 動かして試してみよう

ゲームを開始して動作を確認します。

実行！ ゲームを実行する

🚩をクリック

スコア

確認！ ねらいどおりの動きをするか確認する

スコア
00010　58秒
ハイスコア
01680

OK

ジライヤが構え→斬る
とアニメーションして
木を斬れることを確認

ちゃんと
動いた？

いいえ　　はい

修正！ ゲームがうまく動かなかったら
プログラムを修正しよう！
修正したらゲームを実行してみよう！

うまくいったら
次へ進もう！

完成プログラム例

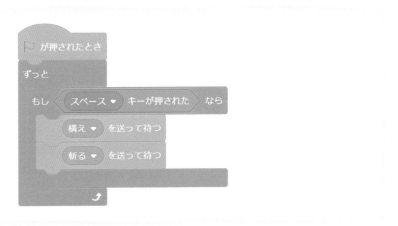

🚩 が押されたとき

ずっと

もし 〈 スペース ▼ キーが押された 〉 なら

構え ▼ を送って待つ

斬る ▼ を送って待つ

よし！ 木を斬れるようになった！ でもまだ完成じゃないな！

STEP 2 斬撃を回転するようにする

ゲーム完成度

0 10 20 30 40 50 60 70 80 90 **95%** 100(%)

1 自分で考えてプログラミング

？自分で考えよう　キーが押されているあいだ、斬撃の線が回転するようにする

居合斬りで木を斬れるようになりましたが、斬撃とガイドの角度が合っておらず、MISSになるか、斬れても高い評価が得られません。居合斬りの構えをしたあと、キーが放されるまで斬撃が回転するようにしましょう。

考えよう 1　「〜まで繰り返す」をコードエリアに置く

「〜まで繰り返す」のブロックを空いているところに置きましょう。

「制御」カテゴリーの「〜まで繰り返す」を追加する

181

「〜ではない」を追加する

「〜ではない」のブロックを繰り返しの条件に設定しましょう。この段階ではまだ条件は完成していません。

「演算」カテゴリーの「〜ではない」を繰り返しの条件に追加する

「〜キーが押されたとき」を「〜ではない」に追加する

繰り返しの条件に追加した「〜ではない」には、真偽値型の穴が空いています。ここに居合斬りをするために設定したときと同じキーが押された条件を追加しましょう。こうすることで「キーが押された（ではない）」、つまりキーが放されるまで処理を繰り返すことができます。

❶ 「〜キーが押された」を「〜ではない」の条件に追加する

❷ 居合斬りをするために設定したキーと同じキーが押された条件にする

✎ POINT

いろいろな繰り返し

Scratchでは繰り返しのブロックが、「ずっと」「〜回繰り返す」「〜まで繰り返す」と3種類あります。「ずっと」は、繰り返しの処理をやめることはありません。ゲーム中ずっと動くキャラクターなどの処理に使います。「〜回繰り返す」は指定した回数繰り返すので、「コスチュームを3回変えたい」といった回数がわかっている処理に使います。「〜まで繰り返す」は、条件に指定した真偽値が「真」になるまで繰り返し処理を行います。「x座標がある数値より大きくなるまで」や「キーが押されるまで」など、何か起きるまで処理を繰り返すことができます。

「5度回す」を追加する

繰り返すのは、斬撃を回す処理です。こうすることでキーが押されているあいだ、斬撃が回ります。

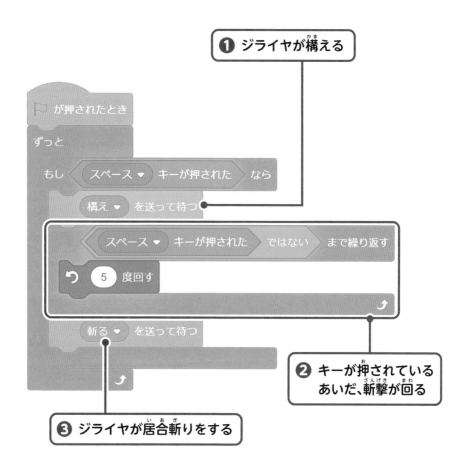

❶ ジライヤが構える

❷ キーが押されている
あいだ、斬撃が回る

❸ ジライヤが居合斬りをする

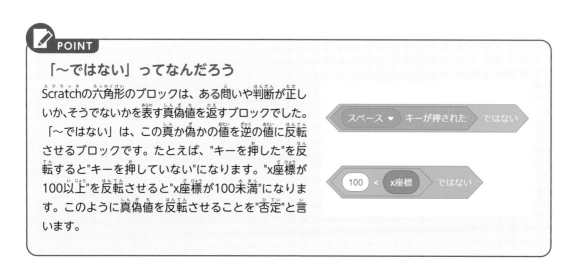

✏️ POINT

「～ではない」ってなんだろう

Scratchの六角形のブロックは、ある問いや判断が正しいか、そうでないかを表す真偽値を返すブロックでした。「～ではない」は、この真か偽かの値を逆の値に反転させるブロックです。たとえば、"キーを押した"を反転すると"キーを押していない"になります。"x座標が100以上"を反転させると"x座標が100未満"になります。このように真偽値を反転させることを"否定"と言います。

2 動かして試してみよう

ゲームを開始して動作を確認します。

実行！ ゲームを実行する

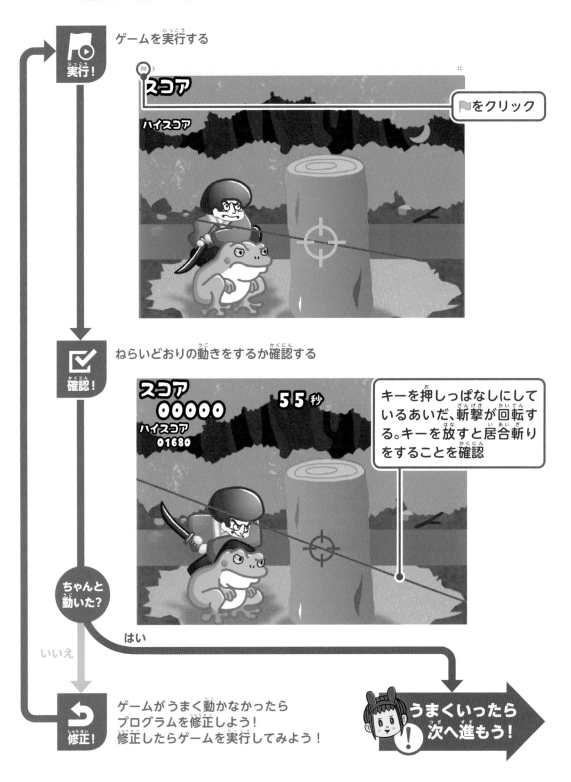

スコア

▶をクリック

ハイスコア

確認！ ねらいどおりの動きをするか確認する

スコア
00000 55秒
ハイスコア
01680

キーを押しっぱなしにしているあいだ、斬撃が回転する。キーを放すと居合斬りをすることを確認

ちゃんと動いた？

はい

いいえ

修正！ ゲームがうまく動かなかったらプログラムを修正しよう！修正したらゲームを実行してみよう！

うまくいったら次へ進もう！

完成プログラム例

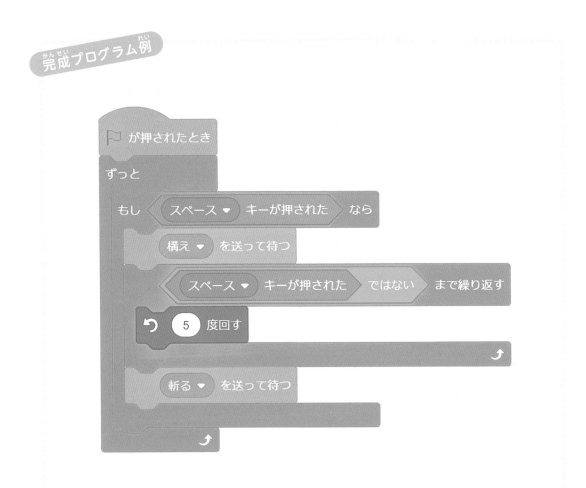

 キーを押しっぱなしにして斬撃を回して居合！ やったわ！

 あれ？ でも次は木の位置が動いて居合が当たらないぞ？

STEP 3 斬撃を木に合わせるようにする

ゲーム完成度

0　10　20　30　40　50　60　70　80　90　100(%)

1 自分で考えてプログラミング

？自分で考えよう　斬撃を左右に移動できるようにする

斬撃を回してガイドの角度に合わせられるようになりました。ところが何本か木を斬ると、運ばれてくる木の位置がずれて、ガイドの角度に合わせてもMISSになってしまいます。実は、照準が木に当たっていないと木は斬れません。照準は斬撃の座標を動かすと一緒に動きます。斬撃を動かして、木に照準を合わせられるようにしましょう。

考えよう 1 「▶が押されたとき」と「ずっと」を追加する

斬撃を移動するスクリプトは、他の操作のスクリプトと分けたほうがいいです。「▶が押されたとき」と「ずっと」を新しく追加しましょう。

考えよう 2 x座標を操作して斬撃を動かす

木の位置は画面の左右に動きます。次の2つの処理を追加して、斬撃を左右に動かせるようにしましょう。

1. ⊡キーが押されたとき、斬撃を右に動かす
2. ⊡キーが押されたとき、斬撃を左に動かす

x座標を 10 ずつ変える

動かして試してみよう

ゲームを開始して動作を確認します。

実行！ ゲームを実行する

スコア

🏳をクリック

ハイスコア

確認！ ねらいどおりの動きをするか確認する

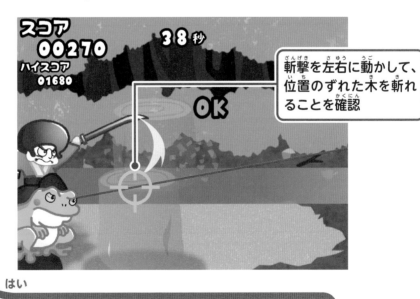

スコア
00270 　38秒

ハイスコア
01680

OK

斬撃を左右に動かして、
位置のずれた木を斬れ
ることを確認

**ちゃんと
動いた？**

はい

いいえ

修正！ ゲームがうまく動かなかったら
プログラムを修正しよう！
修正したらゲームを実行してみよう！

うまくいったら
次へ進もう！

完成プログラム例

```
🏴 が押されたとき
ずっと
    もし ⟨ スペース ▼ キーが押された ⟩ なら
        構え ▼ を送って待つ
        ⟨ スペース ▼ キーが押された ではない ⟩ まで繰り返す
            ↺ 5 度回す
        斬る ▼ を送って待つ
```

```
🏴 が押されたとき
ずっと
    もし ⟨ 右向き矢印 ▼ キーが押された ⟩ なら
        x座標を 10 ずつ変える
    もし ⟨ 左向き矢印 ▼ キーが押された ⟩ なら
        x座標を -10 ずつ変える
```

 よし！ これで完成だな！

 きれいに木を斬れると楽しいわね！

パーフェクト チャレンジ！

Perfect 条件 スコアを2000点以上獲得

　ガイドに合わせてうまく木を斬れるほど、得られる得点が高くなります。最高評価のパーフェクトを目指して、ゲームを改造してみましょう。

 なんか、ガイド線の角度って同じものが多くない？

 そうか？ それより時間がないのに次の木が出てくるのが遅くて、焦っちゃうよ！

　次の木がより早く登場すれば、制限時間を有効に活用できます。ジライヤが木を斬ったらすぐに「次の木」が現れるように、プログラムを改造してみましょう。

　「次の木」のコードの中に、木が運ばれてくる時間を指定している処理はないでしょうか？

スプライトリストで「次の木」を選択し、コードの内容を確認する

　運ばれてくるということは、動いている処理のはずです。「動き」の青いブロックで、時間を設定している部分を探し、値を変えてみましょう。

時間を設定している部分を見つけて、好きな時間を設定する

改造のヒント❷

「運ばれてくる木の位置が動いてしまって追いかけきれない！」という場合は、木の位置を固定してはどうでしょう。「次の木」の位置を改造してみましょう。

「次の木」のコードの中で、発生位置という変数に値を代入している部分があります。この数値が、木が置かれるx座標の数値になっています。

スコアを条件に分岐していますが、よく見るとそんなに難しい処理ではないはずです。発生位置の値を変えてみましょう。

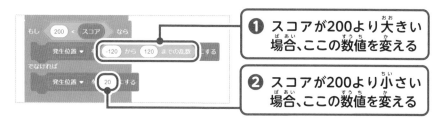

❶ スコアが200より大きい場合、ここの数値を変える

❷ スコアが200より小さい場合、ここの数値を変える

改造のヒント❸

斬撃の向きがガイドの向きと一致しているほど、斬ったときのスコアが高くなります。実はガイドは60度、90度、120度の３つのパターンしか向きがありません。「斬撃」を改造してみましょう。

「構え」と「斬る」のあいだで斬撃を繰り返し回転させるのではなく、たとえば上向き矢印キーと下向き矢印キーを使って自分で角度を決められるようになれば、無駄な操作が減ってハイスコアが狙いやすくなります。

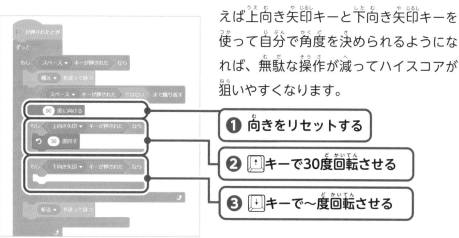

❶ 向きをリセットする

❷ ⬆️キーで30度回転させる

❸ ⬇️キーで〜度回転させる

このゲームはさらに改造を続けると、全自動でパーフェクトをとることもできます。ゲームの腕を上げるか、プログラミングの腕を上げるか、どちらも挑戦してみてください。

自分で考えて作るって大変なんだなぁ…

ふふふ…、今回は謙虚でいいじゃない

ハッ…!! ミクいつのまに!

言われたとおりのことをやるのではなく自分で考えることが大切なのよ

し‥レ‥知ってるわーそんなこと!

コーサク

コーサク、おつかい行ってきてくれない?

いいとも!

これはチャンス!

ただいま〜

ハイ、これ
ママに頼まれた
ジャガイモと
ニンジンと
小麦粉200g

ありがとう
カンペキね！

それと…

美容パック！ ママ最近
お肌を気にしていたから…

まっ…
なんて
優しい子なの…
ママ…
うれし…

ん？
そのうしろに
持っている
ものナニ？

えっ？コレ？ コレは…
最近でた戦艦のプラモ…

コォラ～！ だぁれがそんなもん
買っていいって言ったぁ～？

失敗することが 何より
大事だよ！

其の参

プログラマーって
ずっとプログラミングしているの？

　やっぱゲームのプログラミングって簡単じゃないな。仕事でゲームを作っているプログラマーってどんな感じなんだろう。

　なんだか文字がいっぱいの画面を見て作業している人がいる。きっとあれがプログラマーだ！ 何かのメモを見たりして、たまに考え込みながら忙しくキーボードを叩いているな。やっぱりゲームのプログラミングって大人でも大変なんだ。話を聞きたいけれど、とっても集中しているみたいでなんだか話しかけられる雰囲気じゃないぞ…。

突然みんなで体操を始めたぞ！？

　どうやら休憩時間だったみたいだ。休憩のときは一緒にゲームを作っている仲間たちとおやつを食べたり、軽い運動をしたりするみたい。糖分は脳を活性化するし、運動するとアイディアが出るんだって。ゲームっていろんな仲間と作るから、プログラミングするだけじゃなくてコミュニケーションをとることも大事なんだな。

プログラマーは
一人でプログラミングしているだけじゃないんだ！

ゲームを作ろう！

― 上級編 ―

上級で登場するゲーム

激走戦闘員トレーニング

障害物レース

超高速ダッシュの障害物レースゲームです。障害物をうまく避けられると高得点でゴールできます。

スノボーレーシング

レースゲーム

スノーボードのレースゲームです。コインを多く集めながら、いち早くゴールを目指しましょう。

浮島クエスト

ロールプレイングゲーム

さらわれし犬姫を助けるために、敵のすみかに乗り込みましょう。武器の持ち替えが勝敗のカギ！？

だんだん自信がついてきたぜ！
ゲームプログラミングマスターにオレはなる！

ゲーム 1 ｜ 激走戦闘員トレーニング

指令
- 必要な動きからコードを組んでみよう
- "アニメーション"を思い出そう

ゲーム画面

スコア1028
ハイスコア5892

🕛 23 秒

戦闘員

ハコテキ

いろんな悪事を働くために
悪役戦闘員は足腰の鍛錬をかかさない！

トゲにはジャンプ！

ハコテキには攻撃！

操作方法

ハイスコアを目指せ!

このゲームは戦闘員を走らせ、制限時間内に高得点を出すことを目的としたゲームです。

走り出すと徐々にスピードが上がっていき、画面右から四角いハコテキや、危険なトゲが現れます。ハコテキは攻撃、トゲはジャンプでそれぞれ突破でき、得点となります。

走る（右に移動）

攻撃

好きなキーを設定しよう

ジャンプ

好きなキーを設定しよう

197

後退し助走ダッシュ！

トゲが連続する場合などは、助走をつけて遠くに飛ぶ必要があります。
スピードが足りない場合は、いったん下がり助走をつけましょう。

後退

スコア35
ハイスコア5892

⏱ 24秒

 Webサイトから「3-1 激走戦闘員トレーニング」を開いてゲームに挑戦だ！
https://scratch.futurecraft.jp/ | scratchプログラミングドリル | 検索🖐

エディターが表示されたら、🚩をクリックしてゲームを開始してみましょう。

悪役もいろいろ大変なんだな……。
オレも負けずにトレーニングだぜ！

このままではピクリとも動かないわね。
まずはプログラミングしましょ！

次ページから
ゲームを完成
させよう！

Let's GO

STEP 1 戦闘員が走れるようにする

ゲーム完成度

0　10　20　30　40　50　60　70　80%　90　100(%)

---

1 自分で考えてプログラミング

?自分で考えよう　コスチュームを切り替えて歩くアニメーションをする

ゲームを開始しても、本ゲームの主人公である戦闘員を動かすことができません。
戦闘員は、「歩く1」→「歩く2」とアニメーションすることで走りだします。

考えよう 1　コスチュームを切り替えてアニメーション

アニメーションは、コスチュームの切り替えで行い、「〜秒待つ」を挟みスピードを制御します。
次の処理を図キーが押されたときに行うように、戦闘員にプログラミングしてみましょう。

ヒント　使うブロックは以下のとおりです（困ったときはP115を参考にしよう）。

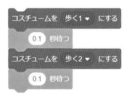

HINT

何から始めればいいの？

本章では説明が最小限のため、戸惑ったかもしれません。しかし、
やり方はこれまでと同じ！　まずは「▶が押されたとき」を置い
てみましょう。次は「ずっと」が必要でしたね。プログラムは先
頭から順に、落ち着いて考えていけば必ず理解できます。

▶が押されたとき

ずっと

② 動かして試してみよう

　→キーが押されたとき、「歩く1」、「歩く2」とコスチュームを切り替える処理が完成したら、動かして試してみましょう。

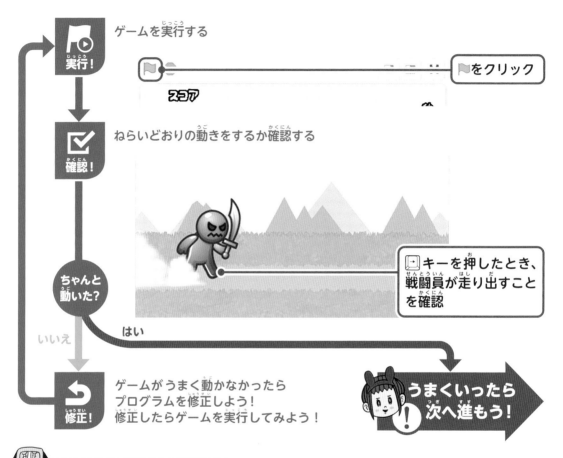

ゲームを実行する

🚩をクリック

スコア

ねらいどおりの動きをするか確認する

→キーを押したとき、戦闘員が走り出すことを確認

いいえ　　　　　はい

ゲームがうまく動かなかったらプログラムを修正しよう！
修正したらゲームを実行してみよう！

うまくいったら次へ進もう！

 どうしてもうまくいかないときは？

どんなに頑張っても難しい…という場合は、P209に完成プログラム例があるので参考にしてみよう。

走り出せたけど、ハコテキがジャマで跳ね返されちゃう！

 HINT

うまくいかないときは？

戦闘員がうまく走りださないときは、プログラムを見直してみましょう。「もし」の条件にしたキーをちゃんと押していますか？ パソコンが全角入力モードになっていると英字やスペースキーは反応しません。半角入力モードにして試してみましょう。

STEP 3 | STEP 4

STEP 2 攻撃でハコテキを倒せるようにする

ゲーム完成度

| 0 | 10 | 20 | 30 | 40 | 50 | 60 | 70 | 80 | 90% | 100(%) |

1 処理を考えてプログラミングしよう

自分で考えよう　コスチュームを切り替えて攻撃する

戦闘員を走らせることができましたが、しばらくするとハコテキが出現して跳ね返されてしまいます。ハコテキは攻撃して倒すことができるので、「コスチュームを攻撃にする」の処理をプログラミングして攻撃してみましょう。

考えよう 1 コスチュームを切り替えて攻撃

コスチュームを"攻撃"にすると、ハコテキを倒せるようになります。何かキーを押したときに、「コスチュームを攻撃にする」にしてみましょう。

（ヒント）　使うブロックは以下のとおりです。

> コスチュームを　攻撃 ▼　にする

HINT

「▶ が押されたとき」を分けよう

アニメーションの制御でも便利な「〜秒待つ」ブロックですが、当たり前のことですが、待っているあいだは次の処理を行うことができません。
そこで、入力操作を調べる処理など、同時に行いたい処理がある場合は、「▶ が押されたとき」を分けて作るようにします。

② 動かして試してみよう

コードが組めたら戦闘員を走らせて、ハコテキを攻撃で倒せるか試してみましょう。

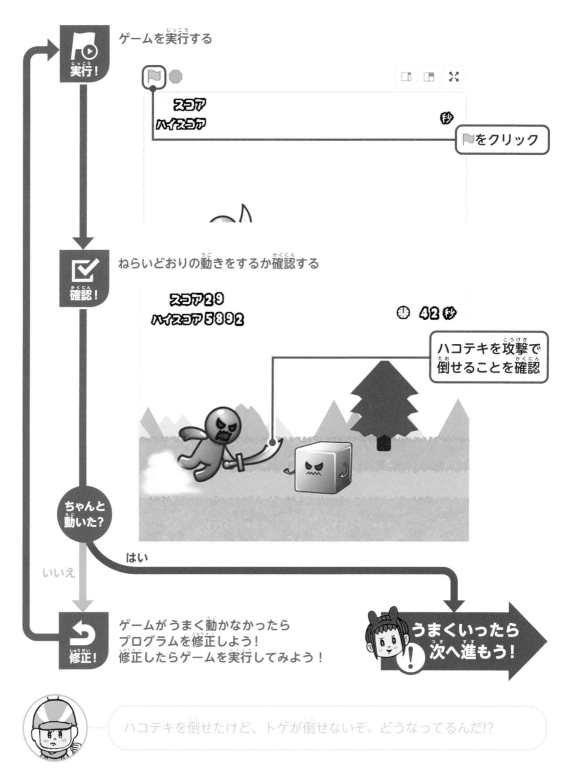

実行！ ゲームを実行する

スコア
ハイスコア　　　　　　　　　　　　　　　秒

🏁をクリック

確認！ ねらいどおりの動きをするか確認する

スコア29
ハイスコア5892

⏰ 42秒

ハコテキを攻撃で
倒せることを確認

ちゃんと動いた？

はい

いいえ

修正！ ゲームがうまく動かなかったら
プログラムを修正しよう！
修正したらゲームを実行してみよう！

うまくいったら
次へ進もう！

ハコテキを倒せたけど、トゲが倒せないぞ。どうなってるんだ!?

STEP 3 | STEP 4

トゲをかわせるようにする

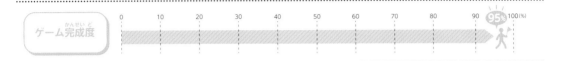

1 自分で考えてプログラミング

？自分で考えよう　コスチュームを切り替えてジャンプする

ハコテキを倒すことができましたが、さらに走り続けるとトゲが出現します。トゲは攻撃で倒すことができず、ジャンプで回避するしかありません。「コスチュームをジャンプにする」の処理をプログラミングして加えることで、ジャンプができます。

スコア13
ハイスコア5892

🕐 27秒

考えよう 1　コスチュームを切り替えてジャンプしよう

"攻撃"と同じように、何かキーを押したときにコスチュームを"ジャンプ"にしてみましょう。操作のキーは、攻撃とは違うものにするのを忘れずに。

ヒント　使うブロックは以下のとおりです。

コスチュームを　ジャンプ ▼　にする

2 動かして試してみよう

コードが組めたらジャンプでトゲを回避できるか試してみましょう。

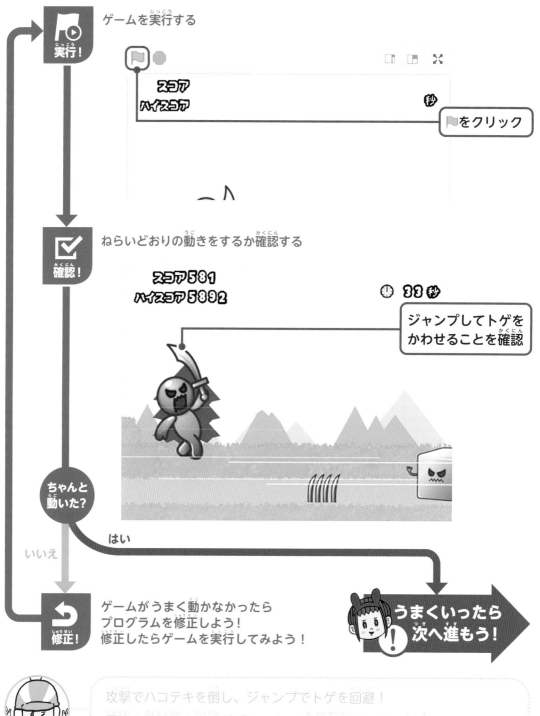

実行！

ゲームを実行する

スコア

ハイスコア

秒

▶ をクリック

確認！

ねらいどおりの動きをするか確認する

スコア581

ハイスコア5892

① 33秒

ジャンプしてトゲを
かわせることを確認

ちゃんと
動いた？

はい

いいえ

修正！

ゲームがうまく動かなかったら
プログラムを修正しよう！
修正したらゲームを実行してみよう！

うまくいったら
次へ進もう！

攻撃でハコテキを倒し、ジャンプでトゲを回避！
最強の戦闘員の完成だぜ！ これで世界征服まであと一歩！

STEP 4 後退できるようにする

ゲーム完成度

1 自分で考えてプログラミング

自分で考えよう　歩く処理を複製して後退の処理を追加する

2種類の障害物が回避できるようになりました。さっそくゲームで遊んでみてもいいですが、前進だけでなく、助走のために後退もできるようになったほうがいいでしょう。前進する処理を「複製」という機能を使ってコピーして、後退する処理も作ってみましょう。

考えよう 1　スクリプトを複製する

STEP1で作ったコードの一番上のブロックにマウスポインターを合わせて右クリックしましょう。右クリックするとドロップダウンメニューが表示されます。メニューの一番上の「複製」をクリックすると、マウスポインターの位置にコピーされた同じコードが作られます。新しくできたコードはコードエリアの空いているところに置きましょう。

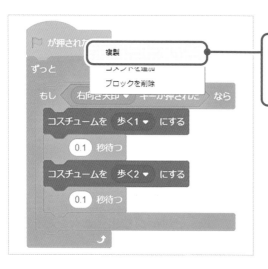

❶ コードの上で右クリックし、ドロップダウンメニューの中から「複製」を選択

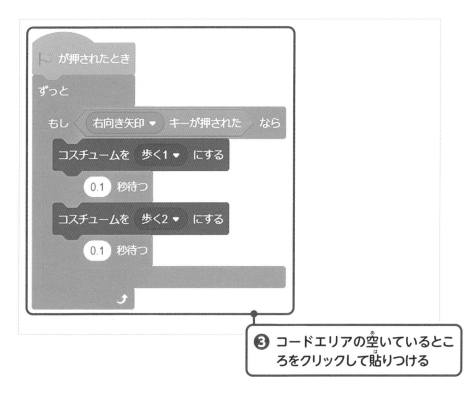

❷ マウスポインターにくっつ
いたままコードが現れる

❸ コードエリアの空いているとこ
ろをクリックして貼りつける

考えよう 2 複製したコードを直す

複製したコードは、そのままでは元と同じ処理をするだけです。複製したら適切に修正しましょう。
複製したコードの操作キーを◻キーが押されたとき、コスチュームの切り替えを「歩く1」「ステップ」
となるように直します。

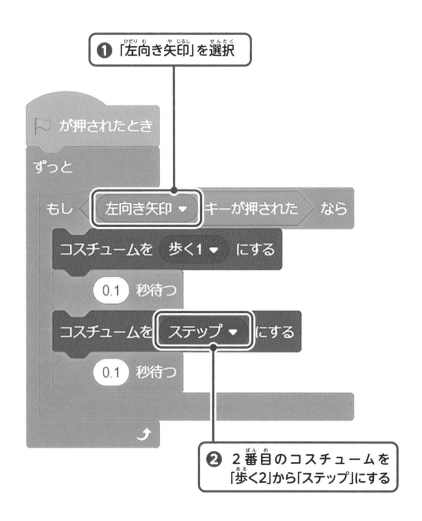

❶ 「左向き矢印」を選択

❷ 2番目のコスチュームを
「歩く2」から「ステップ」にする

💡 HINT

間違えて削除してしまったら？

右クリックメニューには「複製」の他に「削除」というコマンドもあります。間違えて削除してしまっても、直前の操作であれば元に戻すことができます。キーボードの「Ctrl」と「Z」のキー（Macの場合は「⌘」と「Z」キー）を同時に押してみましょう。ひとつ前の操作を元に戻せます。

2 動かして試してみよう

コードが組めたら、⬜キーで後退できるか確認しましょう。

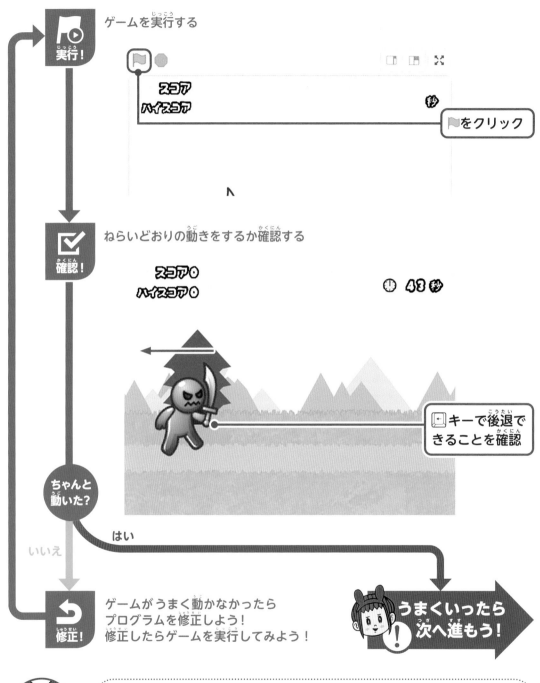

ゲームを実行する

実行！

スコア
ハイスコア　　　　　　　　　　　　　　　　　　秒

🏳をクリック

確認！

ねらいどおりの動きをするか確認する

スコア０
ハイスコア０

🕐 43 秒

⬜キーで後退で
きることを確認

ちゃんと
動いた？

はい

いいえ

修正！

ゲームがうまく動かなかったら
プログラムを修正しよう！
修正したらゲームを実行してみよう！

うまくいったら
次へ進もう！

同じような処理をプログラミングするなら、
わざわざもう一度作らなくても複製すればいいのね！　素敵！

3 まとめ

　本章では、2章までのように制作例を載せずに、ほぼすべてのコードを自分で考えて作りました。ここまで学んできたことを思い出せば、「キーを押したとき」（P56〜57参照）と「コスチュームを変える」（P115参照）の組み合わせで作れるはずです。完成プログラム例も載せましたが、この例と異なっていてもちゃんとゲームを遊べるならば問題ありません。

　おなじみの「パーフェクトチャレンジ」のコーナーも難しくなっていきます。どんどんプログラムを改造してクリアしていきましょう。

完成プログラム例

ゲームを改造して完全クリアにチャレンジしよう！
パーフェクト チャレンジ！

Perfect 条件 スコアが5000点以上

制限時間が終わると、スコアに応じて評価が出ます。

プログラムをハッキングして、ゲームを改造しましょう。目指せパーフェクト！

スコア 5895
ハイスコア 5892

 ００ 秒

 さっそく改造してパーフェクト取ってやるぜ！

 たくさん走るよりもハコテキやトゲを回避したほうが
スコアが高いみたいね。

 となると改造するスプライトはー？

改造のヒント❶

　もしハコテキやトゲがうまく避けられないなら、大きさを変えてみてはどうでしょう。ハコテキやトゲには、大きさを変えるブロックがもともとありませんが、そういう場合は新しく作ってしまえばいいのです。

該当するスプライトを選び、大きさを変えるブロックを追加する

改造のヒント❷

　得点を増やすには、遠くに走るよりも「ハコテキを倒す」や「トゲをかわす」というように障害物を倒したり、回避したりするほうが有効です。ハコテキをもっとたくさん出現させて、攻撃で倒せるように改造してみてはどうでしょうか。ハコテキ出現の確率を決めている数字と、クローンが大量発生しないように待っている時間を変えてみましょう。

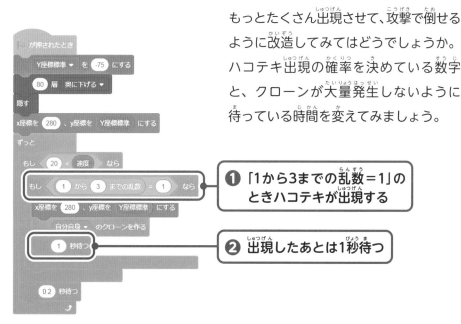

❶ 「1から3までの乱数＝1」のときハコテキが出現する

❷ 出現したあとは1秒待つ

　ヒントに書かれている以外にも、「制限時間を増やす」「トゲを攻撃で倒せるようにする」「ずっと速度が上がり続けるようにする」といった改造もできます。道や制限時間など、いろいろなスプライトのコードを読んでみましょう。少しずつ動かして確認するのを忘れないように！

ゲーム 2 | スノボーレーシング

指令
- "何かのキーが押されたとき"を思い出そう
- 変数を操作してみよう
- メッセージや定義されたブロックを使ってみよう

ゲーム画面

獲得コイン枚数　経過時間　フレームレート

GOAL

穴ぼこ

走行地点

プレイヤー

コイン

START

白銀の中を颯爽とゆく王子。
それは、ワタクシうさダンディなのさ！

雪山でタイムアタックしながら
コインを集めよう！

操作方法

タイトル画面の「START（スタート）」ボタンを押してレースをスタートさせよう。
経過時間の少なさと、コインの取得枚数で、ハイスコアが狙えるよ。

タイムアタック！

スピードアップ

好きなキー
自由

コーナリングのコツ

ブレーキ

好きなキー
自由

コインをゲット！

横移動

好きなキー
自由

ジャンプ

穴ぼこを避けろ！

好きなキー
自由

Webサイトから「3-2 スノーボーレーシング」を 開いてゲームに挑戦だ！

https://scratch.futurecraft.jp/　　scratchプログラミングドリル　検索

エディターが表示されたら、▷をクリックしてゲームを開始してみましょう。

コインを取りながらゴールを目指すゲームか。
なんか画面に奥行きを感じるぞ！

このゲームではScratchで、3Dみたいに手前と
向こう側の大きさの差を表現しているのね。

次ページから
ゲームを完成
させよう！

Let's GO

STEP 1

STEP 2

スピードアップとブレーキが使えるようにしてみよう

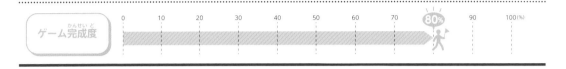

ゲーム完成度

0　10　20　30　40　50　60　70　80%　90　100(%)

---

1 自分で考えてプログラミング

自分で考えよう

処理を考えてプログラミングしよう

ゲームを開始しても、うさダンディはスタートしてくれません。
まずはスピードアップとブレーキを使えるようにしましょう。うさダンディにはすでにたくさんの
コードがありますが、空いているところに新しく作っていきましょう。

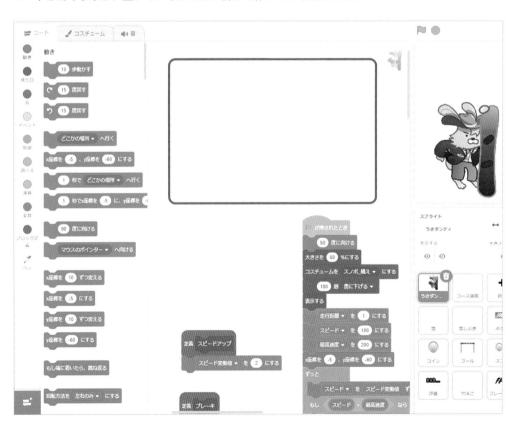

スピードアップとブレーキを確認

カテゴリーの「ブロック定義」をクリックして、「スピードアップ」と「ブレーキ」のブロック定義
を確認しましょう。

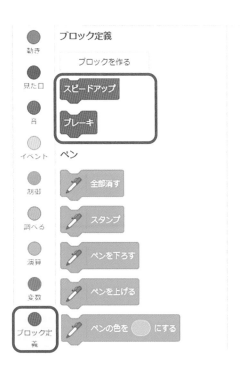

キーが押されたら「ブロック定義」を呼び出す

イベントカテゴリーにあるメッセージ「ゲームスタートを受け取ったとき」ブロックの中に、何か
のキーが押されたら「スピードアップ」、別のキーが押されたら「ブレーキ」の処理をするようにプ
ログラミングしましょう。
それぞれどのキーが押されたときに処理するかは自由に決めてください。

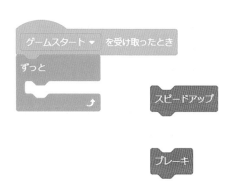

2 動かして試してみよう

スピードアップとブレーキの処理が完成したら、動かして試してみましょう。

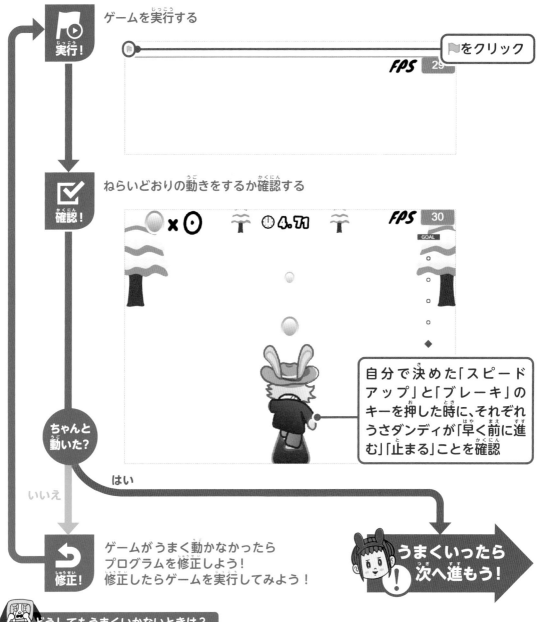

ゲームを実行する

実行！

🚩をクリック

FPS 29

ねらいどおりの動きをするか確認する

確認！

自分で決めた「スピードアップ」と「ブレーキ」のキーを押した時に、それぞれうさダンディが「早く前に進む」「止まる」ことを確認

ちゃんと動いた？

はい

いいえ

修正！

ゲームがうまく動かなかったらプログラムを修正しよう！
修正したらゲームを実行してみよう！

うまくいったら次へ進もう！

 どうしてもうまくいかないときは？

どんなに頑張っても難しい…という場合は、P221に完成プログラム例があるので参考にしてみよう。

おお、滑り出したぜ！でも左右に動けなくてゴールできないや。

STEP 2 左右に移動できるようにする

STEP 3 　 STEP 4

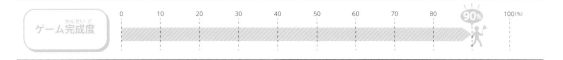

ゲーム完成度 0 10 20 30 40 50 60 70 80 90% 100(%)

1 自分で考えてプログラミング

処理を考えてプログラミングしよう

前進と止まることはできますが、左右に移動できないので、コインを取ったり穴ぼこや端っこを避けたりすることができません。
うさダンディが左右に滑れるようにしてみましょう。

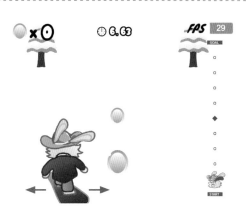

考えよう 1 プレイヤーの左右移動値を変えて左右に動けるようにする

このゲームでの左右の移動は、動きブロックではなく「プレイヤーの左右移動値」という変数に数値を代入することで行います。「プレイヤーの左右移動値」が増えると右に移動。「プレイヤーの左右移動値」が減ると左に移動です。それぞれキー入力で「プレイヤーの左右移動値」が増える処理と減る処理を追加してみましょう。どのキーで右に行くか、左に行くかは自分で決めてください。

ヒント 使うブロックは以下のとおりです。

> プレイヤーの左右移動値 ▼ を 10 にする

② 動かして試してみよう

コードが組めたらうさダンディが左右に滑って移動できるか確認しましょう。

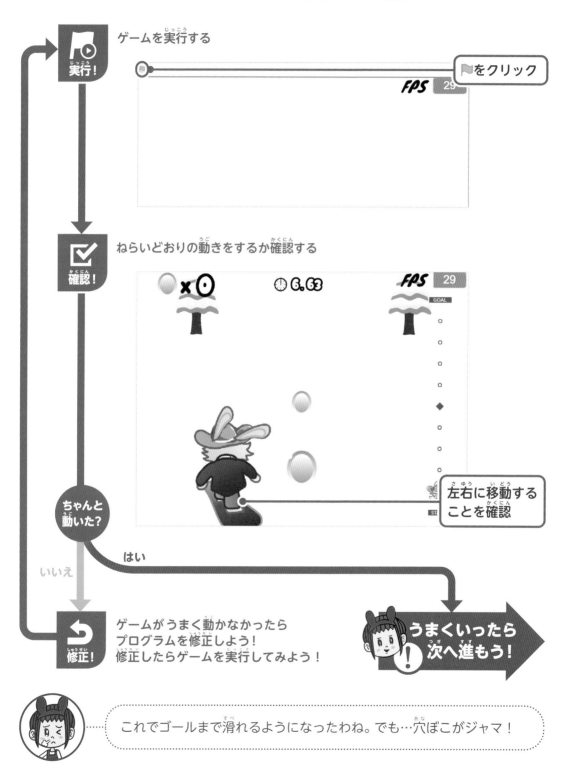

実行！
ゲームを実行する

🏳️をクリック

FPS 29

確認！
ねらいどおりの動きをするか確認する

⚪ x ⊙   ⏱ 6.63   FPS 29   GOAL

左右に移動する
ことを確認

ちゃんと動いた？

はい

いいえ

修正！
ゲームがうまく動かなかったら
プログラムを修正しよう！
修正したらゲームを実行してみよう！

うまくいったら
次へ進もう！

これでゴールまで滑れるようになったわね。でも…穴ぼこがジャマ！

STEP 3 STEP 4

ジャンプできるようにする

ゲーム完成度

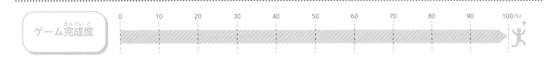

1 自分で考えてプログラミング

処理を考えてプログラミングしよう

スノーボードで滑れるようになりました。これでもクリアはできますが、実は穴ぼこや端っこはジャンプするとスピードを落とさずに回避できます。タイムを上げるために、うさダンディがジャンプできるようにしてみましょう。

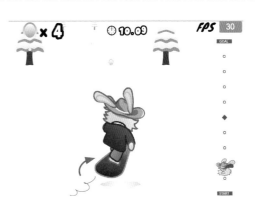

考えよう 1　ジャンプのメッセージを送る

ジャンプするにはイベントカテゴリーにある「〜を送って待つ」のブロックで、「ジャンプ」のメッセージを送る必要があります。
キーが押されたときに「ジャンプを送って待つ」ようにコードを組んでみましょう。
どのキーでジャンプするかは自分で決めてください。

　使うブロックは以下のとおりです（困ったときはP179を参考にしよう）。

> ジャンプ ▼ を送って待つ

■2 動かして試してみよう

コードが組めたらうさダンディがジャンプできるか確認しましょう。

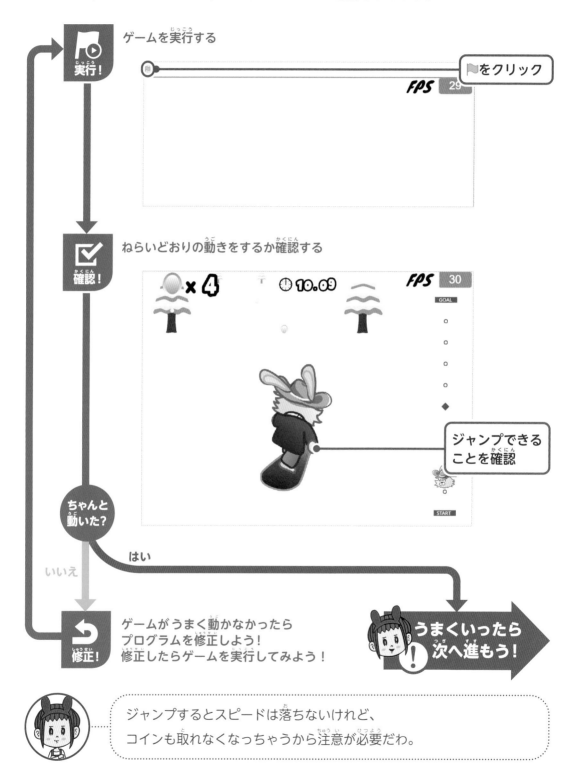

実行！ ゲームを実行する

▐ をクリック

FPS 29

確認！ ねらいどおりの動きをするか確認する

×4   ⏱10.09   FPS 30

ジャンプできる
ことを確認

ちゃんと動いた？

はい

いいえ

修正！ ゲームがうまく動かなかったら
プログラムを修正しよう！
修正したらゲームを実行してみよう！

うまくいったら
次へ進もう！

ジャンプするとスピードは落ちないけれど、
コインも取れなくなっちゃうから注意が必要だわ。

③ まとめ

スノーボーレーシングではブロック定義や変数の操作、メッセージといったブロックを使って、ゲームの仕組みに合わせてキャラクターを操作してみました。

このゲームは疑似的に3Dに見えるように処理しているため、単純にキャラクターを画面内で動かすだけではゲームにマッチした動きにはなりません。このゲームのプログラムは複雑ですが、プログラムのルールは変わりませんので、わからなくなったら上から順に声に出して読んでみましょう。

なお、繰り返しになりますが完成プログラムの例はあくまでも一例です。あなたのゲームで思ったとおりに動いているのであれば、例と違っても正解です。くれぐれも例と違うからという理由で直さないでください。

完成プログラム例

```
が押されたとき
ずっと
    もし  上向き矢印 ▼  キーが押された  なら
        スピードアップ

    もし  下向き矢印 ▼  キーが押された  なら
        ブレーキ

    もし  右向き矢印 ▼  キーが押された  なら
        プレイヤーの左右移動値 ▼ を 10 にする

    もし  左向き矢印 ▼  キーが押された  なら
        プレイヤーの左右移動値 ▼ を -10 にする

    もし  a ▼  キーが押された  なら
        ジャンプ ▼ を送って待つ
```

パーフェクトチャレンジ！

ゲームを改造して完全クリアにチャレンジしよう！

Perfect 条件	・コインを全部取る ・60秒以内にゴールする

ゴールすると、取ったコインの枚数とクリアタイムに応じて評価が出ます。最高評価のパーフェクトを目指して、頑張りましょう。もちろんゲームを改造してもOKです。

 よし！さっそくバリバリ改造だ！

 なかなか複雑なコードだけど、落ち着いて上から順番に声に出して読んでみれば、きっと意味がわかるはず。

222

改造のヒント①

　パーフェクトを取るためにはコインを逃したくありません。なかなか取れないときは、コインの大きさを大きくしてはどうでしょうか。

　コインのコードも複雑ですが、見た目の紫色のブロックで大きさを変えていそうなところを注意して読んでみましょう。

コインのスプライトを改造しよう。

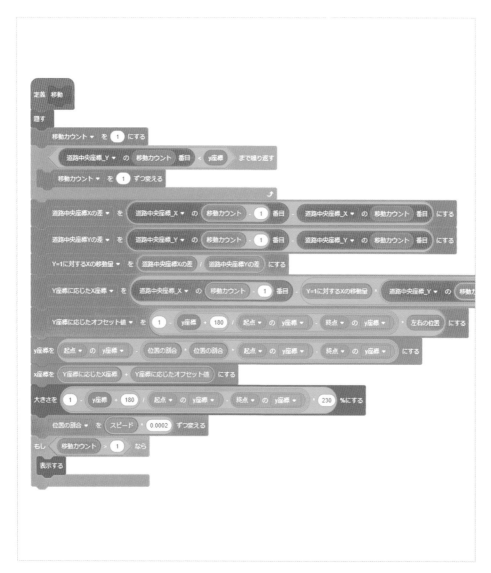

改造のヒント②

　スピードが落ちてしまう厄介な穴ぼこですが、そもそも穴ぼこを作る処理をしているコードを動かなくしてしまったらどうなるでしょうか。

　ブロックは消さなくとも、外しておけば動かなくなりますよ。

穴ぼこのスプライトを改造しよう。

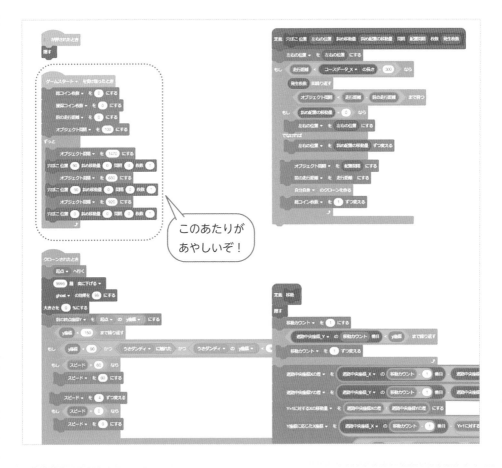

このあたりがあやしいぞ！

よし！パーフェクト取れたぜ！
でも簡単すぎて面白くなくなっちゃった。

改造前に保存しておいて、
改造なしの状態で挑戦してみてもいいかもしれないわね。

ゲーム
3 浮島クエスト

指令

● メッセージや定義されたブロックを使ってみよう
● "何かのキーが押されたとき"を思い出そう
● 必要な動きからスクリプトを組んでみよう

ゲーム画面

SPゲージ

ボスまでの距離

主人公

敵キャラクター

体力バー

こうげき　　ペニキース
ぼうぎょ
かいふく

コマンド

行動の順番

平和な浮島に突如あらわれたテキの軍団。
さらわれた姫を助け、浮島を守ろう！

テキの弱点を探しあて
武器や魔法で攻撃しよう！

オープニング

ここは、空に浮かぶ平和の王国、
「フロートアイランド諸島」。

SPACE 進む　S スキップ

でゲームを開始すると

オープニングが流れる!

スペースキーで次に進むぞ

ワールドマップ

ステップ草原

S
L セーブデータ読み込み　　　　SPACE 決定

オープニングが終わると

ワールドマップ画面に!

遊べるステージは

ステージクリアで追加だ!

装備選択画面

ステップ草原

打 こんぼう

いたきれ

準備OK

やっぱりやめる...

HP 50
こうげき 15
ぼうぎょ 5

◀▲▼▶ 選択　SPACE 決定

ワールドマップで

スペースキーを押すと

装備選択画面になるぞ!

本格的な冒険RPGだわ。
これは手強そうね!!

装備選択画面

ステップ草原

打 こんぼう

いたきれ

◀ 出発する！ ▶

HP　　50
こうげき　10
ぼうぎょ　5

◀ ▶ ▲ ▼ 選択　SPACE 決定

「出発する！」を選択して

バトルステージに移動！

上下キーでカーソルを移動、
左右キーで武器や盾の
持ち替えができるんだな！

バトルステージ

こうげき　ペニキース
ぼうぎょ
かいふく

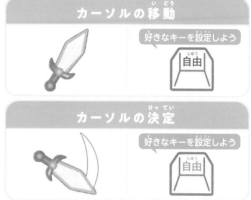

カーソルの移動

好きなキーを設定しよう

自由

カーソルの決定

好きなキーを設定しよう

自由

このゲームは、犬剣士がアイテムを集めながらステージを進むロールプレイングゲーム（RPG）
です。最後のステージで待ち受けるラスボスを倒すとゲームクリアです。テキの攻撃に合わ
せて装備するアイテム、武器、盾を見極めて、有利に戦いを進めましょう。

**Webサイトから「3-3 浮島クエスト」を開いて
ゲームに挑戦だ！**

https://scratch.futurecraft.jp/　　scratchプログラミングドリル　検索

あわわわ、バトルステージまでいったけど
コマンド選択のカーソルが表示されないぞ！

これじゃあ、攻撃も防御もできないわ。
まずはカーソルを表示させないとね！

次ページから
ゲームを完成
させよう！

Let's GO

STEP 1 コマンドを決定できるようにする

ゲーム完成度　0　10　20　30　40　50　60　70　80%　90　100(%)

1 自分で考えてプログラミング

自分で考えよう　メッセージや定義されたブロックを使ってみよう

バトルステージに移動しても、コマンドを決定することができないため、戦うことができません。「カーソル」のスプライトにプログラミングをして、「バトルステージ」になったらコマンドを決定できるようにしてみましょう。

考えよう 1　「バトルステージ」のメッセージを受け取る

カテゴリーの「イベント」をクリックして「〇〇を受け取ったとき」のブロックを探し、ブロックのドロップダウンメニューから、「バトルステージ」を選択しましょう。

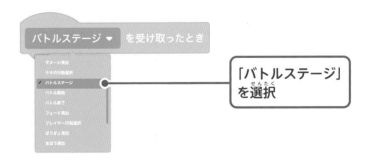

「バトルステージ」を選択

考えよう 2 「バトルステージを受け取ったとき」に表示されるようにしよう

「カーソル」のスプライトは、はじめの設定では見えないようになっています。「バトルステージ」
のメッセージを受け取ったら、スプライトが表示されるようにしましょう。

「バトルステージ」に
なったら**表示する**

考えよう 3 何かのキーで決定できるようにする

考えよう2で作ったブロックの続きに、「ずっと」何かのキーが押されたら、コスチュームが「決
定」になるように追加します。さらに、キーが押されていないときは「カーソル」に戻るようにし
ましょう。

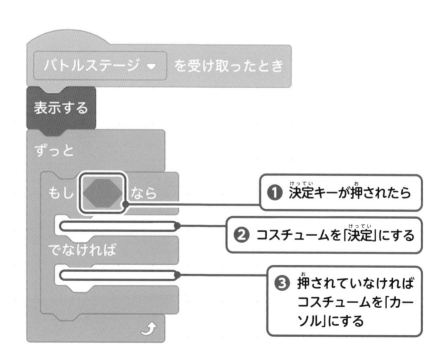

❶ **決定**キーが押されたら

❷ コスチュームを「**決定**」にする

❸ 押されていなければ
コスチュームを「カー
ソル」にする

2 動かして試してみよう

コードが組めたら、カーソルが表示され攻撃ができるか、バトルステージで「こうげき」を選んで試してみましょう。

ゲームを実行する

実行！ ▶をクリック

ねらいどおりの動きをするか確認する

確認！

プログラムしたキーで決定し、「こうげき」できることを確認

ちゃんと動いた？

いいえ　はい

修正！ ゲームがうまく動かなかったら
プログラムを修正しよう！
修正したらゲームを実行してみよう！

うまくいったら次へ進もう！

どうしてもうまくいかないときは？
どんなに頑張っても難しい…という場合は、P235に完成プログラム例があるので参考にしてみよう。

おー！ 攻撃できた！ でも叩いているだけじゃ負けちゃうぜ。

防御や回復を使えるようにする必要があるわね。

STEP 2 コマンドを移動できるようにする

ゲーム完成度

1 自分で考えてプログラミング

 **？自分で考えよう** 処理を考えてプログラミングしよう

コマンドは、カーソルが近くまでくると反応します。
カーソルの座標を変えて、コマンドを選べるようにしましょう。

考えよう 1 x座標とy座標を変えて、上下左右に移動

それぞれのコマンドとコマンドの間隔は、図のとおりになっています。
何かのキーが押されたら、カーソルの座標を変更して動かせるようにしましょう。

ヒント カーソルの座標の移動距離は以下のとおりです。

ヒント 使うブロックは以下のとおりです（困ったときは、P103を参考にしよう）。

右向き矢印 ▼ キーが押されたとき

② 動かして試してみよう

コードが組めたら、カーソルを移動してコマンドを選択できるか確認しましょう。

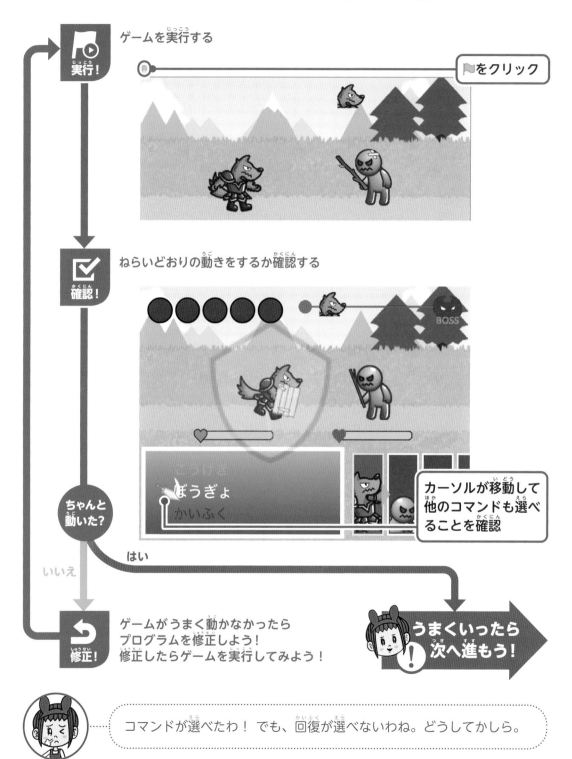

実行！ ゲームを実行する

▶をクリック

確認！ ねらいどおりの動きをするか確認する

ちゃんと動いた？

カーソルが移動して他のコマンドも選べることを確認

はい

いいえ

修正！ ゲームがうまく動かなかったらプログラムを修正しよう！
修正したらゲームを実行してみよう！

うまくいったら次へ進もう！

ぼうぎょ
かいふく

コマンドが選べたわ！ でも、回復が選べないわね。どうしてかしら。

STEP 3
SPゲージが貯まるようにする

ゲーム完成度

0　10　20　30　40　50　60　70　80　90　100(%)

1 自分で考えてプログラミング

自分で考えよう　「SP結晶」のスプライトを改造して、
　　　　　　　　　SPゲージが貯まるようにしてみよう

「かいふく」は、「SP（スキルポイント）」を消費して使います。ですが、今は「SP」が貯まらないため使えません。その理由はスプライト「SP結晶」にあります。「SP結晶」の中身を見てみましょう。

考えよう 1　メッセージを受け取ったらクローンを作る

「SP結晶」には、「クローンされたとき」から始まるブロックはありますが、「クローンを作る」処理を行っている個所がないため、有効な処理が行われません。メッセージ「SP結晶作成」を受け取ったときに、クローンを10個作るようにしてみましょう。

ヒント 使うブロックは以下のとおりです。

2 動かして試してみよう

コードが組めたら、テキを叩いたときに「ＳＰ結晶」のクローンが作られるか試しましょう。

実行！
ゲームを実行する

🏳をクリック

確認！
ねらいどおりの動きをするか確認する

ＳＰ結晶が作られることを確認

こうげき
ぼうぎょ
かいふく

ちゃんと動いた？

はい

いいえ

修正！
ゲームがうまく動かなかったら
プログラムを修正しよう！
修正したらゲームを実行してみよう！

うまくいったら
次へ進もう！

おっ！ これで「かいふく」が選択できるようになったぞ。
よーし、クリア目指して頑張るぞ！

セーブはこまめにね♥

③ まとめ

　アクションやシューティングのようなゲームと違い、RPGはカーソルの位置やキャラクターの能力といった数字や、キャラクターの行動などを管理するために、多くの変数やメッセージが使われます。パーフェクトを目指して改造するには、それらの変数やメッセージがどのような役目を持っているかを調べる必要があります。たくさんあって迷ってしまいそうですが、調べるコツはひとつずつ値や順番を変えて、何が変わるのかを丁寧に調べることです。一気に大きく変えると元に戻せなくなってしまい、結局変数の役目もわからなくなってしまうので注意しましょう。

※元からあったコードは記載していません

ゲームを改造して完全クリアにチャレンジしよう！
パーフェクト チャレンジ！

Perfect 条件
・最後に待ち構えている「ラスボス」を倒す
・アイテムをすべて集める

　手に入るアイテムは全部で15個。すべて集めて「ラスボス」を倒すとパーフェクトです。最高評価のパーフェクトを目指して頑張りましょう。もちろんゲームを改造しても○Kです。

 たくさんコードがあるけど、一個づつ調べてみるぜ！

 念のため完成したデータを保存しておくといいかも。

改造のヒント

　○○管理というスプライトには気がつきましたか?

　このゲームの進行は、この○○管理スプライト同士のメッセージのやり取りが重要です。改造したいと思ったら、このスプライトをのぞいてみるのもいいかも…?

> バトルのダメージやキャラクターの強さ

> クリアしたステージやワールドマップの移動

> コマンドの順番やテキの行動パターン

> おっ、この数字でっかくしたら強そう!
> あ、ここの数字も変えてみようかな…

> あんまり一度に改造しすぎると元に戻らなくなるわよ。
> ちょっと試して、ちょっと動かす、を忘れずにね。

私は…

私はコーサク
みたいに不器用でも
もがきながら
進んでいくタイプも
好きだけどな…

じゃーね

……

ねーねーモニタ
ミクなんか
ヘンだよね…

熱でも
あんのかなー？
なー、モニタ

コホン…

次のチャプター
ゲームクリエイターから
みんなへの挑戦状だ！

ちょっと
ごまかす
なってー！

もー

ゲーム会社を探検してみた！

其の四

キャラクターや音楽は
どうやって作っているの？？

ゲームを作っているとキャラや音楽もこだわりたくなるよな。
ゲームのキャラクターや音楽ってどうやって作っているんだろう。

すげー。ここで
ゲームのグラフィッ
クを描いている！
パソコンといろんな

ツールを使って、カッコいいゲームの画面が
でき上がっていくぞ。ゲームグラフィックの
専門家だな！

会社の中にミュージシャンの人がいるぞ！

ギターを持って演奏している！ ゲームの音楽を作っている人らしい。
音楽のデータはパソコンで打ち込むけれど、曲は実際に楽器を弾きなが
ら作るらしい。場合によっては録音スタジオを借りて、実際にみんな

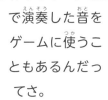

で演奏した音を
ゲームに使うこ
ともあるんだっ
てさ。

ぼろん♪

ぼろろん…♪

プログラム以外もプロのクリエイターが
協力して作っているんだな！

ゲームクリエイターからの挑戦状

クラッシュナイト

アクション

大きな盾で身を守る鎧騎士。鎧騎士の盾をはじいて、攻撃を決めて倒すゲームです。

うおぉぉ。
この挑戦、受けて立つぜ！

ゲーム 1 | クラッシュナイト

 指令
- 今まで学んできたことを生かそう
- ゲームのプログラムを解析しよう

ゲーム画面

「城とドラゴン」にも携わった

ベテランクリエイターのゲームに挑戦しよう！

0003:

鎧騎士

HIGH SCORE 0999

ひだりて

みぎて

剣士になって、鎧騎士とバトルだ！
ひだりての盾とみぎての剣を自在に操れ！

操作方法

身を守る鎧騎士の盾に攻撃！

攻撃を繰り返すと盾がずれ、上か下に隙ができる

攻撃

上を攻撃

袈裟斬り

下を攻撃

斬り上げ

隙ができていない場所の攻撃は無効だよ

243

鎧騎士の攻撃はガードで防ごう

ガード

ガードにはスタミナゲージを使います。スタミナが足りないとガードしてもダメージを受けてしまうので注意しましょう。スタミナは、何もしないでいると自然に回復します。

タイミングよくパリィして

パリィ

鎧騎士のガードを崩そう！

タイミングよく盾を押し出すことで鎧騎士の攻撃をパリィ（弾くこと）できます。パリィに失敗するとダメージを受けてしまいますが、成功すると一発で攻撃を崩すことができ、その後の攻撃威力もアップ。さらにスタミナもすべて回復します。

244

鎧騎士のコアを0にすれば勝利

0021.

HIGH SCORE 0999

コア

すべての鎧騎士を倒すまでの時間が短いと高得点

Webサイトから「4-1 クラッシュナイト」を開いて
ゲームに挑戦だ！
https://scratch.futurecraft.jp/ ｜ scratchプログラミングドリル ｜ 検索

エディターが表示されたら、をクリックしてゲームを開始してみましょう。

うおぉ。ベテランクリエイターのゲームだぜ！
すっげぇ面白そう！

ボイスや音楽、グラフィックもすごいわね。
はやく完成させて遊びたいわ。

次ページから
ゲームを完成
させよう！

Let's GO

245

攻撃できるようにする

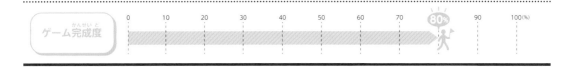

ゲーム完成度

0　　10　　20　　30　　40　　50　　60　　70　　80%　　90　　100(%)

1 自分で考えてプログラミング

? 自分で考えよう 2種類の攻撃ができるようにしてみよう

ゲームを開始して動きを確認すると、攻撃も防御もできないことがわかります。まずは鎧騎士に攻撃できるようにしてみましょう。

攻撃の種類は、上段攻撃の「袈裟斬り」と下段攻撃の「斬り上げ」の2つがあります。それぞれ□キー、□キーを押したときに対応する攻撃が出せるようにしてみましょう。

考えよう 1 キーを押したときに攻撃する

攻撃は「みぎて」で行います。「みぎて」のスプライトを選択してプログラミングします。

「ブロック定義」カテゴリーに「袈裟斬り」と「斬り上げ」のブロックがありますので、□キーが押されたら「袈裟斬り」を、□キーが押されたら「斬り上げ」を処理するようにプログラミングしましょう。

 ヒント　使うスプライトやブロックは以下のとおりです

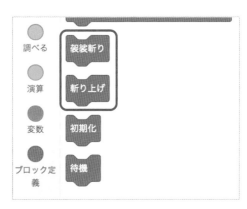

２ 動かして試してみよう

コードが組めたら、「袈裟斬り」と「斬り上げ」ができることを確認しましょう。

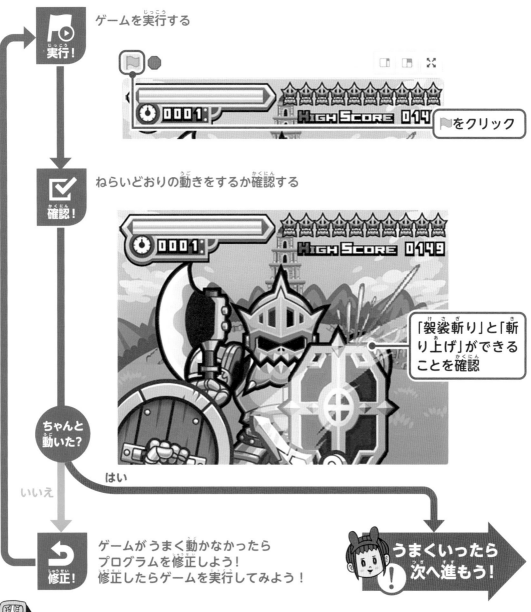

実行！　ゲームを実行する

▶ をクリック

確認！　ねらいどおりの動きをするか確認する

「袈裟斬り」と「斬り上げ」ができることを確認

ちゃんと動いた？

いいえ　　はい

修正！　ゲームがうまく動かなかったら
プログラムを修正しよう！
修正したらゲームを実行してみよう！

うまくいったら
次へ進もう！

 どうしてもうまくいかないときは？

どんなに頑張っても難しい…という場合は、P252に完成プログラム例があるので参考にしてみよう。

攻撃はできるようになったけど…
敵の攻撃を防御することができないわ！ 負けちゃう！

STEP 2 防御できるようにする

ゲーム完成度

0　10　20　30　40　50　60　70　80　90　95%　100(%)

1 自分で考えてプログラミング

2種類の防御ができるようにしてみよう

敵の攻撃を防御できるようにしないと、必ずゲームオーバーになってしまいます。「ひだりて」のスプライトにプログラミングして、敵の攻撃を防御できるようにしましょう。
防御も攻撃と同じく2種類あります。「ガード」と「パリィ」です。それぞれの防御を「x」キーと「z」キーで出せるようにしてみましょう。

考えよう 1 　キーを押したときに防御する

防御は「ひだりて」で行います。「ひだりて」のスプライトを選択しましょう。
防御の処理も攻撃のときと同じように「ブロック定義」カテゴリーに定義されています。「x」キーが押されたときに「ガード」を、「z」キーが押されたときに「パリィ」を処理するようにしてみましょう。

　使うスプライトとブロックは以下のとおりです

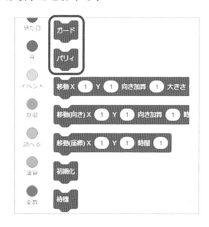

2 動かして試してみよう

コードが組めたら、「ガード」と「パリィ」ができるか動かして試しましょう。

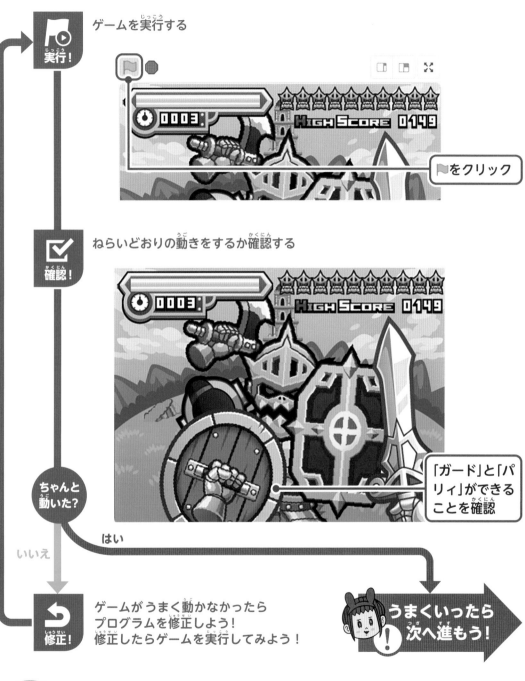

実行！　ゲームを実行する

▶️ をクリック

確認！　ねらいどおりの動きをするか確認する

「ガード」と「パリィ」ができることを確認

ちゃんと動いた？

いいえ

はい

修正！　ゲームがうまく動かなかったらプログラムを修正しよう！修正したらゲームを実行してみよう！

うまくいったら次へ進もう！

ガードできたぜ！ コレで勝てる！ってあれ？ 敵を倒せないような？

鎧騎士のコアが体力に合わせて小さくなるようにする

1 自分で考えてプログラミング

 **鎧騎士の体力低下を見た目でわかるようにしよう**

攻撃と防御ができるようになって鎧騎士と戦えるようになりましたが、いつまでも倒せません。
実は鎧騎士は、体力の低下に合わせて「コア」が小さくならないと倒せないようになっています。
「コア」にプログラミングして、敵の体力の低下に合わせて大きさが変わるようにしましょう。

考えよう 1	比率に応じて大きさを変更する

イベント「敵ロジック開始」を受け取ったときに、「コア」の大きさが「ずっと」敵の残り体力の割合（パーセント）になるようにしてみましょう。
見た目のカテゴリーのブロックを使って、スプライト「コア」が敵の残り体力の割合（パーセント）に合わせて大きさを変えるようにプログラミングします。

ヒント 使うスプライトとブロックは以下のとおりです

📝 POINT

算術演算

敵の残り体力のパーセントを計算するブロックはどうやって作られているのでしょうか。
実は簡単な算数の計算、算術演算で実現しています。具体的には「敵の残り体力のパーセント＝敵の現在の体力 ÷ 敵の体力の最大値」を計算して割合を求めています。割合を導く公式は「割合＝比べる量÷もとにする量」です。大きさの基準は100なので、求めた割合に100をかけています。
このように、プログラミングには数学（算数）も重要な要素となっています。

動かして試してみよう

コードが組めたら敵のコアが変化するか確認しましょう。

ゲームを実行する

▶をクリック

ねらいどおりの動きをするか確認する

攻撃が当たると
コアが小さくな
ることを確認

確認！

ちゃんと
動いた？

はい

いいえ

修正！

ゲームがうまく動かなかったら
プログラムを修正しよう！
修正したらゲームを実行してみよう！

うまくいったら
次へ進もう！

 やった！ コアが小さくなって、鎧騎士が倒れたぞ！

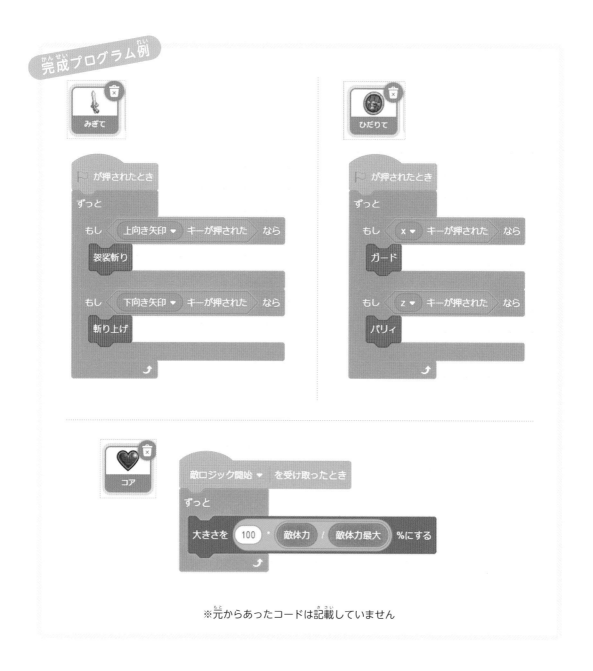

完成プログラム例

みぎて

ひだりて

▷ が押されたとき

ずっと
　もし　上向き矢印 ▼ キーが押された　なら
　　　裂袈斬り

　もし　下向き矢印 ▼ キーが押された　なら
　　　斬り上げ

▷ が押されたとき

ずっと
　もし　x ▼ キーが押された　なら
　　　ガード

　もし　z ▼ キーが押された　なら
　　　パリィ

コア

敵ロジック開始 ▼ を受け取ったとき

ずっと
　大きさを 100 ・ 敵体力 / 敵体力最大 %にする

※元からあったコードは記載していません

3 まとめ

　これで基本のゲームは完成です。ここまで本書をクリアしてきたのなら、簡単なプログラムだったのではないでしょうか。でも、いよいよここからが本番です。次のパーフェクトチャレンジで、プロのゲームクリエイターが作ったこのゲームを見事ハッキングして、パーフェクトクリアを目指しましょう。

　このゲームに限っては、あえて改造しないでパーフェクトを取れるか挑戦してみるのもいいでしょう。

ゲームを改造して完全クリアにチャレンジしよう!
パーフェクトチャレンジ!

Perfect 条件 クリアタイムが150秒以下

鎧騎士を10人倒すまでの時間を競います。

パーフェクトの条件は150秒以下でクリアすることです。難しければプログラムを改造しましょう。

 最初は改造しないで挑戦してみるぜ!

 私はこのゲームのプログラムが気になるからハッキングしてみるわ。

鎧騎士はさまざまな動きをメッセージで制御しています。体力の計算で使った「敵ロジック開始」のメッセージもその1つです。その中でも「敵タメ」というメッセージは、攻撃がくる何秒か前に送られて、タメモーションを行うメッセージです。敵の行動であるこの「敵タメ」を受け取って、自動的に動くようにしてみてはどうでしょうか。

ひだりて

攻撃が発生するタイミングは、敵の種類ごとに異なるのでいろいろ試してみましょう。敵の種類は、変数「EnemyType」が「斧」「槍」「棘」のどれかを調べることで判断できます。

「ひだりて」や「みぎて」には、すでにたくさんのコードが配置されていました。攻撃は「みぎて」、防御は「ひだりて」にそれぞれ処理しているコードがあります。「みぎて」のスプライトを選択して、コードエリアを見回してみましょう。

みぎて

　攻撃に関する「袈裟斬り」や「斬り上げ」の処理は、定義ブロックとして存在しています。この中の時間に関係する数値を変えれば、攻撃の速度が上がるのではないでしょうか？

```
定義 袈裟斬り

もし   PlayerReady = 1   なら
    isMoveing ▼ を 1 にする
    Reflection ▼ を 0 にする
    PlayerReady ▼ を 0 にする
    けんをふった ▼ の音を鳴らす

初期化
    x座標を 205 、y座標を 1 にする
    コスチュームを 袈裟斬り1 ▼ にする
    移動(向き) X 220 Y 20 向き加算 10 時間 0.2
        0.1 秒待つ
    PlayerAttackType ▼ を 2 にする

ヒット判定
    もし   Reflection = 1   なら
        コスチュームを 袈裟斬り2 ▼ にする
        x座標を 122 、y座標を -23 にする
            90 度に向ける
        移動(向き) X 300 Y 0 向き加算 50 時間 0.2
        隠す
            0.1 秒待つ
        コスチュームを 構え ▼ にする
            90 度に向ける
        表示する
```

```
定義 斬り上げ

もし   PlayerReady = 1   なら
    isMoveing ▼ を 1 にする
    Reflection ▼ を 0 にする
    PlayerReady ▼ を 0 にする
    けんをふった ▼ の音を鳴らす

初期化
    コスチュームを 斬り上げ1 にする
        180 度に向ける
    移動(向き) X -70 Y -155 向き加算 -90 時間 0.1
        0.2 秒待つ
    PlayerAttackType ▼ を 1 にする

ヒット判定
    もし   Reflection = 1   なら
        ↻ 30 度回す
        x座標を 48 、y座標を -124 にする
            0.05 秒待つ
        移動(向き) X -59 Y -216 向き加算 -30 時間 0.2
            0.1 秒待つ
        コスチュームを 構え ▼ にする
        x座標を 100 、y座標を -208 にする
            90 度に向ける
        表示する
```

　ぐああ、最後のほうに出てくる鎧騎士が強すぎる！
　こうなったらプログラミングで対抗するか！

　ゲームの腕とプログラミングの腕を総動員して、このゲームクリエイターからの挑戦を突破してみましょう！

其の五

クラッシュナイトの設計図を極秘入手！

ベテランゲームクリエイターが作った「クラッシュナイト」、みんなパーフェクトを獲得できた？ オレはあともうちょい！ 改造しないでパーフェクトを目指しているぜ。

今回の見学で、クラッシュナイトを作るときに書かれたメモや、作る途中の様子を見せてもらったから、特別にみんなにも公開しちゃうぞ！

このゲームの面白さってなんだろう？ についてのメモ。最初に遊び方の軸を考えていくんだな

こっちはゲームを組み立てるうえで必要なものについて。必要なものを書き出しておくのか

具体的にどんなシステムにするかが書かれたメモだ。プログラマーはこれを見て作るみたいだ

グラフィックの制作手順も大公開！

カッコいいナイトのグラフィックがどんなふうにして作られたか気になるよな。アイディア段階から、絵を描いてアニメーションを組み立てるまでの流れも見てみようぜ。

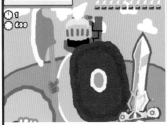

まずプログラマーが仮の絵で作って、必要な部品を洗い出していくんだ

グラフィックのプロがキャラクターを部品に分けたデータを制作していくぞ

画面に部品を配置してアニメーションを作る。プログラマーと協力するよ

ひとつのゲームのためにメモやデータをたくさん作って、いろいろな人が協力して形にしていくんだな！

自分のゲームを作ってみよう！

すっげーアイディアを思いついた！
チョーおもしれーゲームにしてやるぜ

ここまでゲームを完成させてきたのなら、「自分でもゲームを作ってみたい！」と思ったのではないでしょうか。

本章ではゲームクリエイターの考え方や、作業の進め方について解説します。本章を参考に、ぜひ自分のゲームを作ってみてください。

よーし。ゲームを作るぞ！ さっそくプログラミング開始だぜ！

ちょっと待ちなさいよ。
作るものが決まっていないとプログラミングできないんじゃない？

1 どんなゲームにするか、"遊び方の軸"を考える

ゲーム開発の現場では、まず初めにコンセプトやテーマなどを決めるところからスタートします。ここでは、シンプルなゲーム作りにおすすめの方法として、「だれが（何が）？ 何をする？」方式を使って、ゲームの"遊び方の軸"を考える方法を伝授します。

例

- バッターが（だれが？）ホームランを打つ（何をする？）ゲーム

- クルマが（何が？）ジャンプする（何をする？）ゲーム

- 戦闘機が（何が？）弾を回避する（何をする？）ゲーム

- ニワトリが（だれが？）卵を生む（何をする？）ゲーム

自由に言葉を組み合わせて、ゲームの遊び方の軸を表現します。

日常ではありえない組み合わせにしてみても面白いかもしれません。

2 設計図を考える

遊び方の軸が決まったら、ノートやメモ用紙にゲームのイメージを描き出してみましょう。ここでは例として「クルマがジャンプするゲーム」のイメージを描いてみました。

イメージが描けたら、ゲームの大まかな仕組みとルールを決めます。忘れないようにきちんと記録しておきましょう。その際、ゲームの終了条件またはクリアの条件は必ず決めてください。

例

- クルマが走っていくと、アイテムや岩が向かってくる

- アイテムはクルマで取ると得点になる

- 岩はジャンプで回避すると得点になる

- 岩にクルマが衝突すると減点になる

- 制限時間が0になるとゲーム終了（ゲームの終了条件）

③ 必要なスプライトを考える

全体のイメージが固まったら、どんなスプライトが必要か？ を考えていきましょう。自分自身で考えたゲームの登場人物、アイテム、画面に表示するものをひとつずつ書き出していきます。

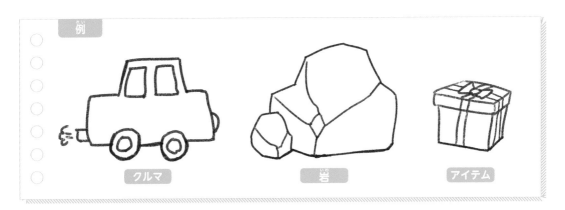

例では「スコア」と「制限時間」の表示に関しては、Scratchの機能を利用して、変数を画面に表示することとします。

> **HINT**
>
> ## 変数を画面に表示する
>
> Scratchでは変数を自分で作ることができます。作った変数は、初期状態ではステージに表示されています。変数の横のチェックボックスにチェックがあると、ステージに表示されている状態です。ステージ上で見えないようにするためには、チェックを外します。
>
>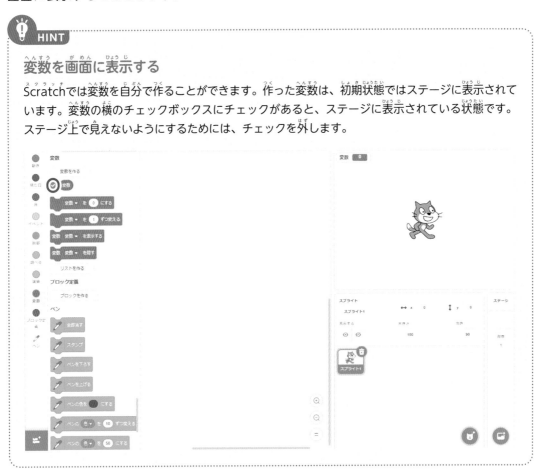

4 スプライトの振るまいを考える

　ゲームの要素をスプライトに分解できたら、ゲームのルールを実現するためにそれぞれのスプライトがどのような振るまいをすればいいかを考えます。

　Scratchのプログラムに置き換えて、どんな条件のときに、どんな動きをすればよいのかを書き出しましょう。

例

<ゲームのルール>

- クルマが走っていくと、アイテムや岩が向かってくる

- アイテムはクルマで取ると得点になる

- 岩はジャンプで回避すると得点になる

- 岩にクルマが衝突すると減点になる

- 制限時間が0になるとゲーム終了（ゲームの終了条件）

<スプライトの振るまい>

クルマ

- ↑キーを押したときにジャンプする
- ゲームが開始されたら制限時間を60にする
- ゲームが開始されたらスコアを0にする
- 制限時間を減らして、0になったらゲーム終了

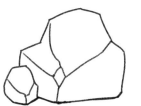

岩

- 乱数で何秒か待ってから出現する
- 画面の右側からクルマに向かって進む
- 左端についたら削除される
- うまくジャンプで避けたらスコアを加算する
- 車に当たったら減点する

アイテム

- 乱数で何秒か待ってから出現する
- 画面の右側からクルマに向かって進む
- 車に当たったらスコアを加算する
- 左端についたら削除される

5 スプライトを準備する

　ゲームの遊び方の軸、設計図、スプライトの役割が決まったら、いよいよプログラミングを始めます。長かったですが、実はどんなゲームを作るのかを計画するのが一番大事なのです。Scratchのエディターを開いて、ゲームに必要なスプライトや変数を用意しましょう。スプライトの絵は自分で描いてもよいですし、Scratchで用意されているものを使ってもよいでしょう。

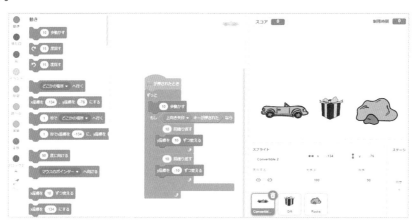

6 プログラミングする

　スプライトが用意できたらプログラミングをしていきましょう。スプライトがどんなふうに振るまえばよいのかは、すでに計画していましたね。
　ひとつひとつの振るまいをプログラムで表現してみましょう。

264

7 動かして試してみる

　ひとつの振るまいのコードができたら、必ず動かして試してみます。もし思いどおりに動かなかったら、作ったコードを見直しましょう。うまく動いた場合は、次の振るまいをプログラミングします。スプライトの振るまいが全部プログラミングできたら、次のスプライトと進んでいきます。これを繰り返して、すべての振るまいがプログラミングできたらゲームの完成です！

　完成したら、ぜひ周りの人に遊んでもらいましょう。面白かった、もっとこうしたほうが良いんじゃない？　という意見をもらったら、取り入れてさらにゲームを面白くしていきます。

8 完成したらゲームの名前をつける

　ゲームを作ったら忘れずに保存しておきましょう。保存の方法はP40にあります。

　保存するときにゲームの名前をつけてあげましょう。あなただけのオリジナルゲームです。みんなが遊びたくなるような、ワクワクする名前をつけてください！

9 まとめ

　自分でゲームを作るときの考え方と手順について解説してきました。ゲーム作りは、実は考えるところが一番大事です。紙に計画を書いておけば、プログラミングを始める前に、友達に意見を聞くこともできます。どんなものを作るかを考える→作ってみる→遊んでみる・または友達に遊んでもらい感想を聞く→さらに良くするアイディアを考える…というように、繰り返し遊びながらアイディアを考えて、どんどん面白いゲームにしていきましょう。

☆ 例として作ったゲームはWebサイトから見ることができます。

　https://scratch.futurecraft.jp/

よし。新作ゲーム「デストロイモンスター」が完成したわ！
コーサク遊んでみて。

すごい名前……。うわっ敵が強すぎる！ あっという間にやられた！
これじゃつまんないよ！

うーん。難易度が高すぎたかしら。
遊んでもらって意見を聞くことも大事ね。

高難易度の改造にチャレンジしよう！
トロフィー獲得に挑戦！

本書をここまで読み進めてきたのであれば、さらなる挑戦をしてもらいたいと思います。ブロンズからクリスタルまでに設定された条件をクリアできれば、それぞれのトロフィーを獲得できます。
ぜひ挑戦してみてください。

> やりこみ要素ね！
> 燃えるわ。

🏆 ブロンズ トロフィー

条件① Chapter1、Chapter2、Chapter3のすべてのゲームでパーフェクトを取れ！

この本にのっているすべてのゲームを完成させ、パーフェクトチャレンジをクリアしましょう。
どんな改造をしてもいいので、すべてのゲームでパーフェクトが出せれば条件達成です。

ブロンズは小手調べね。私はもうクリアしてたわ。

🏆 シルバー トロフィー

条件① 森の射撃訓練で、スプライト「矢」だけを改造してパーフェクトを取れ！

条件② 月面OMOCHI探査隊で、スプライト「ビーム」だけを改造してパーフェクトを取れ！

それぞれお題となっているゲームを完成させた状態から、指定のスプライトだけを改造してパーフェクトを出しましょう。

パーフェクトチャレンジに条件が追加されるのか！ 縛りプレイだな。

ゴールド トロフィー

条件① 爆撃ハンターで、スプライト「爆弾」だけを改造してパーフェクトを取れ！

条件② イッキウチコロシアムで、スプライト「犬剣士」だけを改造して
パーフェクトを取れ！

シルバーと同じくお題となっているゲームを完成させた状態から、指定のスプライトだけを改造してパーフェクトを出しましょう。

トロフィー獲得に挑戦！

プラチナ トロフィー

条件① 密林フィッシングで全自動クリアでパーフェクトを取れ！

条件② 忍者の居合で全自動クリアでパーフェクトを取れ！

お題となっているゲームを完成させた状態から、操作をしないでパーフェクトを出しましょう。改造するスプライトは自由です。

ゲームをスタートしたら操作を一切しないで、パーフェクトが出たら条件達成です。改造の際は、スプライト間で情報を送るメッセージのブロックなどをうまく使いましょう。

全自動！ 操作しないでクリアしなきゃいけないなんて…でも、できるはずよね！

クリスタル トロフィー

条件① 自分のゲームを作って家族や友達に遊んでもらえ！

最後の条件は自分のゲームを1から作って他の誰かに遊んでもらうことです。考え方や作業の進め方はP259にヒントがあります。参考にしてゲームを開発しましょう！

自分でゲームを作る!? さすがにクリスタルは難易度が高いぜ！

でもワクワクするわね。私がゲーム作ったら遊んでみてよね。

Scratch虎の巻

　この章では、ゲーム作りの部品となるように小さく分解したコードを記載します。もし自分のゲームを作るためにどうしたらよいか迷ったら、ここに載っているいくつかのコードを作って動かしてみましょう。

　一つのコードの動きが面白いなと思ったり、あなたのアイディアを刺激したら、そこからさらにいろいろなコードを付け足して作品の形に近づけていきましょう。

　ここでは、本書で扱ったゲームに登場する仕組みを中心に紹介しています。ゲームを作っている途中で、アレってどうやるんだっけ？　と思ったときに、読み返してみるとヒントがあると思います。

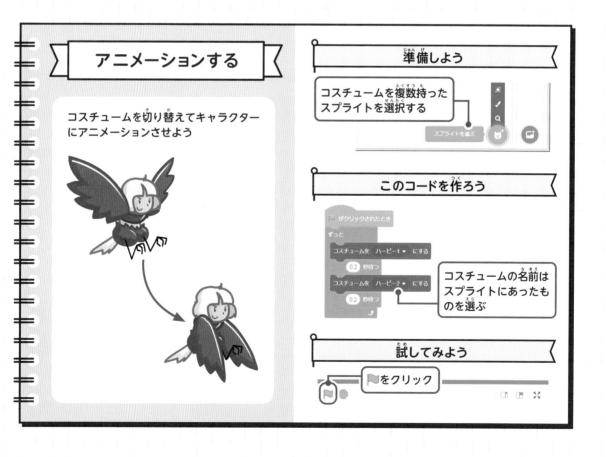

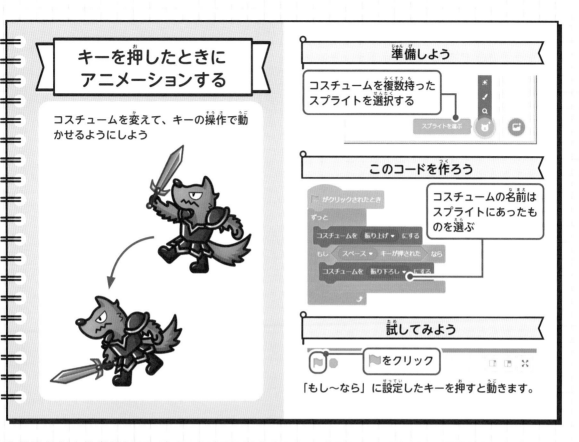

キーを押したときにアニメーションする

コスチュームを変えて、キーの操作で動かせるようにしよう

準備しよう

コスチュームを複数持ったスプライトを選択する

スプライトを選ぶ

このコードを作ろう

コスチュームの名前はスプライトにあったものを選ぶ

```
がクリックされたとき
ずっと
  コスチュームを 振り上げ ▼ にする
  もし  スペース ▼ キーが押された  なら
    コスチュームを 振り下ろし ▼ にする
```

試してみよう

🏴 をクリック

「もし～なら」に設定したキーを押すと動きます。

効果音を鳴らす

音を鳴らすブロックで効果音をつけよう

❷ 好きな音を選ぶ

音を選ぶ

このコードを作ろう

```
がクリックされたとき
ずっと
  もし  スペース ▼ キーが押された  なら
    Duck ▼ の音を鳴らす
```

自分で選んだ音を設定する

試してみよう

🏴 をクリック

「もし～なら」に設定したキーを押すと音が鳴ります。

準備しよう

❶ 音タブに切り替える

Scratch Desktop
SCRATCH ⊕ ファイル 編集 🔊 チュートリアル
📄 コード 🎨 コスチューム 🔊 音
🔊 音 ポップ

ヒント

音が出ないときはスピーカーの音量が小さい、パソコンにスピーカーがついていないなどの原因が考えられます。

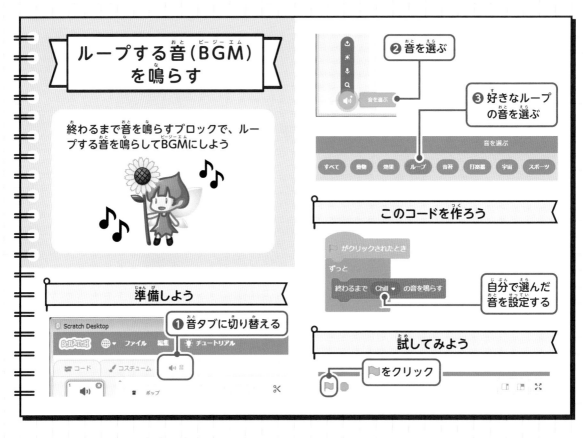

ループする音（BGM）を鳴らす

終わるまで音を鳴らすブロックで、ループする音を鳴らしてBGMにしよう

準備しよう

❶ 音タブに切り替える

Scratch Desktop

ファイル　編集　チュートリアル

コード　コスチューム　音

❷ 音を選ぶ

音を選ぶ

❸ 好きなループの音を選ぶ

音を選ぶ

すべて　動物　効果　ループ　音符　打楽器　宇宙　スポーツ

このコードを作ろう

がクリックされたとき

ずっと

終わるまで Chill の音を鳴らす

自分で選んだ音を設定する

試してみよう

🏴 をクリック

左右に動く

矢印キーで向きを変えて左右に動けるようにしよう

準備しよう

❶ 好きなスプライトを選ぶ

スプライトを選ぶ

このコードを作ろう

がクリックされたとき

回転方法を 左右のみ ▼ にする

ずっと

もし 右向き矢印 ▼ キーが押された なら

90 度に向ける

10 歩動かす

もし 左向き矢印 ▼ キーが押された なら

-90 度に向ける

10 歩動かす

試してみよう

🏴 をクリック

設定したキーを押すと左右に動きます。

スコアをつける

変数を使ってスコアを記録できるように
しよう

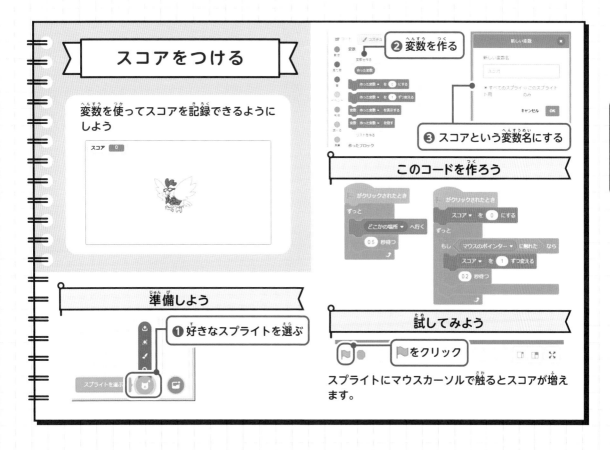

❷ 変数を作る

❸ スコアという変数名にする

このコードを作ろう

準備しよう

❶ 好きなスプライトを選ぶ

試してみよう

▶ をクリック

スプライトにマウスカーソルで触るとスコアが増え
ます。

上下に動く

矢印キーで座標を変えて上下に動けるよ
うにしよう

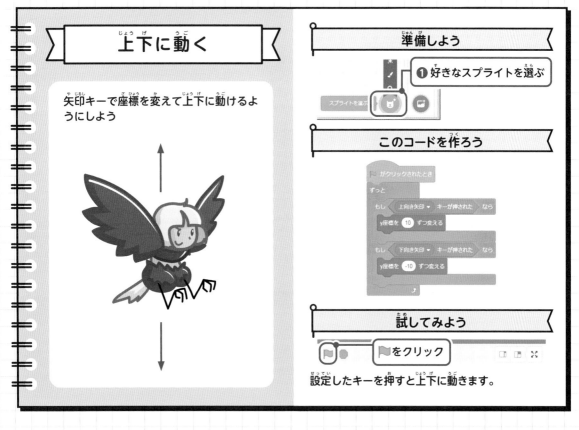

準備しよう

❶ 好きなスプライトを選ぶ

このコードを作ろう

試してみよう

▶ をクリック

設定したキーを押すと上下に動きます。

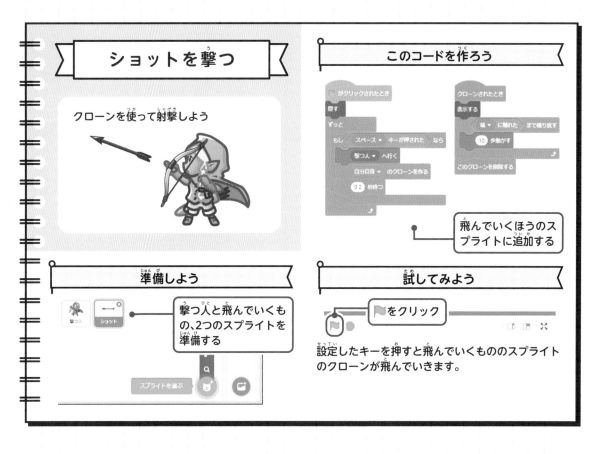

ショットを撃つ

クローンを使って射撃しよう

このコードを作ろう

飛んでいくほうのスプライトに追加する

準備しよう

撃つ人と飛んでいくもの、2つのスプライトを準備する

試してみよう

▶をクリック

設定したキーを押すと飛んでいくもののスプライトのクローンが飛んでいきます。

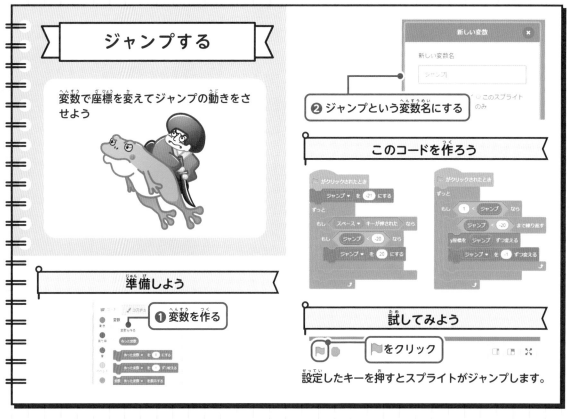

ジャンプする

変数で座標を変えてジャンプの動きをさせよう

❷ ジャンプという変数名にする

このコードを作ろう

準備しよう

❶ 変数を作る

試してみよう

▶をクリック

設定したキーを押すとスプライトがジャンプします。

違うスプライトのコードを呼び出す

メッセージを使って別のスプライトのコードを動かしてみよう

このコードを作ろう

呼び出すほう

```
🏳 がクリックされたとき
ずっと
  もし  マウスのポインター ▼ に触れた  なら
    メッセージ1 ▼ を送る
```

呼び出されるほう

```
メッセージ1 ▼ を受け取ったとき
  10 歩動かす
  もし端に着いたら、跳ね返る
```

準備しよう

呼び出すほうと呼び出されるほう、それぞれ好きなスプライトを準備する

試してみよう

🏳 をクリック

呼び出すほうのスプライトにマウスカーソルで触ると、呼び出されるほうのスプライトが動きます。

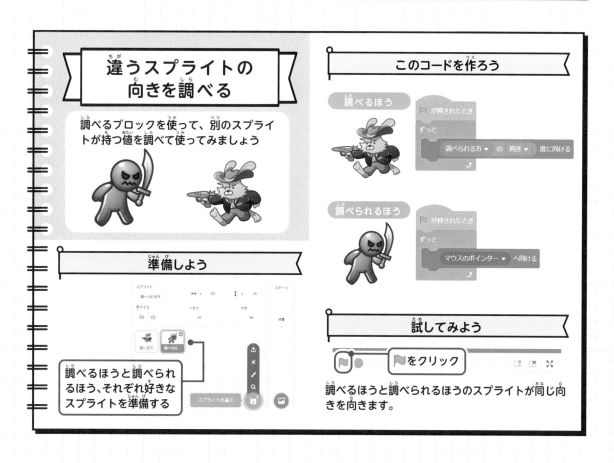

違うスプライトの向きを調べる

調べるブロックを使って、別のスプライトが持つ値を調べて使ってみましょう

このコードを作ろう

調べるほう

```
🏳 が押されたとき
ずっと
  調べられる方 ▼ の 向き ▼ 度に向ける
```

調べられるほう

```
🏳 が押されたとき
ずっと
  マウスのポインター ▼ へ向ける
```

準備しよう

調べるほうと調べられるほう、それぞれ好きなスプライトを準備する

試してみよう

🏳 をクリック

調べるほうと調べられるほうのスプライトが同じ向きを向きます。

動く背景を作る

キャラクターではなく、背景を動かして移動しているように見せてみましょう

準備しよう

キャラと動く背景、それぞれ好きなスプライトを準備する

このコードを作ろう

キャラ

がクリックされたとき

x座標を 0 、y座標を 0 にする

回転方法を 左右のみ ▼ にする

ずっと

もし 右向き矢印 ▼ キーが押された なら

90 度に向ける

もし 左向き矢印 ▼ キーが押された なら

-90 度に向ける

動く背景

がクリックされたとき

x座標を 240 、y座標を 10 にする

回転方法を 回転しない ▼ にする

ずっと

キャラ ▼ の 向き ▼ 度に向ける

-5 歩動かす

もし 240 < x座標 なら

x座標を -240 にする

もし x座標 < -240 なら

x座標を 240 にする

試してみよう

🏴 をクリック

キャラクターの向いている方向に応じて背景が流れていきます。

制限時間をつける

時間になったらゲームが止まるようにしてみよう

準備しよう

❶ 好きなスプライトを選ぶ

❷ 変数を作る

❸ 制限時間という変数名にする

このコードを作ろう

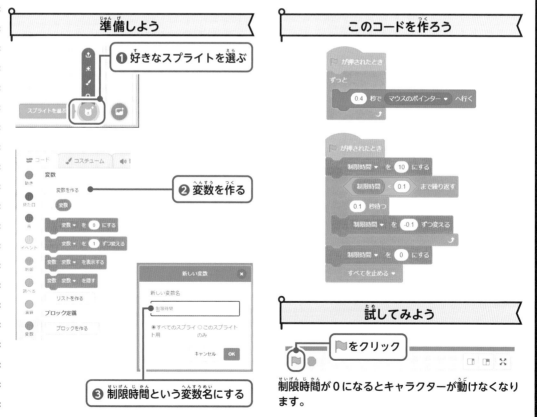

試してみよう

🏳 をクリック

制限時間が0になるとキャラクターが動けなくなります。

ScratchのWebサイトでアカウントを作ると、自分の作品を世界に公開してコメントをもらったり、他の人が作った作品にコメントを送ったりすることができるようになります。

本章を参考に、Scratchのアカウントを作って作品を公開してみましょう！

本章の内容は2020年4月時点で執筆されています。今後、Scratch Webサイトのアップデートなどで手順が変更になる可能性があります。ご了承ください。

世界に公開！
ユーチューバーっぽいな！

Scratchアカウントを作る

Scratchアカウントを持っていない場合は、新しく作りましょう。

ScratchのWebサイトの右上にある「Scratchに参加しよう」のボタンをクリックすると、必要な情報を入力するダイアログが開きます。

16歳未満のユーザーがアカウント登録するときは、保護者のメールアドレスを入力する必要があります。保護者の人に相談して、了解を得てから登録しましょう。

最初はユーザー名とパスワードの入力です。ユーザー名にはアルファベットとアンダーバー記号だけが使えます。

ユーザー名には本名を使ってはいけません。また他の人が嫌な思いをするような名前を使ってはいけません。ユーザー名とパスワードは絶対に忘れないようにします。他の人に教えてはいけません。

ユーザー名、パスワード、パスワードの確認を入力したら「次へ」を押します。

国を選択します。選択したら「次へ」を押します。

生まれた年と月を選択します。選択したら「次へ」を押します。

性別を選択します。多様性に配慮され、男女以外の選択肢もあります。選択したら「次へ」を押します。

生まれた年と月、性別は他の人には公開されません。

　16歳未満の人は保護者のメールアドレスを入力しましょう。入力したら「アカウント
を作成する」を押します。

　この画面で「はじめよう」をクリックすれば、サインインしてScratchを開始できます。

メールアドレスを認証しよう

入力したメールアドレスには認証のためのメールが送信されます。認証することで作品を共有したり、コメントを送ったりすることができるようになります。

※メールの内容は2020年4月時点のものです。アカウント作成時期によっては表示内容が変わっている可能性があります。

Scratchにサインインする

　ScratchのWebサイトにアクセスし、トップページ右上の「サインイン」をクリックすると、ユーザー名とパスワードを入力するダイアログが開きます。ユーザー名とパスワードを入力すると、Scratchにサインインすることができます。

プロジェクトをシェアする

Scratchにサインインした状態でエディターを開くと、画面の上、中央付近に「共有する」というボタンがあります。

このボタンを押すとプロジェクトがシェアされます。プロジェクトとはScratchの作品の単位です。Scratchではゲームだけでなく、アニメーションや音楽などを作る人もいるので、まとめてプロジェクトと呼んでいます。

共有するを押すと世界に公開されます。作品名や使い方の説明、参考にした作品についてなどを入力しておきましょう。

サインインすると他にもいろいろできるようになりますが、まずは自分のプロジェクトをたくさん作って、どんどんシェアしてみましょう！
　インターネットの利用について保護者の人と約束がある場合は、きちんと守るようにしましょう。約束がない場合も、この機会にシェアしていいか一度聞いてみてください。

いろいろな作品があるから、参考にしてみてもいいわね。目指せ、世界を驚かすクリエイター！

POINT

作品のシェアやコメントをする前に

シェアする作品や自分のコメントで、他のだれかが嫌な思いをしたり、傷つくようなことをしてはいけません。
その他にもScratchでコミュニティに参加するために、守ってほしいことがWebサイトに書かれています。この内容をよく読んで、守るようにしてください。

https://scratch.mit.edu/community_guidelines

Scratchコミュニティーのガイドライン

Scratchを、いろいろな背景や興味を持ったメンバーを受け入れるような、友好的で創造的なコミュニティとして続けていくためには、みんなの助けが必要です。

敬意をしめそう。
プロジェクトを共有したり、コメントを投稿するときは、さまざまな年齢のさまざまな人がそれらを見ることを忘れないでください。

建設的になろう。

※写真の内容は2020年4月時点のものです。表示内容が変わっている可能性もあります。

POINT

著作権について

Scratchのサイトでは以下のことが著作権上許されています。逆に、あなたがシェアした作品を他の人が使うことも了解する必要があります。
　・他人の作品のリミックス
　・他人のプログラムを自分のプログラムに使うこと
参考にした作品やプログラムがある場合は、ガイドラインに従ってクレジット（元の作者名）を「作品への貢献」として記載するようにしましょう。
Scratch以外のゲームやアニメ、映画や音楽は、作った人がよいと言わない限り自由に使うことはできません。注意しましょう。

で…できた！！ ついにできたぞ
オレのオリジナルゲームが！
これはトンデモナイことになるぞ…

きっとゲーム業界を
震撼させることになる…

おじゃましまーす

ハイハイ、みんな順番に並んで
そんなに取り合うなって〜

ところで
この
コーサクが
作ったのって
どういう
ゲーム？

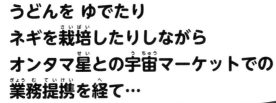

うーん、なんか地味でつまんない

そーだな、タカシんちでゲームしようぜ

！？　ぬ！？

まってー！！ここからがいいところなのにー

バイバ〜イ

なぜだ…なぜみんなにこのゲームのおもしろさが伝わらないんだ…

プ…クク…

アッハッハッハッ

ぐぅぅ…、ミクまで
オレのことバカにして…

ちがうって！

このゲームおもしろいよ
わたしは好きだな〜
よくここまでのものを
作ったね！

ミ…、ミク…

ミクー‼

でも彼らが言っていたこともわかる！
わたしが満足してるからって
安心しちゃダメよ！

う…、最後までキビシイな…

ゲーム作りにもプログラミングにも
正解はないわ！ もっとおもしろくする
方法がないかを考えなきゃね！

そうやっていろいろな
ゲーム作りにチャレンジして
いけば、いつか世界の人が
遊んでくれるようなゲームが
できちゃうかもしれないよ！

よーし、オレも もっと
プログラミングを頑張って
みんなから愛される
ゲームを作って
みせるぞ〜！！

おしまい

おわりに

　最後まで読んで頂きありがとうございました！ プロトタイプハッキング体験は、如何でしたか？普段ゲームを遊んでいる時と同じような楽しさがあり、勉強しているという感覚はなかったのではないでしょうか？

　大好きなことに夢中になっている時が、最も学ぶのに適している…と言うのは、本書の初めにもお伝えしました。夢中で何かに取り組むうちに、いつの間にか誰よりも、それが得意になっていた、なんてこともよく聞く話です。実は多くの人がそうであるように、得意なこととは、もともとそうなる前から、大好きなことだったという場合が多いのです。

　私たちのゲームの仕事でも、動物のイラストを描くのが好きな人、ロボットなどのメカを描くのが好きな人など、いろんな「好き」を持った仲間がいます。もしゲームで猫の絵が必要なのであれば、より好きな人にお願いした方が楽しく力を発揮してくれるはずです。作品としても、良いものが仕上がるに違いありません。つまり、みんなが好きなことを仕事にする方が、作り手も遊び手も、誰もがハッピーになれると考えることもできるのです。

　もしかすると「好きなことよりも、まずは苦手を克服しなさい！」と言う人もいるかもしれません。でも、苦手なものが全くない人なんていません！それよりも、大好きなことが一つもないことの方が大問題です。大好きなことが一つでも見つかれば、自然と他のことにも興味が出て、どんどん出来ること、好きな世界が広がっていくはずです。

　テクノロジーが発展し、これからますますコンピュータを使う仕事が増えていきます。みなさんが大人になる頃には、きっと今よりも多くの人が好きな仕事につける世の中になっているはずです。本書を読んでくれたみなさんには、これからも新しいことに挑戦しながら、自分だけの夢中になれること、大好きなことを見つけていって欲しいと願っています。

2020年5月　株式会社アソビズム代表取締役CEO　大手　智之

プロデュース／大手智之
執　　　　筆／依田 大志　阿部 正寛
イ ラ ス ト／沼田 光太郎
カバーデザイン／SPAIS（宇江喜 桜　熊谷 昭典）
デ ザ イ ン／関谷 まゆみ
校　　　　正／塩野 祐樹
編　　　　集／子供の科学編集部
ゲ ー ム 制 作／阿部 正寛　依田 大志　丸山 謙一郎　池田 俊昭
　　　　　　　　堀口 諒二郎　千葉 智広　松岡 耕平　児嶋 亮介
協　　　　力／阿部 あさひ　石井 愛子　佐藤 和
　　　　　　　　入生田 健　原 正幸　伊東 司

■本書サポートページ
https://www.futurecraft.jp/
お問い合わせフォームからお問い合わせください。
※本書の内容に関するお問い合わせに関して、お電話によるお問い合わせはご遠慮ください。
※質問は原則として執筆者に転送いたしますので、回答まで多少のお時間を頂戴、もしくは返答できない場合もあります。あらかじめご了承ください。また、本書を逸脱したご質問に関しては、お答えしかねますのでご了承ください。

■注意事項
本書の内容の実行については、すべて自己責任のもとで行ってください。内容の実行により発生したいかなる直接または間接的被害について、著者、製品メーカー、購入した書店、ショップ、出版社はその責を負いません。

プロのゲームクリエイターが伝授！ 考えて遊んで面白くするゲーム作りの思考法
ゲームを改造しながら学ぶ Scratchプログラミングドリル

2020 年 7 月15日　発　行　　　　　　　　　　NDC547
2024 年 12 月 2 日　第 8 刷
著　者　アソビズム
発行者　小川雄一
発行所　株式会社 誠文堂新光社
　　　　〒113-0033 東京都文京区本郷 3-3-11
　　　　https://www.seibundo-shinkosha.net/
印刷・製本　シナノ書籍印刷 株式会社

ISBN978-4-416-52095-6

あなたの人生は
いくらですか？

加藤賢治

アメージング出版

まえがき

　就職して３年以内に高卒者の約４割、大卒者の約３割が離職すると言われています。その原因は、いろいろ考えられますが、主たる原因は画一的な情報から就職を点でしか捉えられずに、業種や職種の見込み違いか、個別企業の選択ミスが発生しているためと私は観ています。

　これは、就活生や転職活動中の皆様にとっては、就職や転職を誤りなく成し遂げるにあたって必要にして十分な情報が、現状では提供されていないことを意味しています。

　そこで、この本の出番です。この状況を解決するために私が考えたメニューは、

第１章：個人の職業人生
第２章：転職と兼業の展開
第３章：女性目線の夫婦所得

というものです。

　第１章では、各職業の概要を説明します。一般的な知識を述べ、一人の職業人の具体的な生き方を示しています。しかし、平均像ではありません。なぜなら、４、５０年に及ぶ各職業人の生き方にはまさに、ピンからキリまであり、変数が多すぎて平均的な姿などとても描けないからです。そのため、私の感覚で前提条件を付けた上で１つの生き方を表現しているにすぎません。

　つまり、こういうことです。ある業界に 10 人働いていて、年間所得が 100 万円

から 1,000 万円まで、100 万円刻みに、100、200、300、……、900、1,000 と分布しているときに、「この業界の平均年間所得は 550 万円です」と表現することに意味はあるでしょうが、別の業界にもやはり 10 人いて、年間所得は 1 人だけべらぼうに高く 1 億円で、残りの 9 人は 200 万円だというときに、「この業界の平均年間所得は 1,180 万円です」と表現することに一体どれほどの意味があるでしょうか……ほぼ、ありませんよね！

　第 2 章では、転職と兼業について考えます。現代は終身雇用はもはや過去の遺物になろうとしています。取り組むテーマは、単線の転職と複線の兼業で、後者は今はやりの言葉で言えば、二刀流です。

　第 3 章では、女性目線で夫婦の所得について説明します。ということは、結婚について触れているのですが、結婚があれば離婚もあり得るのが現実なので、シングルマザーの人生についても言及しています。

　皆様はこの本をご一読後に、どのようなご感想を持たれるでしょうか。もし、職業についての認識がさらに深まり、表面的な情報だけでなく、実人生への応用まで身に付いて、ご自分の職業生活を具体的にシミュレーションできるようになっているとしたら、著者として最高にうれしいです。そこにこそ、本書の存在価値はあると私は信じているからです。

目　次

まえがき　　　　　　　　　　　　　　　　　　　2

第1章　個人の職業人生

001	プロ野球選手	10
002	大学教授（ノーベル賞受賞者）	12
003	開業医	14
004	歯科開業医	16
005	弁護士	18
006	税理士	20
007	保育士	22
008	漁師	24
009	大企業のサラリーマン	26
010	中小企業のサラリーマン	28
011	タクシー運転手	30
012	パイロット	32
013	自衛官	34
014	警察官（地方公務員）	36
015	大工	38
016	女子プロゴルファー	40
017	相撲力士（横綱）	42
018	政治家（首相）	44
019	宇宙飛行士	46
020	起業家（創業社長）	48
021	美容師	50
022	サーカスのパフォーマー	52

023	個人投資家	54
024	将棋棋士	56
025	囲碁棋士	58
026	データ・サイエンティスト	60
027	パティシエ	62
028	Ｆ１レーサー	64
029	騎手（中央競馬会ジョッキー）	66
030	お笑い芸人	68
031	ピアニスト	70
032	ミュージシャン（シンガーソングライター）	72
033	YouTuber	74
034	漫画家	76
035	国家公務員（総合職）	78
036	国連職員	80
037	プロゲーマー	82
038	声優	84
039	専業農家	86
040	冒険家	88
第1章の見方		90

第2章　転職や兼業の展開

001	会社員　→　作家	94
002	クラブホステス　→　女優	95
003	プロ野球選手　→　プロゴルファー	96
004	女子アナウンサー　→　政治家	97
005	プロボクサー　→　建築家	98

006　　　銀行員　→　シンガーソングライター　　　　99

007　　　ミュージシャン　＋　天体物理学者　　　　100

008　　　歯科医　＋　ミュージシャン　　　　101

009　　　タレント　＋　酪農家（Uターン）　　　　102

010　　　予備校講師　＋　テレビ・タレント　　　　103

第2章の見方　　　　104

第3章　女性目線の夫婦所得

001　　　再婚して生きる女性（専業主婦）　　　　108

002　　　シングルマザーとして生きる女性　　　　110

003　　　ＩＴ企業社長と結婚する女子アナウンサー　　　　112

004　　　同性婚カップルの人生　　　　114

005　　　国際結婚する人生（国内居住ケース）　　　　116

第3章の見方　　　　118

あとがき　　　　120

第1章

個人の職業人生

　普通の職業図鑑のように、職業別に、職業の特徴を語ります。類書との違いは採り上げる項目です。本書では、具体的な生き方の実例を挙げています。

　つまり、どういう学校を何歳で卒業して、どういう会社に就職し、初年度の年間所得はいくらで、最終的に何歳まで働き、老齢期の年金は何で、いくらもらえ、生涯所得はいくらになるかまで記述してあるのです。

※　特長　※

①. 掲載する職業数
　私の目に留まった40個に絞り、1職業につき2ページをあてている。

②. 実用性の重視
　職業ごとに生き方の実例を1つ挙げ、生涯所得を導き出している。

③. 有名人の名前の記述
　その職業に関係する有名人の名前を記述してある。

④. 数値データの提示
　その職業に関係する重要な数値データを提示してある。

⑤. ビジュアルの重視
　目で見て楽しめるように、ビジュアルを重視してある。

職種と位置付け

001	プロ野球選手		上位	0.3	％
	2021年現役全選手の平均年間所得	4,287	万円		

職業キャリア

> 　18歳で高校を卒業すると、国内のプロ野球球団に入団して、8年間活躍した後、アメリカ大リーグに移籍して7年間働き、その後国内に復帰して5年間活躍して引退し、解説者として生きる。

所得推移

年齢	出来事			
18	高校卒業後、国内のプロ野球球団に入団する。			
18	契約時	契約金	10,000	万円
18	契約時	年俸	1,200	万円
19	1年目	年俸	1,200	万円
〜	平均	年俸	14,925	万円
26	退団時	年俸	50,000	万円
26	国内球団を退団し、米大リーグに移籍する。			
26	契約時	年俸	82,000	万円
27	1年目	年俸	82,000	万円
〜	平均	年俸	146,714	万円
33	退団時	年俸	176,000	万円
33	米大リーグを離れ、国内の球団に復帰する。			
33	契約時	年俸	50,000	万円
34	1年目	年俸	50,000	万円
〜	平均	年俸	50,000	万円
38	退団時	年俸	50,000	万円
39	現役を引退し、解説者に転職する。			
39	契約時	年俸	960	万円
62	米大リーグ年金の受給（70％）を開始する。			
	終身年金		1,620	万円
65	国民年金の受給を開始する。			
	終身年金		78	万円
	◆実績	勝敗	防御率	
	国内リーグ	97勝 67敗	2.39	
	米大リーグ	79勝 79敗	3.45	
	通算	176勝 146敗	2.88	

補足説明

内容
■副収入 ・オファーがあれば、テレビ出演や著書の出版などが考えられる。
■現役引退後の就職先 ・現役引退後、オファーがあれば、コーチや監督などの指導者に就く選択もあり得る。
■米大リーグ年金 ・5年以上のメジャー登録があれば給付を受けられる。在籍10年で満額で、62歳から終身受け取れる。

満額受給	62歳から	年間	21万ドル
登録年数(年)	支給率(%)	振込み金実額	
5	50	円で受け取るなら、その時点の円ドル相場に依存する。	
6	60		
7	70		
8	80		
9	90		
10	100		

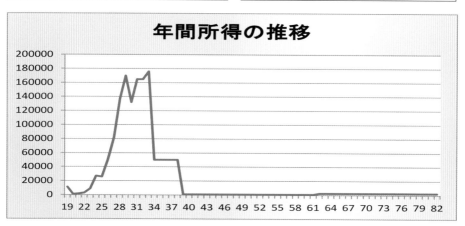

年間所得の推移

生涯所得

148億4,064万円

お金で換算できない価値

プラス面	マイナス面
❶. 子供が憧れる職業である。	❶. 肩や肘を壊してしまい、引退に追い込まれる選手がいる。
❷. プロ野球界から、国民栄誉賞の受賞者を、2022年1月7日現在で、4人輩出している。	❷. プロ野球選手の平均在籍期間は9年で、引退時の平均年齢は29歳であるため、引退後の人生設計が重要になる。
❸. 被災地や身障者などに対して、社会貢献をしている選手たちがいる。	❸. 監督やコーチの中には特定の選手をえこひいきする人もいて、上司に恵まれないと試合に出られないこともあり得る。
❹. 名球会や殿堂入りなど、貢献者を顕彰するシステムが整っている。	❹. まれに、賭博事件を起こす人が出る。
❺. 有名になれば、テレビCMに出たり、著書を出版したりできる。	❺. 有望な若手選手がどんどん米大リーグに行ってしまうと、国内リーグが寂しくなる。

分野別評価　　　　　　　　　　　　　今後の課題

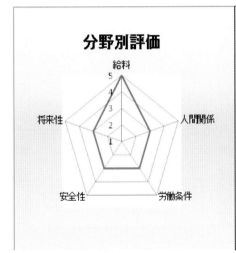

❶. 才能のある子供たちがほかのスポーツに流れずにプロ野球を選んでくれるか。

❷. プロ野球機構として、選手に年金がないのはどうか。

❸. 2016年に広島の黒田 博樹選手が達成して以来、200勝投手が誕生していない。

関係する話題

・日米双方で活躍した著名人
●近鉄：野茂 英雄氏
●オリックス：鈴木 一朗氏
●広島：黒田 博樹氏
●巨人：松井 秀喜氏
●巨人：上原 浩治氏
●西武：松坂 大輔氏

・選手としては大成しなかったが、監督として大成したプロ野球人
●西本 幸雄氏（阪急 ⇒ 近鉄）
●上田 利治氏（阪急 ⇒ オリックス ⇒ 日本ハム）

基礎データ

・高卒ルーキーの開幕一軍昇格率
　2005年ドラフト以降の10年間で、高校卒業後に直接プロ入りした選手は298人（育成契約は除く）。その中で1年目の開幕を一軍で迎えたのは6名で、開幕一軍昇格率は、2.0%にすぎない。

・現役引退後の進路
　日本プロ野球選手会事務局長の森 忠仁氏によると、引退した選手の約50%は、そのまま球団職員として球団に残り、15〜20%が独立リーグ、海外も含めてNPB以外で現役を続け、それ以外の約30%が一般企業に就職したり、自分で起業したりと、野球以外の道に進んでいくという。

職種と位置付け

002	大学教授（ノーベル賞受賞者）	上位	0.006	％
	2020年大学教授の平均年間所得　1,073　万円			

職業キャリア

28歳で国立大学卒業後に大学に残って研究の道に進み、学位を取得して研さんを重ね、54歳でノーベル賞受賞の栄誉に輝き、定年退職後は独立行政法人と国立系研究所のトップを1箇所ずつ勤め上げる。

所得推移

年齢	出来事		
28	大学卒業後、大学に残って、研究生活に入る。		
28	助手	年間所得	300 万円
32	助教	年間所得	695 万円
38	准教授	年間所得	875 万円
42	教授	年間所得	1,000 万円
54	ノーベル賞を受賞（賞金は2人で分配）する。		
54		賞金	6,400 万円
55	文化勲章を受章する。		
		終身年金	350 万円
60	日本学士院の会員になる。		
		終身年金	250 万円
65	国立大学を定年退職する。		
65		退職金	3,500 万円
65	独立行政法人の理事長に就任する。		
		年間所得	1,800 万円
65	厚生年金の受給を開始する。		
		終身年金	265 万円
75	独立行政法人を退職する。		
75		退職金	1,500 万円
75	国立系研究機関のトップに就任する。		
		年間所得	1,400 万円
◆実績			
	学位	工学博士	
	研究分野	半導体工学	
	受賞歴	ノーベル物理学賞（54歳）	
		文化勲章（55歳）	

補足説明

内容
■スポット的な副収入 ・オファーがあれば、テレビ出演や著書の出版などが考えられる。 ■恒常的な副収入 ・自分の発明した特許が、企業の製品開発などに使われれば、特許料収入が得られることもあり、自分で起業する人もいる。 ■兼業 ・企業からオファーがあれば、社外取締役になる選択もあり得る。 ■ノーベル賞の賞金 ・基金の運用状況などにより、賞金は変更されることがあるが、現在は、1つの賞あたり、1,000万クローナ（約1億2,820万円）となっている。

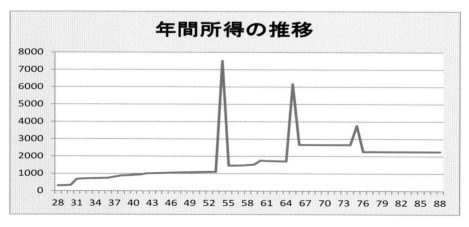

年間所得の推移

生涯所得

10億9,144万円

お金で換算できない価値

プラス面	マイナス面
❶. ノーベル賞の受賞は、世界の最先端に立って偉大な貢献をした先進国の証明と考える人が多い。	❶. 研究と教育を両立させなければならないためにとても多忙で、研究では論文の執筆などで、確かな成果が求められる。
❷. 社会的地位が高く、尊敬されることも多く、首相などのブレーンになる人もいる。	❷. アカハラといわれるいじめがある。
❸. 研究内容や服装など、自由度が高い。	❸. 少子化の影響で学生数が減少すると、大学は閉鎖される可能性があり、失業してしまいかねない。
❹. 近年は女性も多く、子育てしながら働くこともできる。	❹. コロナ渦で対面授業が減った結果、授業料に見合ったサービスが提供されていないと学生たちから批判を受けている。
❺. 副業で、ビジネスをしている人もいる。	❺. 基本的に自分の学部内の付き合いしかなく、横のつながりが弱い。

分野別評価　　　　　　　　　　　　　今後の課題

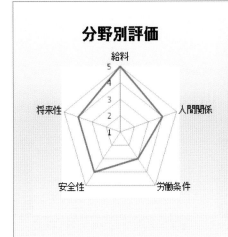

❶. 大学院博士課程修了後、期間の限られた研究に従事する博士研究員（ポスドク）に留め置かれ、大学の教員にもなれず企業への就職もできない不安定な身分に苦しんでいる人が多い。

❷. 一国の科学技術力を表す「論文数」と「被引用数Top10%補正論文数」が、ともに低下しており、科学技術力の衰退が懸念されている。

❸. 少子化の結果、大学進学者が減少すれば、リストラが避けられない。

関係する話題	基礎データ
・著名人 ●小林 誠氏 ●益川 敏英氏 ●赤崎 勇氏 ●天野 浩氏 ●梶田 隆章氏 ・日本学士院と日本学術会議 　日本学士院は、文部科学省の特別の機関で、定員は150名で会員は終身であり、年金（250万円）が授与される。 　日本学術会議は、内閣府の特別の機関の一つで、210名の会員と約2,000名の連携会員で構成され、どちらの会員も任期は6年で、3年毎に約半数が任命替えされる。	・博士課程への進学率とポスドクの延べ人数 　博士課程への進学率を、学士から修士課程への進学率と修士課程から博士課程への進学率の積と定義すると、全学部を平均した博士課程への2020年の進学率は約1.0%で、20年前の半分である。 　ポスドクの延べ人数は、2018年度で、15,591人であり、生活難からここ10年間で半減している。 ・国立大学の運営費交付金の減額 　2004年4月に国立大学の独立行政法人化が開始されて以降、研究活動の基盤となる運営費交付金が減らされ、2020年までの16年間で10.8%（1,345億円）減っている。

職種と位置付け

003	開業医			中位	中の中	層
	2019年開業医の平均年間所得	3,466	万円			

職業キャリア

> 24歳で国立大学の医学部の卒業直前に医師免許を取得して、卒業後に民間病院に就職し、研修医を経て専門医として勤務し、40歳の時、個人経営の病院を開業して、75歳まで現役医師を続ける。

所得推移

年齢		出来事		
24	医師免許を取得後、医学部を卒業する。			
25	民間病院に研修医として就職する。			
25	1年目	年間所得	480	万円
26	2年目	年間所得	600	万円
27	専門医に昇進する。			
27	1年目	年間所得	720	万円
～	平均	年間所得	951	万円
40	退職時	年間所得	1,200	万円
40	民間病院を退職する。			
40		退職金	600	万円
40	個人経営の病院を開業する。			
40	1年目	年間所得	2,800	万円
～	平均	年間所得	2,800	万円
75	引退時	年間所得	2,800	万円
75	現役医師を引退する。			
65	厚生＆国民年金の受給を開始する。			
		終身年金	155	万円
	◆医療内容			
	★	診療科	胃腸科	
	★	得意な診療	内視鏡手術	

補足説明

内容
■医師になるには ・次の手順を踏む必要がある。③までは必須で、④は任意である。 ① 大学の医学部や医科大学で6年間学ぶ。 ② 医師国家試験に合格する。 ③ 病院で2年間、臨床研修を受ける。 ④ 3年～5年、専門医としての実地研修を受け、専門医試験に合格する。 ■開業資金 ・病院の土地は自宅と兼用なのか、テナントなのかや、診療科目などの条件によって大きな違いが出るが、1億円以上はかかると見ておいた方がよいだろう。 ■勤務医の退職金 ・公的なルールはなく、病院によってさまざまだが、次の計算式を採用しているところもあるという。 　退職金＝（退職時の月間基本給）× 　　　　（0.5）×勤続年数 ■年金 ・年金の支給額が十分でない人は、蓄財するか、医師年金などに加入しておいた方がよいだろう。

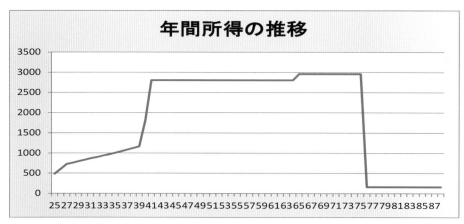

生涯所得	11億6,720万円

お金で換算できない価値

プラス面	マイナス面
❶. 地域社会に貢献でき、社会的な信用が高い。	❶. どんなに医学が進歩しても、救えない患者がいる。
❷. 先生と呼ばれることの快感と芽生える責任。	❷. 治療ミスがあった場合、患者側から裁判を起こされ損害賠償を請求される可能性がある。
❸. 身内や友人の健康チェックができる。	❸. 経営者の場合、従業員の労務管理にパワーを使う。
❹. 開業医の場合、独自の診療スタイルを実現できる。	❹. 自分の子どもが、友達から、「お前のとうさん、やぶ医者！」とからかわれる。
❺. 開業医の場合、休日がしっかりとれるので、自分のライフスタイルを追求できる。	❺. 一度開業すると、簡単に移転や廃業ができない。

分野別評価　　　　　　　　　　　　今後の課題

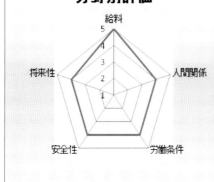

❶. 医師側の問題とは言いにくいが、都道府県により、一定人口あたりの医師数に大きな差があるのは問題だ。

❷. 混合診療は現在、原則として禁止されているが、それでよいのか。

❸. 診療科により医師不足の程度に差があり、特に残業時間が長く労働環境が過酷な外科、産婦人科、小児科、救急科などは志望者が少なく厳しい。

関係する話題	基礎データ

・著名人
●高須クリニックの高須 克弥院長
●諏訪中央病院名誉院長の鎌田 實氏
●おおたわ 史絵氏

・人口10万人あたりの医師数の都道府県ランキング
　厚生労働省による2018年末時点の調査によると、日本全体では246.7人であり、1位は徳島県の329.5人、2位は京都府の323.3人、3位は高知県の316.9人で、下から見ると、47位は埼玉県の169.8人、46位は茨城県の187.5人、45位は千葉県の194.1人である。

・医師の開業率
　厚生労働省が2018年末時点で調査した「医師・歯科医師・薬剤師統計」によると、23.6％である。

・科目別開業医の平均所得
　診療科目による所得のばらつきが大きく、厚生労働省「第22回医療経済実態調査（医療機関等調査）」によると、次の通り（科目 平均年収）である。

内科	約2,460万円	皮膚科	約2,709万円
整形外科	約2,989万円	小児科	約3,068万円
産婦人科	約4,396万円	眼科	約1,511万円
耳鼻咽喉科	約1,890万円	精神科	約2,588万円
外科	約1,927万円		

004	歯科開業医	中位	中の中	層
	2018年度自営歯科開業医の平均年間所得 1,201 万円			

職業キャリア

24歳で私立大学の歯学部を卒業後に、歯科医師免許を取得して、民間歯科医院に就職し、研修医を経て専門医として勤務し、30歳の時に父親の経営する歯科医院を引き継ぎ、院長として、75歳まで現役歯科医師を続ける。

所得推移

年齢	出来事		
24	大学歯学部を卒業後、歯科医師免許を取得する。		
25	民間歯科医院に研修医として就職する。		
25	1年目	年間所得	180 万円
26	専門医に昇進する。		
26	1年目	年間所得	480 万円
〜	平均	年間所得	600 万円
30	退職時	年間所得	720 万円
30	民間歯科医院を退職する。		
30		退職金	50 万円
30	父親の経営する歯科医院に移籍する。		
31	1年目	年間所得	1,200 万円
〜	平均	年間所得	1,200 万円
75	引退時	年間所得	1,200 万円
75	現役歯科医師を引退する。		
65	国民年金の受給を開始する。		
		終身年金	78 万円

◆医療内容

★診療科

1	2	3
一般歯科	矯正歯科	口腔外科
4	5	6
小児歯科	審美歯科	予防歯科

★得意な診療

	1	補綴(ほてつ)	
	2	歯列矯正	マウスピース
	5	ホワイトニング	

補足説明

内容
■歯科医師になるには
・次の手順を踏む必要がある。
① 大学の歯学部や歯科大学で6年間学ぶ。
② 歯科医師国家試験に合格する。
③ 病院で1年以上、臨床研修を受ける。
■開業資金
・歯科医院の土地は自宅と兼用なのか、テナントなのかや、診療科目などの条件によって大きな違いが出るが、4,000〜5,000万円はかかると見ておいた方がよいだろう。
■年金
・国民年金だけでは、金額が少ないので、蓄財するか、歯科医師国民年金基金に加入するなどの備えをしておいた方がよいだろう。

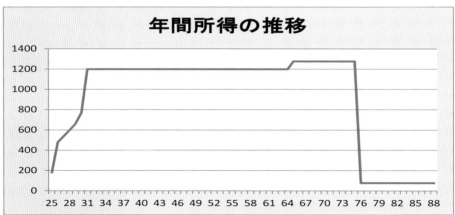

年間所得の推移

生涯所得　　5億9,102万円

お金で換算できない価値

プラス面	マイナス面
❶. 地域社会に貢献でき、社会的な信用が高い。	❶. 治療ミスがあった場合、患者側から裁判を起こされ損害賠償を請求される可能性がある。
❷. 先生と呼ばれることの快感と芽生える責任。	❷. 歯科医師は、医師より下に見られる。
❸. 糖尿病と歯周病には相関関係があり、歯周病をきちんと治療すると糖尿病も改善するケースがあると言われる。	❸. 経営者の場合、従業員の労務管理にパワーを使う。
❹. 独自の診療スタイルを実現できる。	❹. 自分の子どもが、友達から、「お前のとうさん、やぶ医者！」とからかわれる。
❺. 休日がしっかりとれるので、自分のライフスタイルを追求できる。	❺. 一度開業すると、簡単に移転や廃業ができない。

分野別評価　　　　　　　　　　　　今後の課題

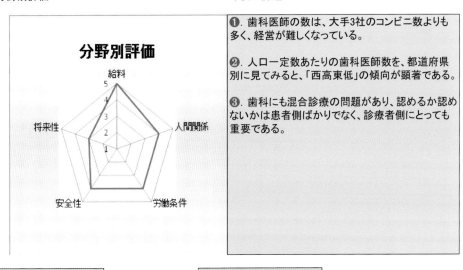

❶. 歯科医師の数は、大手3社のコンビニ数よりも多く、経営が難しくなっている。

❷. 人口一定数あたりの歯科医師数を、都道府県別に見てみると、「西高東低」の傾向が顕著である。

❸. 歯科にも混合診療の問題があり、認めるか認めないかは患者側ばかりでなく、診療者側にとっても重要である。

関係する話題		基礎データ

| ・著名人
●ヨコハマデンタルクリニックの金子 泰雄院長
●ルカデンタルクリニックの小林 瑠美院長
●中城歯科医院の中城 基雄院長
●男性4人組ボーカルグループのGReeeeNの各メンバー

・人口10万人あたりの歯科医師数の都道府県ランキング
　厚生労働省による2018年末時点の調査によると、日本全体では80.5人であり、1位は東京都の115.9人、2位は徳島県の107.6人、3位は福岡県の103.5人で、下から見ると、47位は滋賀県の54.9人、46位は青森県の55.6人、45位は島根県の56.2人 である。 | ・歯科医師の開業率
　厚生労働省が2018年末時点で調査した「医師・歯科医師・薬剤師統計」によると、55.9%である。

・歯科医院の月間経営の試算
◆収入
ひと月に20日間働き、1日平均20人患者が来て、1人あたり6,500円診療代を稼げると仮定すると、
収入 ＝ 6,500円 × 20人 × 20日 ＝ 260（万円）
◆支出
○人件費（歯科衛生士,歯科助手,受付各1）80万円
○外注技工料と材料 等　50万円
○光熱費やホームページ　10万円
○設備 の修理費やリース料　？
○歯科医師会費　？
○テナント家賃　？
★手取りを増やすには、支出を減らす必要あり。 |

職種と位置付け

005	弁護士			中位	中の中	層
	2019年度弁護士の平均年間所得	739	万円			

職業キャリア

　私立大学の法学部を卒業後に、司法試験予備試験、司法試験に連続合格して弁護士資格を取得し、民間弁護士事務所に就職するが、40歳の時に退社して独立開業し、70歳まで現役弁護士を続ける。

所得推移

年齢	出来事			
22	私立大学の法学部を卒業する。			
23	「司法試験予備試験」に合格する。			
28	司法試験に合格する。			
28	司法修習生として実務修習を行う。			
28	1年目	年間所得	204	万円
29	個人経営の弁護士事務所に就職する。			
29	1年目	年間所得	480	万円
～	平均	年間所得	840	万円
40	退職時	年間所得	1,140	万円
40	民間弁護士事務所を退職する。			
40		退職金	0	万円
40	独立して、開業する。			
41	1年目	年間所得	960	万円
～	平均	年間所得	1,320	万円
70	引退時	年間所得	1,380	万円
70	現役弁護士を引退する。			
65	国民年金の受給を開始する。			
		終身年金	78	万円
◆ 業務内容				
★ 就業形態の変遷				
	私設法律事務所(29) ⇒ 独立開業(40)			
★ 得意な分野				
	交通事故トラブル		○	
	借金問題		○	
	離婚問題		◎	
	相続問題		○	

補足説明

内容
■弁護士になるには
・次の手順を踏む必要がある。
① 司法試験の受験資格を取得する。方法は次の3つである。
☆ 大学の法学部で3年か4年学び、法科大学院で2年間学ぶ。
☆ 大学の法学部以外で4年間学び、法科大学院で3年間学ぶ。
☆ 学歴不問で、「司法試験予備試験」に合格する。
② 司法試験に合格する。
③ 1年間、司法修習を受け、「司法修習考試」に合格する。
■開業資金
・弁護士事務所の土地は自宅と兼用なのか、テナントなのかなどの条件によって大きな違いが出るが、最低でも300万円はかかると見ておいた方がよいだろう。
■弁護士事務所の損益分岐点売上金額
・ある弁護士によると、下記の計算式が1つの目安になるという。
売上金額（万円）＝経営弁護士数 × 2,000 ＋ 勤務弁護士数 × 1,000 ＋ 事務員数 × 500

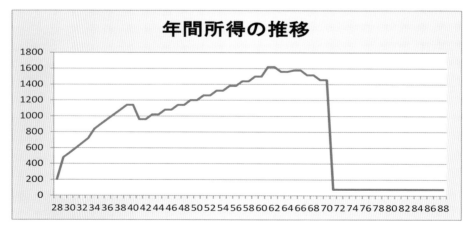

年間所得の推移

生涯所得

5億1,756万円

お金で換算できない価値

プラス面	マイナス面
❶. 社会正義の追求に貢献できる。	❶. 仕事の性格上、非常にストレスがかかる。
❷. 先生と呼ばれることの快感と芽生える責任。	❷. DV案件などを扱っていると、相手から脅迫されたり襲われたりするリスクがある。
❸. 交通事故トラブルや借金問題、離婚問題、相続問題など、得意な分野を持って、仕事を選べる。	❸. 各事件は自分ひとりで受け持つのが基本であり、複数事件を同時進行で対応するのが普通なので、仕事量が膨大になる。
❹. 冤罪を晴らすことに貢献できる。	❹. 書籍の研究、判例の分析、研修への参加など、いい仕事をするための自己投資には、お金も時間も必要になる。
❺. 身内や友人のトラブル対処に貢献できる。	❺. 弁護士法人は複数の法律事務所を開設できるが、個人弁護士にはできない。

分野別評価

今後の課題

分野別評価

（レーダーチャート：給料、人間関係、労働条件、安全性、将来性）

❶. 2割司法－国民の2割ほどしか, 適切な司法サービスを受けられていないという問題－をいかに解決するか。

❷. 弁護士業界の競争は激しく、経済的に困窮している弁護士が増えている。

❸. 立場を利用して、専門職後見人の不正に手を染める弁護士がニュース報道されることがある。

関係する話題	基礎データ

・著名人
●八代 英輝氏
●橋下 徹氏
●菊間 千乃氏
●山口 真由氏

・弁護士の主な就職先
●私設法律事務所
●独立開業
●自治体
●企業
●公設事務所

・司法試験の合格率
　法務省の発表によると、2021年の司法試験の合格者は、前年比29人減の1,421人、受験者数は同279人減の3,424人で、合格率は41.5%である。

・弁護士を取り巻く環境変化
　日本弁護士連合会「弁護士白書」によれば、弁護士人口は、18,243人（2001年）から42,122人（2020年9月）へと2.3倍に増大しているが、最高裁判所の「裁判所データブック」によると、弁護士の中核業務である民事訴訟事件数を2009年と2019年で比較してみると、地裁新規受付件数は23万5,508件から13万4,934件に、簡裁新規受付件数は65万8,227件から34万4,101件にそれぞれ減少し、弁護士の平均所得はMS Agentによると、2015年の760万円から、2019年は739万円に減少している。

職種と位置付け

006	税理士		中位	中の中	層
	2015年度税理士の平均年間所得	717	万円		

職業キャリア

　23歳で私立大学の法学部を卒業後に、税理士試験に2科目合格した状態で、民間税理士事務所に就職し、税理士試験に5科目合格後、2年して税理士登録を行い、50歳の時に退社して独立開業し、70歳まで現役税理士を続ける。

所得推移

年齢	出来事			
19	私立大学の法学部に進学する。			
22	税理士試験を受け始める。			
23	私立大学の法学部を卒業し、民間税理士事務所に就職する（2科目合格）。			
23	1年目	年間所得	500	万円
～	平均	年間所得	879	万円
50	退所時	年間所得	1,150	万円
25	税理士試験の5科目に合格する。			
27	2年間の実務経験を積み、税理士登録する。			
50	民間税理士事務所を退職する。			
50		退職金	2,000	万円
50	独立して、開業する。			
51	1年目	年間所得	1,200	万円
～	平均	年間所得	1,037	万円
70	引退時	年間所得	600	万円
70	現役税理士を引退する。			
65	国民年金の受給を開始する。			
		終身年金	78	万円
	◆業務内容			
	★就業形態の変遷			
	民間税理士事務所(23) ⇒ 独立開業(50)			

補足説明

内容
■税理士試験
・ 税理士になるには、下記の5科目の試験に合格する必要がある。
① 必須科目－次の2つ。
「簿記論」と「財務諸表論」
② 選択必須科目－次のどちらか1つ。
「法人税法」と「所得税法」
③ 選択科目－下記から2つ。
相続税法
消費税法
固定資産税
事業税
住民税
酒税法
国税徴収法
■税理士の主要業務
・ 下記の2つである。
① 申請書の作成
② コンサルティング

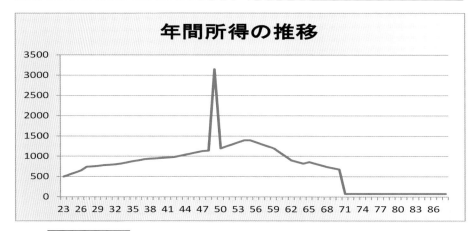

年間所得の推移

生涯所得　　4億9,402万円

20

お金で換算できない価値

プラス面	マイナス面
❶. 顧問先に喜んで頂ける。	❶. 税理士業は繁忙期と閑散期の差が非常に激しい。
❷. 先生と呼ばれることの快感と芽生える責任。	❷. 中小企業数が毎年、数万社減っているため、顧問契約を獲得するのが年々難しくなっている。
❸. 定年がなく、実力と需要次第で、いつまでも働ける。	❸. AIやソフトの普及で需要が減少しているため、専門性を高めていかないと、生き残っていくのは困難になっている。
❹. 企業内税理士として実力を磨き上げれば、独立の道が開ける。	❹. 専門性や難易度の高い仕事は、実力のある人に集中しがちになる。
❺. 他人に干渉されず、自由に仕事ができる。	❺. IT対応力が低いと、弱点になる。

分野別評価　　　　　　　　　　　　今後の課題

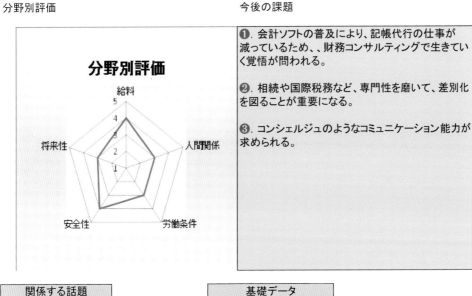

❶. 会計ソフトの普及により、記帳代行の仕事が減っているため、、財務コンサルティングで生きていく覚悟が問われる。

❷. 相続や国際税務など、専門性を磨いて、差別化を図ることが重要になる。

❸. コンシェルジュのようなコミュニケーション能力が求められる。

関係する話題　　　　　　　　　**基礎データ**

・著名人
●大村 大次郎氏（元国税局調査官で、税務コンサルタント）
●山本 宏氏（山本宏税理士事務所の代表者）

・税理士の有資格者数の推移
　日本税理士会連合会によると、税理士登録者は、2021年8月末日現在で、79,696人で、年々増加傾向にあり、1990年の55,340人から31年間で1.44倍になっている。年によって多少のバラツキはあるが、新規登録者数は2,500人から3,000人、資格抹消者は2,000人前後で推移しており、平均して毎年780人程度有資格者が増えている。

・税理士の報酬
　税理士の報酬は、依頼者側の年商・年間売上高、訪問回数（税理士の顧問先に対する訪問回数）、確定申告時に果たす役割などによって決まってくる。

・税理士試験の合格率
　2021年度税理士試験の受験者数は27,299人、合格者数（一部試験合格者を含む）は5,139人、合格率は18.8%だった。

・税理士試験の免除者
　弁護士や公認会計士の資格取得者や、税務署をはじめとした国税官公署で23年以上働いた後に指定の研修を受けた人は、税理士試験を受けなくても、税理士になれる。

職種と位置付け

007	保育士		中位	中の中	層
	2019年度公立保育士の平均年間所得	363	万円		

職業キャリア

高校卒業後、2年制の専門学校に進学し、卒業と同時に保育士資格を取得し、公立の認可保育園に就職して公務員となり、65歳の定年まで勤め上げ、仕事から引退する。

所得推移

年齢	出来事	
19	高校卒業後、2年制の専門学校に進学する。	
21	専門学校を卒業して、保育士資格を取得する。	
21	公立の認可保育園に就職し、公務員となる。	
21	1年目	年間所得	290	万円
～	平均	年間所得	381	万円
65	退園時	年間所得	360	万円
65	公立の認可保育園を退職する。	
65	退職金	2,600	万円
65	現役保育士を引退する。	
65	厚生年金の受給を開始する。	
	終身年金	172	万円
	◆業務内容	
	★就業形態	
	公立の認可保育園	
	★得意な分野	
	ピアノ伴奏＆歌唱指導	◎
	運動	○

補足説明

内容
■保育士資格の取得方法
・厚生労働大臣が指定する養成学校（専門学校、短大・4年制大学）に進学し、所定の科目・課程を履修すると、卒業時に保育士資格が得られる。保育士になるには、もう一つ、保育士試験に合格する方法もある。
■保育士資格が必須または有利な勤務先
・主に、下記の通りである。
① 保育園・保育所
② 企業内保育所
③ 院内保育所
④ 児童福祉施設 乳児院や児童養護施設など、全部で14の施設がある。
⑤ 保育ママ

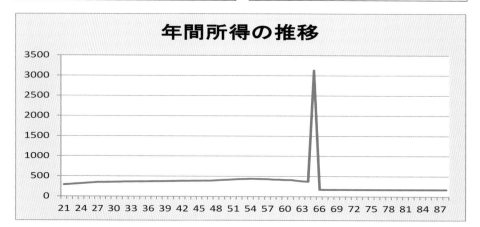

年間所得の推移

生涯所得　　　　2億3,857万円

お金で換算できない価値

プラス面	マイナス面
❶. 子供好きの性格を満たせる。	❶. 職場内の人間関係や、保護者の対応で疲れ果ててしまう。
❷. 長期の保育園の通園は、社会経済的に不利な境遇にある男児の将来の年収増加や女児の結婚率の向上に貢献していると言われる。	❷. アレルギー症の子供もおり、緻密な管理を求められ、ストレスが大きい。
❸. ピアノや運動が得意な人も、歌が上手な人も、手先が器用な人も、活躍できる。	❸. 朝早い出勤のシフトである「早番」がある上、労働時間が長い。
❹. 子供や親との接触で、コミュニケーション能力が高まる。	❹. 持ち帰り残業が多く、休日が取れない。
❺. 他人の子どもの教育に携われ、もし将来大成したら、誇りを感じられる。	❺. 教え子が将来、犯罪者になったら、心が苦しくなる。

分野別評価

今後の課題

❶. 負担が重い割に所得が低く、慢性的に人手不足となっている。

❷. ICTシステム（情報通信技術）の活用により書類作成業務を省力化し、労働環境の改善を図らなければならない。

❸. 給与が他産業に比べて、月10万円くらい安く、上げる必要がある。

関係する話題	基礎データ
・著名人 ●駒崎 弘樹氏（NPO法人フローレンス代表理事） ●中村 紀子氏（株式会社ポピンズ代表取締役会長） ・保育士の集団退職の原因 　下記のケースが多い。 ①. 園長のハラスメントに対する怒り ②. 給与やボーナスの低さや賃金の未払いなど、金銭問題 ③. 労働時間やサービス残業、夏休みの取りにくさなど、主に労働環境面の不満	・潜在保育士 　保育士資格を持ちながら現在保育士として勤務していない潜在保育士は、2018年の厚生労働省の調査（「保育士の現状と主な取組」）では、全国に約95万3千人いるという。 ・保育士の雇用形態 　2017年度に実施された独立行政法人福祉医療機構の調査によると、保育人材のアンケートで正規雇用率は平均で60％、非正規雇用30％、派遣社員約10％であった。

職種と位置付け

008	漁師		中位	中の中	層
	2020年漁師の平均年間所得	348	万円		

職業キャリア

　19歳で公立の水産高校を卒業後、父の後を継いで沖合漁業の漁師となり、70歳まで続けて引退する。

所得推移

年齢	出来事			
19	公立の水産高校を卒業する。			
19	父の後を継いで、漁師になる。			
19	1年目	年間所得	360	万円
～	平均	年間所得	511	万円
70	引退時	年間所得	400	万円
70	現役漁師を引退する。			
65	国民年金の受給を開始する。			
	終身年金		78	万円
	◆漁業の内容　（漁船：100トン）			
	★概要			
		1	2	3
		沿岸漁業	養殖業	沖合漁業
		4		
		遠洋漁業		
	★詳細			
		3	底引網漁法	エビ
				タコ
				ズワイガニ

補足説明

内容
■漁師になるには
・一般的に、次のような手順が考えられる。
① 各地方自治体が運営する漁業体験などを通じ、実際の漁業を体験してみる。
② どの漁業をするかを決める。
③ 現役漁師や経験者の話をいろいろ聞いてみる。
④ 学校などで必要な資格や免許を取得する。
⑤ 必要な資金を用意・調達する。
⑥ 必要な漁船や漁具を購入、またはリースする。
⑦ 漁業協同組合で漁業権を獲得する。
⑧ 見習い漁師になる。
⑨ 独立する。
■年金
・国民年金だけでは金額が少ないので、蓄財するか、漁業者老齢福祉共済（漁業者ねんきん）に加入するなどの備えをしておいた方がよいだろう。

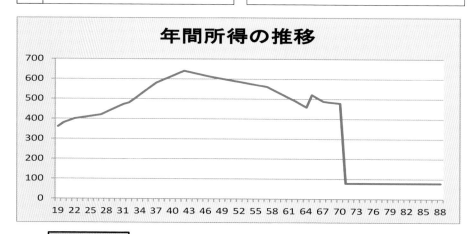

年間所得の推移

生涯所得　　2億8,476万円

お金で換算できない価値

プラス面	マイナス面
❶. 釣り好きの延長で、仕事が楽しい。	❶. 激しい風雨や高波などで、生命の危険が及ぶことがある。
❷. 青魚などに含まれるDHA（ドコサヘキサエン酸）やEPA（エイコサペンタエン酸）などの成分は、コレステロールを溶かすなど健康維持に有効で、国民の健康維持に役立っている。	❷. 漁船の燃料は、石油由来の重油や軽油であり、地球温暖化に貢献してしまっている。
❸. 定年がなく、一生働ける。	❸. 漁獲量が天候に左右される。
❹. 自然の中で、自分のやり方で勝負できる。	❹. 船酔いを克服する必要がある。
❺. わが国の食文化の担い手になれる。	❺. 消費者の中には、魚にアレルギー症状を示す人がいる。魚の筋肉に含まれるパルブアルブミンという蛋白質が主な原因らしい。

分野別評価

今後の課題

分野別評価

❶. 地球温暖化による海水温の上昇の影響からか、わが国の漁業・養殖業生産量は、1984年の1,282万トンをピークに減少傾向を辿り、資源管理の必要性が高まっている。

❷. 海の魚がマイクロプラスチックを飲み込み、それを人間が食べたときの影響が心配されている。

❸. 売り上げの拡大を目指すなら、ネット直販に乗り出すのもよいかもしれない。

関係する話題	基礎データ
・著名人 ●吉田 真一氏（愛媛県の一本釣り漁師） ●宇津井 千可志（うつい・ちかし）氏、細井 尉佐義（ほそい・いさよし）氏、扇 康一（おおぎ・こういち）氏（対馬の一本釣り漁師） ・漁業の分類 ①. 沿岸漁業ー養殖業は、ここに含まれる。 ②. 沖合漁業 ③. 遠洋漁業 ・漁業に役立つ資格・免許 ①. 小型船舶操縦士免許（2級・1級） ②. 海上特殊無線技士（2級・1級） ③. 潜水士 ④. フォークリフト運転技能講習	・2019年の日本の漁業就業者数 　一貫して減少傾向にあり、農林水産省の「令和元年漁業構造動態調査」によると、2019年には全国で14万4,740人となっている。 ・2020年の日本の漁業・養殖業生産量 　農林水産省の「令和2年漁業・養殖業生産統計」によると、2020年の漁業・養殖業の生産量は、前年より2万2,000トン（0.5%）少ない、417万5,000トンであった。 ・2018年の日本の水産物消費量 　農林水産省の発表する「食料需給表」によれば、食用魚介類の1人1年当たりの消費量は、2001年の40.2kgをピークに減少しており、2018年度は、前年より0.5kg少ない23.9kgであった。

職種と位置付け

009	大企業のサラリーマン	中位	中の中	層

2020年資本金10億円以上企業の平均所得	635	万円

職業キャリア

23歳で私立大学を卒業後、大企業に就職し、22年後、45歳の時に課長に昇進して、70歳まで勤き続ける。

所得推移

年齢	出来事			
23	私立大学を卒業し、大企業に就職する。			
23	1年目	年間所得	364	万円
～	平均	年間所得	635	万円
70	退職時	年間所得	619	万円
45	課長に昇進する。			
70	会社を退職する。			
70		退職金	2,500	万円
70	厚生年金の受給を開始する。			
		終身年金	343	万円
	◆大学の学部・専攻			
		学部	専攻	
		理工学部	情報工学科	
	◆業務内容			
		部署	情報システム部	
	★昇進			
		主任(25) ⇒ 係長(32) ⇒ 課長(45)		
	★得意な分野			
		報告書の作成		◎
		英語の運用		○

補足説明

内容

■大企業の定義
・中小企業基本法を裏読みすれば、次の通りである。

業種	資本金		従業員数
製造業 建設業 運輸業 その他	＞3億円	and	＞300人
卸売業	＞1億円	and	＞100人
サービス業	＞5千万円	and	＞100人
小売業	＞5千万円	and	＞50人

■厚生年金の繰下げ受給
・厚生年金を70歳から繰下げ受給すると、年間受給額が42%増える。

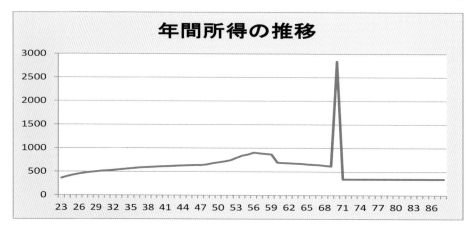

年間所得の推移

生涯所得

3億8,862万円

お金で換算できない価値

プラス面	マイナス面
❶．福利厚生が充実している上、社会的な信用力が高い。	❶．職種を選べない上、裁量権があまりない。
❷．有給休暇取得率やリモートワーク利用率が高く、デジタル化やフレックスタイムの導入、副業・兼業の容認などの点で、労働環境の整備が進んでいる。	❷．前例踏襲の傾向が強く、果敢なチャレンジが無謀と退けられるイメージがある。
❸．事業継続計画（BCP）の策定率が高いなど、危機対応力が高い。	❸．高学歴の人が多く、出世争いが熾烈である。
❹．国家プロジェクトに参加できる可能性がある。	❹．出張や転勤が多い。
❺．勝ち組のイメージがある。	❺．歯車の一部でしかなく、仕事の全容を把握するのが難しい。

分野別評価

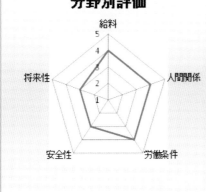

今後の課題

❶．全産業の全企業に対して、地球温暖化をもたらす温暖化ガスの排出を減らすことが求められている。

❷．大企業の社員といえども、今や終身雇用の保証はないので、常に専門性を磨き続けなければならない。

❸．社員全体を大切に考えるなら、役員だけでなく、一般社員に対しても株式報酬を与えるべきではないだろうか。

関係する話題	基礎データ

・著名人
●田中 耕一氏（2002年のノーベル化学賞の受賞者で、島津製作所のフェロー）

・2021年8月現在の上場企業の年間所得トップ3
　1位は2005年創業のM＆Aキャピタルパートナーズで、3,109.3万円、2位は1974年創業のキーエンスで、2,110.7万円、3位は2008年創業のGCAで、2,063.3万円、だという。

・会社員の年金額
　老齢基礎年金（現在は満額で約78万円）と老齢厚生年金の合計である。老齢厚生年金は、次の計算式で求められる。

老齢厚生年金 ＝ 平均標準報酬月額 ×
0.005481 × 勤務（予定）月数

・2020年12月31日現在の企業規模別平均所得
　国税庁の発表によると、民間事業所に勤務する給与所得者の平均給与は、2020年12月31日現在、資本金2,000万円未満の事業所は425万円（男子517万円、女子258万円）となっているのに対し、資本金10億円以上の事業所は635万円（男子732万円、女子334万円）となっている。

・2006年の企業規模別特許出願件数
　東大の元橋 一行教授の分析によると、わが国では毎年約30万件の特許出願があるが、従業員1,001人以上の企業では約40％が出願しているのに対し、従業員100人以下の企業では数％しか出願していないという。

職種と位置付け

010	中小企業のサラリーマン	中位	中の中	層

2020年資本金2000万未満企業の平均所得	425	万円

職業キャリア

> 23歳で私立大学を卒業後、中小企業に就職し、22年後、45歳の時に課長に昇進して、70歳まで勤き続ける。

所得推移

年齢	出来事		
23	私立大学を卒業し、中小企業に就職する。		
23	1年目	年間所得	250	万円
～	平均	年間所得	436	万円
70	退職時	年間所得	425	万円
45	課長に昇進する。		
70	会社を退職する。		
70		退職金	1,200	万円
70	厚生年金の受給を開始する。		
		終身年金	270	万円
	◆大学の学部・専攻		
		学部	専攻	
		理工学部	情報工学科	
	◆業務内容		
		部署	情報システム部	
	★昇進		
		主任(25) ⇒ 係長(32) ⇒ 課長(45)		
	★得意な分野		
		クライアントの接客	◎	
		プレゼンテーション	○	

補足説明

内容

■中小企業の定義
・中小企業基本法によれば、次の通りである。

業種	資本金		従業員数
製造業 建設業 運輸業 その他	3億円以下	or	300人以下
卸売業	1億円以下	or	100人以下
サービス業	5千万円以下	or	100人以下
小売業	5千万円以下	or	50人以下

■厚生年金の繰下げ受給
・厚生年金を70歳から繰下げ受給すると、年間受給額が42%増える。

■中小企業の赤字率
・国税庁によると、資本金1億円以下の法人の6割は赤字だという。

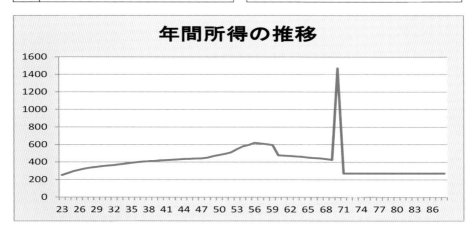

年間所得の推移

生涯所得

2億6,822万円

お金で換算できない価値

プラス面	マイナス面
❶. 歯車の一部という意識は薄く、果敢な挑戦が評価されるイメージがある。	❶. 事業継続計画（BCP）の策定率が2021年に大企業は32.0％なのに、14.7％にとどまるなど、コンピュータ・ウイルスも含めて、危機対応力が弱い。
❷. 転勤が少ない。	❷. 有給休暇取得率やリモートワーク利用率が低く、デジタル化やフレックスタイムの導入、副業・兼業の容認が進まないなど、労働環境の整備が遅れている。
❸. 家族的な雰囲気が強く、助け合いが普通に行われる。	❸. オーナー一族の支配力が強大なことがある。
❹. 仕事の裁量権が大きい。	❹. 福利厚生が手薄で、社会的な信用力が低い。
❺. いろいろな仕事に関われる。	❺. 端末にデータなどを置かないシンクライアントの導入など、最新鋭の設備は期待しづらい。

分野別評価　　　　　　　　　　　　今後の課題

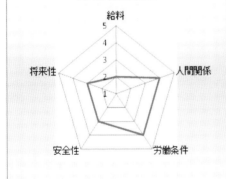

分野別評価

❶. 全産業の全企業に対して、地球温暖化をもたらす温暖化ガスの排出を減らすことが求められている。

❷. 他社でも通用するスキルを身に付けるため、公的な資格を取得しておくと、転職の時に有利になるだろう。

❸. 会社が許すなら、副業や兼業を考えるのもよいかもしれない。

関係する話題	基礎データ
・中小企業の位置付け 　中小企業庁の「2020年版中小企業白書」によると、中小企業は2016年時点で359万社あり、日本企業全体の99.7％を占め、業績悪化や後継者不足で30年間で3割減少したが、依然として雇用の7割を支えている。 ・会社員の年金額 　老齢基礎年金（現在は満額で約78万円）と老齢厚生年金の合計である。老齢厚生年金は、次の計算式で求められる。 老齢厚生年金　＝　平均標準報酬月額　×　0.005481　×　勤務（予定）月数	・2020年12月31日現在の企業規模別平均所得 　国税庁の発表によると、民間事業所に勤務する給与所得者の平均給与は、2020年12月31日現在、資本金2,000万円未満の事業所は425万円（男子517万円、女子258万円）となっているのに対し、資本金10億円以上の事業所は635万円（男子732万円、女子334万円）となっている。 ・2006年の企業規模別特許出願件数 　東大の元橋 一行教授の分析によると、わが国では毎年約30万件の特許出願があるが、従業員1,001人以上の企業では約40％が出願しているのに対し、従業員100人以下の企業では数％しか出願していないという。

職種と位置付け

011	タクシー運転手	中位	中の中	層
	2019年度タクシー運転手の平均年間所得	357	万円	

職業キャリア

　私立大学1年の時に一種免許を取得して卒業後、23歳でタクシー会社に就職し、40歳で独立して個人タクシーを開業し、65歳まで勤き続ける。

所得推移

年齢	出来事			
19	大学1年の時、一種免許を取得する。			
23	私立大学を卒業し、タクシー会社に就職する。			
23	二種免許を取得する。			
23	1年目	年間所得	280	万円
～	平均	年間所得	338	万円
40	退職時	年間所得	400	万円
40	タクシー会社を退職する。			
40		退職金	180	万円
40	独立して、個人タクシーを開業する。			
41	1年目	年間所得	380	万円
～	平均	年間所得	482	万円
65	引退時	年間所得	460	万円
65	現役タクシー運転手を引退する。			
65	厚生＆国民年金の受給を開始する。			
		終身年金	111	万円
	◆業務内容			
	★就業形態の変遷			
	タクシー会社勤務(23) ⇒ 独立開業(40)			

補足説明

内容
■個人タクシーの開業資格
・営業地域の地方運輸局に個人タクシーの新規許可か譲渡譲受の申請をして許可を得た上で、試験を受けて合格する必要がある。法令試験と地理試験があり、合格基準は45問の法令試験では41問、30問の地理試験では27問の正解である。
■開業資金
・開業資金は車両を新車にするか中古車で始めるかで変わってくるが、最低でも300万円はかかると見ておいた方がよいだろう。
■年金
・給付金額が少ない人は、蓄財するか、追加の年金などの備えをしておいた方がよいだろう。

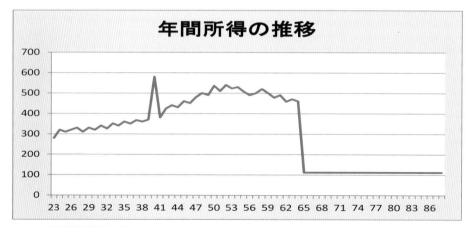

年間所得の推移

生涯所得　　2億0,496万円

お金で換算できない価値

プラス面	マイナス面
❶. 陣痛タクシー（マタニティータクシー）など、降車する時にお客様から「ありがとう」と感謝されることがある。	❶. 会社勤めの場合、1台の車を効率よく回すため、1日15時間の隔日勤務が普通だが、健康にはよくない。
❷. 基本的に個人行動なので、社内の人間関係は気にならない。	❷. 仕事内容が毎日同じことの繰り返しで、酔客の対応が難しい上、長時間の座り仕事なので、腰を痛める人が多い。
❸. 自分のペースで働ける上、定年のない会社が多い。	❸. 社会的な地位があまり高くない。
❹. 隔日勤務の人は休日が多く、副業しやすい。	❹. 流しでお客様を拾うのは簡単ではない。
❺. 景気の良し悪しを実感できる。	❺. 社会的なマナーや一般常識を学ぶ機会がない。

分野別評価

今後の課題

分野別評価

給料・人間関係・労働条件・安全性・将来性

❶. いずれ、「ライドシェア」のウーバーなどとの共存を求められる可能性がある。

❷. 完全自動運転が普及したら、仕事がなくなってしまう懸念がある。

❸. 稼ぎを増やすなら、システムを導入したりして、流しを効率化する必要がある。

| 関係する話題 | 基礎データ |

・乗客の特殊詐欺被害の未然防止に貢献
　2021年5月14日に、長崎県雲仙市の「瑞穂タクシー」のある運転手は、乗客が特殊詐欺被害に遭うのを未然に防いだ。

・個人タクシー運転手になるための資格
　次の2つの条件を満たす必要がある。
①. タクシー事業あるいはハイヤー事業にドライバーとして10年以上の雇用経験がある。
②. 3年間（40歳未満の場合には10年間）無事故・無違反である。

・個人タクシー運転手の年齢制限
　75歳未満でなければいけないという年齢制限がある。

・2019年のタクシー運転手の都道府県別平均所得
　賃金構造基本統計調査によると、2019年のタクシー運転手の都道府県別平均所得は1位は東京の481.4万円、最下位は徳島の205.3万円で、2.3倍の開きがある。

・タクシー運転手の月間所得の試算
◆法人タクシーの場合
　1日15時間の隔日勤務で、ひと月に12日間働き、1日平均30人乗客を乗せて、1人あたり1,500円の売上があり、給与は完全歩合制で、運転手の取り分を平均60%と仮定すると、

月間所得 ＝ 1,500円 × 30人 × 0.6 × 12日 ＝ 32.4（万円）

職種と位置付け

012	パイロット		中位	中の中	層
	2020年パイロットの平均年間所得	1,725	万円		

職業キャリア

私立大学を2年終了時に退学して、21歳で独立行政法人・航空大学校に入学し、飛行機・事業用操縦士資格を取得して23歳で卒業後、民間航空会社に就職し、副操縦士を経て操縦士になり、65歳までパイロットとして働き続ける。

所得推移

年齢	出来事		
19	私立大学に入学する。		
21	独立行政法人・航空大学校に入学する。		
23	航空大学校を卒業し、飛行機・事業用操縦士資格を取得して、民間航空会社に就職する。		
28	副操縦士になる。		
38	機長になる。		
23	1年目	年間所得	350	万円
〜	平均	年間所得	1,700	万円
65	退職時	年間所得	1,130	万円
65	民間航空会社を退職する。		
65	退職金	3,500	万円
65	厚生年金の受給を開始する。		
	終身年金	315	万円
	◆業務内容		
	★就業形態の変遷		
	副操縦士(28) ⇒ 機長(38)		

補足説明

内容
■民間パイロットへの道
・ 民間航空会社にどこから入社するかで、3通りの方法がある。
① 航空大学校から
② 大学や専門学校の航空操縦学専攻から
③ 航空自衛隊の戦闘機パイロットから
■副操縦士への道
・ 副操縦士になるには、筆記、面接、心理適性検査、管理職面接、飛行適性検査、英会話、集団討論、身体検査などの多彩な試験に、6次試験まで全てパスしなければならない。
さらに、その間に国家資格である事業用操縦士などの免許や、米国で単発エンジンや双発エンジンの操縦を身につけた上で、大型機のライセンスを取得しなければならない。

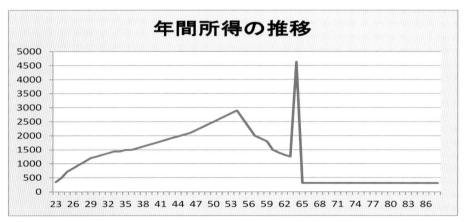

年間所得の推移

生涯所得 8億2,460万円

お金で換算できない価値

プラス面	マイナス面
❶. 世界各地、日本各地に行け、名所や名産品に詳しくなる。 ❷. 社会的なステータスが高い。 ❸. 定年は一般には65歳だが、68歳になるまで働ける航空会社もある。 ❹. 上空から美しい景色を堪能できる。 ❺. オンとオフがはっきりしている。	❶. 人命を預かっているため、精神的にストレスがかかる。 ❷. 日々進歩する航空技術などについていくための勉強が大変である。 ❸. パイロットの資格を維持するために、定期的に行われる訓練や試験をクリアしなければならない。 ❹. 不規則な勤務なので体調管理が難しい。 ❺.「乗務前24時間は禁酒」というルールは、酒好きの人にとっては厳しい。

分野別評価　　　　　　　　　　　　　　今後の課題

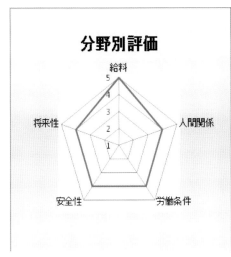

❶. 航空機の利用は地球温暖化を促進してしまうため、flight shame、日本語では「飛び恥」と言われ、業界のイメージが悪化しているため、植物由来の燃料への転換を進める必要がある。

❷. コロナ渦に巻き込まれるまでは、パイロット不足が深刻化する「2030年問題」をどう乗り切るかが課題とされたが、今後どうなるか。

❸. できるだけ短期間で優秀なパイロットをいかに養成するか。

関係する話題　　　　　　　　　　基礎データ

・航空大学校の受験資格
①. 大学を2年以上修了し、全修得単位数が62以上あること。

・民間パイロットになるための条件
①. 身長が158センチ以上あること。

・民間パイロットの年齢制限
①. 年齢が65歳未満であること。

・乗客1人当たりの二酸化炭素排出量
　乗客1人当たり、1キロの移動で排出される二酸化炭素の量は、飛行機は鉄道のおよそ5倍あると言われている。

・副操縦士、機長への道のり
　副操縦士になるまでに平均5年、機長になるまでに平均15年かかると言われている。

・パイロットの養成費
　パイロットを養成するためには、一人当たり最低1,000万円以上、副操縦士や機長になるまでには億単位のお金が必要になると言われている。

職種と位置付け

013	自衛官			中位	中の中	層
	全ての年代の自衛隊員の平均年間所得	640	万円			

職業キャリア

高校卒業後、防衛大学校に入学して国家公務員となり、23歳で卒業すると自衛隊に入隊して、3佐まで昇進して55歳で定年退官し、民間警備会社に再就職して、65歳まで働き続ける。

所得推移

年齢	出来事			
19	防衛大学校に入学する。			
	4年間	手当年額	180	万円
23	防衛大学校を卒業し、自衛隊に入隊する。			
23	1年目	年間所得	360	万円
～	平均	年間所得	626	万円
55	退官時	年間所得	800	万円
55	自衛隊を定年退官する。			
55	退職金		2,628	万円
55	◆実績			
		最終階級	3佐	
56	民間警備会社に再就職する。			
56	1年目	年間所得	590	万円
～	平均	年間所得	555	万円
65	退職時	年間所得	510	万円
65	民間警備会社を退職する。			
65	退職金		300	万円
65	厚生年金の受給を開始する。			
		終身年金	220	万円
	◆業務内容			
	★特技			
		柔道		二段
		丹田式呼吸法		

補足説明

内容
■防衛大学校の位置付けと学生の特典
・防衛大学校は防衛省施設等機関であり、ここで学ぶ学生は「特別職国家公務員」であるため、授業料はなく、逆に手当てが年間180万円ほど支給される。
■自衛隊の国際法上の扱い
・軍隊として扱われる。
■自衛官の定年
・自衛官の定年は、下表の通りである。

階級	略称	定年年齢
幹部	将	60歳
	将補	60歳
	1佐	57歳
	2佐	56歳
	3佐	56歳
	1・2・3尉	55歳
准尉		55歳
曹	曹長・1曹	55歳
	2・3曹	53歳

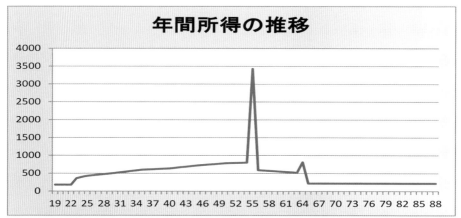

年間所得の推移

生涯所得　　3億4,564万円

お金で換算できない価値

プラス面	マイナス面
❶. 被災地での救援活動は、国民から高く評価されている。 ❷. 自衛隊内で、友達ができやすい。 ❸. 社会的なステータスが高い。 ❹. 行動はチームプレーが基本なので、団結力が養われる。 ❺. 任期制自衛官は、退官後、即応予備自衛官に登録すると、大学進学の際、学費の助成が受けられる。	❶. 海外のPKOで、治安が安定しない地域で活動を強いられることがある。 ❷. 体育会系で、上下関係や規律が厳しく、創造性や自主性が養えない。 ❸. 転勤が多く、定年が民間企業よりも早い。 ❹. 出入りするのは駐屯地や基地、艦艇など関連施設ばかりで、外界との接触機会が少ない。 ❺. 基地から外に出るにも、海外旅行に行くにも、いちいち申請が要る。

分野別評価　　　　　　　　　　　　　　　今後の課題

分野別評価

	今後の課題
	❶. 慢性的に定員割れが続いているが、解決の見通しが立っていない。 ❷. 自衛隊員が訓練で使う標的は、紙やプラスチック製なので、弾丸の性能や威力に意識が向きにくい。 ❸. 定年が一般企業よりも早く50代半ばなので、退職後の人生について考えておく必要がある。

関係する話題	基礎データ
・任官拒否 ①. 防衛大学校や防衛医科大学校で自衛官候補生として訓練を受けていた学生が 卒業時に自衛官への任官を拒否することだが、毎年卒業生の1割程度発生している。 ・自衛隊員の分類 ①. 背広組の文官と制服組の武官に分かれている。 ・自衛官の階級 ①. 将官・佐官・尉官・准尉・曹・士の階級に分かれている。	・自衛官の定員充足率（2020.3.31 現在） 「防衛省・自衛隊」のWebによると、下記の通りである。 ①. 陸上自衛隊 ------ 91.6% ②. 海上自衛隊 ------ 94.5% ③. 航空自衛隊 ------ 91.3% ④. 統合幕僚監部等 -- 90.4% ⑤. 合計 ------------ 92.0% ・防衛省の共済組合の定期預金金利（2020.3.27 現在） 　自衛隊員が加入できる防衛省の共済組合には定期預金があり、満額は300万円で、利息は年利1.23%だという。信じられない高金利である。

職種と位置付け

014	警察官（地方公務員）	中位	中の中	層
	2019年度の警察官の平均年間所得 **717** 万円			

職業キャリア

　23歳で大学卒業後、各都道府県が実施する「警察官採用試験」に合格して、ノンキャリア警察官として採用され、警察学校で学んでから実務に就き、警部補まで昇進して60歳で定年退官し、都道府県の交通安全協会に再就職して、65歳まで働き続ける。

所得推移

年齢	出来事			
23	大学卒業後、各都道府県が実施する「警察官採用試験」を受け合格して、ノンキャリア警察官として採用され、警察学校に入校する。			
23	1年目	年間所得	350	万円
～	平均	年間所得	730	万円
60	退官時	年間所得	950	万円
60	警察官を定年退官する。			
60		退職金	2,400	万円
60	◆実績			
	最終階級	警部補		
61	都道府県の交通安全協会に再就職する。			
61	1年目	年間所得	600	万円
～	平均	年間所得	625	万円
64	退職時	年間所得	650	万円
64	交通安全協会を退職する。			
64		退職金	130	万円
65	厚生年金の受給を開始する。			
		終身年金	244	万円
	◆業務内容			
	★特技			
	剣道		三段	
	息止め		2分	

補足説明

内容
■警察学校の位置付けと学生の特典
・警察学校は警察組織内の教養施設であり、ここで学ぶ学生は「地方公務員」であるため、授業料はなく、逆に給料が合計210万円以上支給される。
■警察官の分類
・警察庁に所属する国家公務員、いわゆる「キャリア」か、都道府県警察に所属する地方公務員・「ノンキャリア」の2つに分けられる。
■警察官の再就職
・警察内部で再就職の斡旋を行い、関係団体や民間企業に天下りする人もいる。
■警察庁と警視庁の関係
・警察組織は、警察庁（警察庁長官）－道府県警察（道府県警察本部長）－各警察署（各警察署長）という階層で構成されているが、東京都の警察だけは、「警視庁（警視総監）」という独立した組織となっているため、指揮命令系統や序列、権限が複雑になっている。

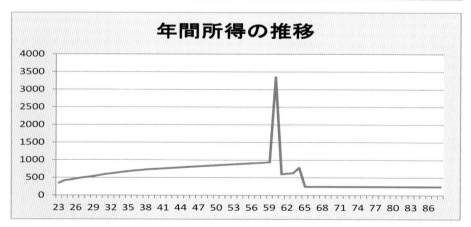

年間所得の推移

生涯所得　　3億8,626万円

お金で換算できない価値

プラス面	マイナス面
❶．公務員であるため、景気の影響を受けず、福利厚生も充実していて、生活が安定している。	❶．職務上危険な現場へ向かうことが数多くあり、生命に危険が及ぶこともあり得る。
❷．警察学校で一緒に学んだ同僚とは、苦楽を共にした仲間として絆が深くなる。	❷．ストーカーやDVへの対応など、民事事案への介入を求められる傾向が強まっている。
❸．社会的な信用が高いため、住宅ローンやクレジットカードの申請時にはねられることはまずない。	❸．交番は3交代制の不規則勤務で、当直があって、拘束時間も長く、家族と過ごす時間が少ない。
❹．身内や身近にいる人たちに何かあると、頼りにされる。	❹．上下関係が厳しく、上司や先輩に逆らうことは許されない古い体質が残っている。
❺．ある程度出世すると、定年前に天下りの道が開けてくる。	❺．休みでも落ち着けず、私生活でも、他県などへの旅行には届け出が必要になる。

分野別評価

今後の課題

❶．インターネット上で、違法・有害情報の氾濫が目立っており、プロバイダーなどと連携して対策を強化する必要がある。

❷．人手不足のため、防犯には手が回らなくなりつつある。

❸．国際比較すると、女性比率が低く、女性警官をもっと増やすべきではないか（アメリカとはあまり差がないが、イギリスの1/3、ドイツ、フランス、カナダの半分ぐらいしかいない）。

関係する話題	基礎データ

・警察官の分類と教育制度 ①．警察庁に所属する国家公務員である「キャリア」は、「国家公務員総合職採用試験」に合格した後、警察庁に対する「官庁訪問」を行って、数回にわたる採用面接を突破する必要があり、クリアした後、「警察大学校」に入学して、幹部候補生として必要な知識を学ぶ。 ②．都道府県警察に所属する地方公務員である「ノンキャリア」は、各都道府県が実施する「警察官採用試験」に合格し、採用されると、全寮制の「警察学校」に入学して、警察官としての心構え、剣道や柔道などの武道、拳銃の取り扱い、法律などを学ぶ。	・2020年の警察官の都道府県別平均所得 　2020年の総務省発表データによると、警察官の都道府県別平均所得は1位は東京の771万4,520円、最下位は鳥取の635万5,904円で、135万円もの開きがある。 ・2020年の都道府県別1人の警官が受け持つ住民数比較 　「令和3年版警察白書」によると、全国平均は491人で、1番少ないのは東京都で319人、1番多いのは埼玉で642人で2倍以上の開きがあり、残り45道府県のうち41県は警察官1人当たり400～600人の枠に収まっている。

職種と位置付け

015	大工		中位	中の中	層
	2018年度の大工の平均年間所得	378	万円		

職業キャリア

　高校卒業後、建築系の専門学校に進学し、4年間学んで2級建築士の国家資格を取得して23歳で工務店に就職し、棟梁まで上り詰めて50歳で退職して独立し、一人親方となって65歳まで働き続ける。

所得推移

年齢	出来事		
23	高校卒業後、建築系の専門学校に進学し、4年間学んで2級建築士の国家資格を取得して工務店に就職する。		
23	1年目	年間所得	221 万円
〜	平均	年間所得	402 万円
50	退職時	年間所得	533 万円
50	工務店を退職する。		
50		退職金	850 万円
51	一人親方として独立する。		
51	1年目	年間所得	900 万円
〜	平均	年間所得	900 万円
64	引退時	年間所得	900 万円
64	一人親方を引退する。		
64		退職金	0 万円
65	厚生＆国民年金の受給を開始する。		
		終身年金	140 万円
	◆業務内容		
	★就業形態の変遷		
	工務店勤務(23) ⇒ 一人親方(51)		
	★得意な分野		
	造作家具の製作		◎
	ノミ研ぎ、カンナ研ぎ		○

補足説明

内容
■大工の種類
・大工には、建て方大工、造作大工、型枠大工、宮大工、船大工、数寄屋大工などの種類がある。
■大工の職位
・見習い、職人、棟梁(親方)がある。
■大工になるのに有効な資格
・組立等作業主任者
・木造建築士
・建築士　1級〜2級
・建築大工技能士　1級〜3級
■健康保険
・地域の同業者組合に加盟するなら、建設国保という健康保険もある。

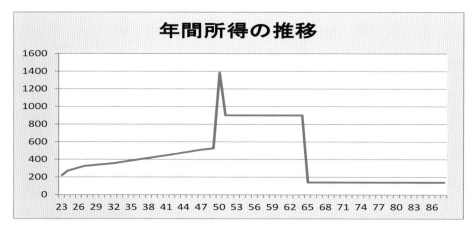

年間所得の推移

生涯所得　　2億8,066万円

お金で換算できない価値

プラス面	マイナス面
❶. AIやロボットに影響されにくい。	❶. 大工の仕事は肉体労働なので、体力が要る。
❷. 腕がよければ仕事に困ることはない。	❷. 機械化が進んだ今は、技術力がないと、一生の仕事にはなりにくくなっている。
❸. 実力があれば、独立（一人親方）できる。	❸. 住み心地をよくするための提案をして却下されると、やる気がなくなってしまう。
❹. 定年がないので、健康であれば、70歳になっても働ける。	❹. 一人親方の場合、自ら営業したり、ネットで情報発信したりして、自ら仕事を確保する覚悟が求められる。
❺. 収納スペースなどの造作家具を自作し、気に入ってもらえると、評価が高まる。	❺. 木造住宅は、品質管理体制の整った施工会社と組まないと、いい家はできない。

分野別評価

分野別評価

今後の課題

❶. 宮大工、造作大工、町場大工のうち、プレカットの普及で、特に町場大工の職人が激減しており、若者が魅力を感じられる職業ではなくなってきている。

❷. デジタル化が進みつつある現在は、「肉体労働の大工」から「デジタルを駆使した大工」への脱皮が求められている。

❸. いい家を作るために、大工さんに気配りをして本気にさせる依頼者が減っている。

| 関係する話題 | 基礎データ |

・大工の仕事内容の変化
①. 一昔前までは、手先の器用な大工がカンナやノミを使いこなして、部材を整えるのが当たり前だったが、近年は部材はほとんど工場で出来上がって来るため、大工がカンナやノミを使う場面は減っており、組立工と呼ぶのが似合う人が多い。

・2040年までの住宅需要予測
　あるシンクタンクの予測によると、今後2040年までの需要は、新設住宅着工戸数は、移動世帯数の減少、平均築年数の伸長、名目GDPの成長減速等により、2020年度の81万戸から、2030年度65万戸、2040年度46万戸と減少していき、広義のリフォーム市場は2040年まで年間6〜7兆円台で、狭義の市場は2040年まで年間5〜6兆円台で、それぞれ、微増ないし、横ばい傾向が続くと見込まれるという。

・2020年の大工の都道府県別平均所得
　2020年の総務省発表データによると、大工の都道府県別平均所得は1位は東京の638万円、最下位は青森、秋田、佐賀、宮崎、沖縄の365万円で、273万円もの開きがある。

・大工と左官業の職人数の変化
　5年おきに実施されている国勢調査で結果が公表されている直近の2015年と20年前の数字を比較してみると、大工に関しては半分以下に、左官業にいたっては3割近くに激減している。

016	女子プロゴルファー	上位	0.1	%
	2019年度の上位100人の平均年間所得	3,497	万円	

職業キャリア

　16歳でゴルフの強い高校に入学して、アマチュアで活躍し、高3の秋にプロ宣言して卒業後、国内を中心に活躍し、途中4年間はアメリカのツアーにも参戦して、41歳で現役を引退すると、ゴルフ学校を開校してコーチになり、65歳になるまで働き続ける。

所得推移

年齢	出来事		
16	ゴルフの強い東北地方の高校に入学する。		
18	アマチュアで活躍して、高3の秋に、プロ宣言。		
19	高校を卒業して、国内を中心に活躍し、途中4年間はアメリカのツアーにも参戦する。		
26	最高額	年間所得	15,000	万円
39	最低額	年間所得	100	万円
～	平均額	年間所得	6,200	万円
41	現役を引退する。		
41	◆実績		
		国内ツアー	15	勝
		米ツアー	5	勝
41	ティーチングプロの資格を取得し、ゴルフ学校を開校して、コーチになる。		
41	1年目	年間所得	240	万円
～	平均	年間所得	340	万円
64	退職時	年間所得	360	万円
64	ゴルフ学校のコーチを退職する。		
64		退職金	500	万円
65	国民＆厚生年金の受給を開始する。		
		終身年金	123	万円

補足説明

内容
■ゴルフの強い東北地方の高校・大学 ・宮里 藍選手の通った東北高校や、松山英樹選手が学んだ東北福祉大学などがある。 ■スポンサー契約 ・トップ選手になると、スポンサーが付き、用具の提供を受けたり、テレビCMの出演などで多額の副収入を稼ぐ人もいる。 ■女子プロゴルファーの年金 ・女子プロゴルファーには特別な年金はなく、アメリカのLPGAツアー参加者にも年金はない。

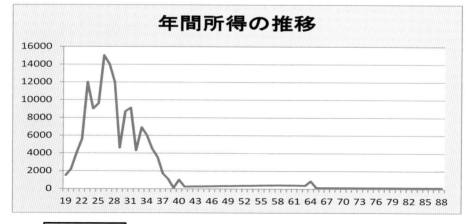

年間所得の推移

生涯所得	14億8,012万円

お金で換算できない価値

プラス面	マイナス面
①. 実力一本で、のし上がっていける。	①. ゴルフにはパワーが必要なため、痩せることは目指せない。
②. マナーに厳しいため、気品やマナーが自然と身につく。	②. 競争が厳しく、長期間、一線で活躍するのは難しいため、引退後の生活設計が大切になる。
③. 淑女のイメージが強い。	③. ツアーで、家を空けがちになる。
④. いろいろな人と出会える。	④. 自分を持ち上げられるパワーのある男性でないと、お姫様だっこはしてもらえない。
⑤. きっちりした引退年齢はなく、実力があれば高齢まで続けられる。	⑤. スポンサーと契約できないと、道具をそろえ、保持するのも大変だ。

分野別評価

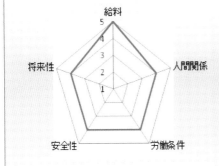

今後の課題

①. 日本女子プロゴルフ協会として、選手に年金がないのはどうか。

②. 選手生活と結婚の両立は、永遠のテーマである。

③. 外国人選手の優勝確率が、31.5%もあるのは高すぎないだろうか。

関係する話題

基礎データ

・女子プロゴルファーの平均引退年齢
　プロゴルフ界では引退という言葉はあまり使われないため、きっちりしたデータはないが、ある人は、女子プロゴルファーで引退する人が1番多い年齢は、20代後半～30台前半ではないかと述べている。

・女子プロゴルファーの引退後の生活
　一線を退いた後、資格を満たせば、45歳以上の選手が参加できるシニアツアーに出場することもできるが、それ以外では、トーナメント・プロを引退して、ティーチングプロやレッスンプロになったり、ゴルフ場や練習場、ゴルフショップ、スポーツショップなどのスタッフとして働いたり、ゴルフとはまったく関係のない仕事に転職する人も少なくないという。

・2019年度のプロテスト合格率
　日本女子プロゴルフ協会（JLPGA）によれば、2019年度のプロテストの総受験者数は647人で、合格者は21人なので、合格率は、3.2%である。

・女子プロゴルフにおける外国人選手の優勝確率
　記録が残る1968年から2021年11月28日までに行われた試合数は1,627で、延べ513人の外国人選手が優勝しており、外国人選手の優勝確率は、31.5%となっている。

職種と位置付け

017	相撲力士（横綱）	上位	0.2	％
	横綱の所定年間所得	4,803	万円	

職業キャリア

中学を卒業して角界入りし、十両、幕内と順調に番付を上げ、27歳で大関になり、翌年横綱に推挙されて5年間横綱を務め、優勝5回、三賞受賞10回、獲得懸賞金本数合計5,000本の記録を残して引退し、部屋持ちの親方として後進の指導に当たり、65歳まで働き続ける。

所得推移

年齢	出来事			
16	中学卒業後、角界入りする。			
17	十両に上がる。			
18	幕内に上がる。			
27	横綱に昇進する。			
17	十両	年間所得	1,711	万円
18	平幕	年間所得	2,186	万円
27	横綱	年間所得	4,803	万円
32	横綱を引退する。			
32		退職金	15,000	万円
32	◆実績			
		幕内優勝	5	回
		三賞受賞	10	回
		獲得懸賞金	5,000	本
33	部屋持ちの親方になる。			
33	1年目	年間所得	1,539	万円
～	平均	年間所得	2,000	万円
64	退職時	年間所得	2,135	万円
64	親方を定年退職する。			
64		退職金	3,370	万円
65	厚生年金の受給を開始する。			
		終身年金	362	万円

補足説明

内容
■相撲力士の学歴
・①中卒、②高卒、③大卒、の3通りあり、60年ぐらい前までは中卒が普通だったが、近年は高学歴化して、アマチュア相撲で活躍した高卒や大卒の人が多い。
■横綱の退職金
・「力士養老金」、「勤続加算金」、「特別功労金」、「懸賞金からの積立金」の合計金額になる。
■親方になれる条件（「一代親方」は除く）
・日本国籍を持ち、現役時代の実績が①最高位が小結以上、②幕内在位通算20場所以上、③十両以上在位通算30場所以上のいずれかを満たし、かつ、相撲界全体で定員が105の年寄株（親方株ともいう）を持っていること。

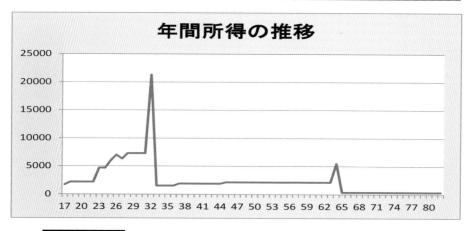

年間所得の推移

生涯所得

16億5,783万円

お金で換算できない価値

プラス面	マイナス面
❶. タニマチや支援者のサポートが手厚く、番付が上がれば、地元の有名人になれる。	❶. 暴力禁止が言い渡されているが、いまだに暴力事件が撲滅できない。
❷.「気は優しくて力持ち」のイメージがある。	❷. 十両以上に上がらないと、給金が出ず、一生の仕事にはなりにくい。
❸. 体が小さくても、幕内まで上がれる人がいる。	❸. 日本人力士の優勝が少なすぎる。
❹. 勝負のルールが、だれにとってもわかりやすいので、ファン層が幅広い。	❹. 八百長や賭博の噂が週刊誌を賑わすことがある。
❺. 現役引退後に、ほかのスポーツ、格闘技やプロレスなどで活躍する人もいる。	❺. 横綱には降格がないため、負けが込むと、引退するしかない。

分野別評価　　　　　　　　　　　　　今後の課題

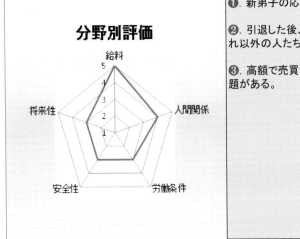

❶. 新弟子の応募者が減っているのは心配だ。

❷. 引退した後、相撲協会に残れる人は限られ、それ以外の人たちの再就職が難しい。

❸. 高額で売買される年寄株をどうするかという問題がある。

関係する話題	基礎データ
・懸賞金の分配 ①. 1本7万円で、相撲協会が手数料として1万円を差し引くため、力士の獲得金額は6万円だが、力士が現役の時に3万円を受け取った残りの3万円から税金が支払われ、その残額が力士の現役引退時に、「懸賞金からの積立金」として力士に支払われる。 ・親方の定年延長 ①. 親方の定年は65歳だが、希望すれば70歳まで親方を続けることができる。ただし、部屋持ち親方は務められない。	・新弟子が関取や横綱になれる確率 　1989年から2017年までに入門した新弟子は合計3,280人で、そのうち、関取になれたのは2017年7月9日時点で261人で、その確率は7.9%、横綱になれたのは同6人で、その確率は0.2%弱である。 ・力士の年間給与 　左側は固定給与で、右側は固定給与に人によって異なる各種手当を加算したもので、一例である。 十両　　　　1,320万円　　17,117,500円 幕内　　　　1,680万円　　21,860,500円 小結・関脇　2,160万円　　27,865,500円 大関　　　　3,000万円　　39,372,500円 横綱　　　　3,600万円　　48,030,000円

職種と位置付け

018	政治家（首相）		上位	0.8	%
	首相の年間所得（広義）	6,029	万円		

職業キャリア

　23歳で大学卒業後、民間企業に就職して9年間勤務し、33歳の時に父親の私設秘書になり6年間務めてから、父の後継として政治家に転身し、衆院選に当選して国会議員となり、党内で実力を蓄え、60歳の時に念願の首相に就任して4年間務め、70歳まで衆院議員として働き続ける。

所得推移

年齢	出来事			
23	大学卒業後、民間企業に就職する。			
23	1年目	年間所得	364	万円
〜	平均	年間所得	467	万円
32	退職時	年間所得	530	万円
32	民間企業を退職する。			
32		退職金	300	万円
33	父親の私設秘書になる。			
33	1年目	年間所得	360	万円
〜	平均	年間所得	420	万円
39	退職時	年間所得	480	万円
39	私設秘書を退職する。			
39		退職金	0	万円
40	父の後継として衆院選に立ち、初勝利する。			
60	最高額	年間所得	6,029	万円
40	最低額	年間所得	4,168	万円
	平均額	年間所得	4,658	万円
60	首相に推挙され、4年間務める。			
70	政界から引退する。			
70	◆実績			
	衆院議員		10	期
	総理大臣		1	代
70	厚生＆国民年金の受給を開始する。			
	終身年金		147	万円

補足説明

内容
■衆議院議員の前職 　2020年2月28日時点の464人が対象。 ・①地方議員（首長含む）31.7％、②政治家秘書18.1％、③国家公務員11.4％、④会社員9.3％、⑤弁護士3.7％、⑥経営者3.4％の順に多い。 ■参議院議員の前職 　2020年2月28日時点の245人が対象。 ・①地方議員（首長含む）27.3％、②国家公務員10.6％、③タレント・アナウンサー等10.2％、④会社員8.6％、⑤労働組合役員7.8％、⑥政治家秘書6.5％。 ■議員秘書の種類 ・国家公務員として国の経費で雇用される公設秘書と、議員が個人で雇用する私設秘書がある。 ■国会議員に支給される無料パス ・次の3パターンからどれか一つを選べる。 ① JR全線の無料パスのみ。 ② JR全線の無料パス＋東京と地元選挙区間の月3回往復の航空クーポン。 ③ 月4回往復の航空クーポンのみ。

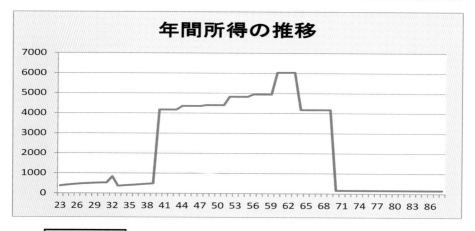

年間所得の推移

生涯所得　　15億0,454万円

お金で換算できない価値

プラス面	マイナス面
❶. 国政に参加して、国を動かせる。	❶. 一般国民からの信頼度が低い。
❷. 地元の発展に貢献できる。	❷. 行動が支持団体の方針に縛られ、支持者の冠婚葬祭や地元の行事やイベントに参加しないと選挙に当選することは難しい。
❸. 人前で平気でウソがつけるようになれる。	❸. 裏で何をやっているのか、わからないイメージがある。
❹. 飛行機やホテルが満席や満室であっても、国会議員用の枠があり、利用できるらしい。	❹. 職権に絡んで収賄事件の容疑者として逮捕されるなど、汚職やスキャンダルで問題を起こす人がいる。
❺. 関係者に圧力をかければ、決定を覆せそうなイメージがある。	❺. 任期を5期以上務めても、閣僚になれない人が増えている。

分野別評価

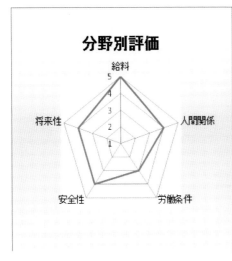

今後の課題

❶. 女性国会議員も、女性閣僚も少ない。

❷. 選挙の投票率が低い。2019年7月の参院選は48.80%、2021年11月の衆院選は55.93%で、有権者の約半数の人たちから見放されている。

❸. 世襲議員がいまだに多く、組織に守られた彼らには既得権益を壊すことは期待しにくい。

関係する話題

・国会議員の年間所得
　年間給与＝俸給月額＋地域手当＋ボーナスであり、下記の通り、法律で定められている（左側の数字で、単位は万円）。

首相	4,049	6,029
国務大臣	2,953	4,933
副大臣	2,833	4,813
大臣政務官	2,416	4,396
常勤の大臣補佐官	2,367	4,347
国会議員	2,188	4,168

　ただし、文書交通費：1,200万円、立法事務費：780万円、も第2の給与と解釈して、これらの合計：1,980万円を加えた右側の金額を所得計算では使用している。

基礎データ

・国会議員の女性比率
　わが国の国会議員に占める女性の割合は、2021年11月時点で、衆議院9.7%（45人）、参議院20.6%（50人）であり、衆院議員の女性比率を世界と比較すると、191か国中165位である。

・国会議員の定年
　特に、法律上の定めはなく、自民党は、「衆院議員の比例選の定年は73歳」、公明党は「任期中に69歳か在職24年を超える場合は原則公認しない」などとしている。

・国会議員の「罷免」と「除名」
　国会議員を「罷免」する仕組みはないが、国会で懲罰委員会の後の本会議で、出席議員の3分の2以上の賛成があれば、「除名」して議員の身分を失わせることはでき、1950,51年に該当者が2名出た。

職種と位置付け

019	宇宙飛行士			中位	中の中	層
	2018年のJAXA研究職の平均年間所得		869	万円		

職業キャリア

　　国立大学の工学部を卒業後、大学院に進み、博士号を取得して卒業し、研究者となって8年目にJAXAの宇宙飛行士募集に応募し、大学を退職してJAXAの所属となって訓練を続け、44歳の時、米の宇宙船に乗って宇宙滞在を果たし、14年勤めたJAXAを退職後は国立の科学博物館の館長に就任して73歳まで務め上げる。

所得推移

年齢	出来事			
23	大学の工学部を卒業後、大学院に進学する。			
28	博士号取得後、大学院を卒業し、研究者となる。			
28	1年目	年間所得	300	万円
～	平均	年間所得	602	万円
37	退職時	年間所得	811	万円
35	JAXAの宇宙飛行士募集に応募する。			
37	大学を退職する。			
37		退職金	350	万円
38	JAXAの所属となり、訓練を続ける。			
38	1年目	年間所得	760	万円
～	平均	年間所得	856	万円
51	退職時	年間所得	950	万円
44	米の宇宙船に乗り込み、宇宙に滞在する。			
51	JAXAを退職する。			
51		退職金	1,000	万円
52	国立の科学博物館の館長に就任する。			
～	毎年	年間所得	1,800	万円
73	科学博物館の館長を退任する。			
73		退職金	2,800	万円
70	厚生年金の受給を開始する。			
		終身年金	435	万円

補足説明

内容
■宇宙飛行士の応募条件
・次の条件をすべて満たす者。
① 日本国籍を有する。
② 3年以上の実務経験を有する。
修士号取得者は1年、博士号取得者は3年の実務経験ありとみなす。
③ 以下の医学的特性を有する。

項目	条件
身長	149.5–190.5cm
視力	遠距離視力 両眼とも矯正視力1.0以上
色覚	正常（石原式による）
聴力	正常（背後2mの距離で普通の会話可能）

※ 以前は、「体重：50kg～95kg」という条件があったが、2021.11.19の発表から、体重制限は撤廃された。

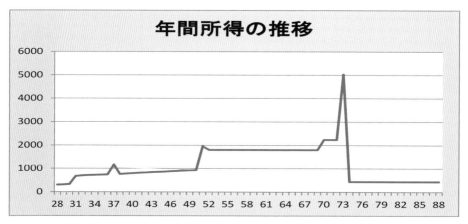

年間所得の推移

生涯所得　　7億0,023万円

お金で換算できない価値

プラス面	マイナス面
❶. ロケットの打ち上げは、子供も憧れる国民の注目イベントであり、有名になれる。	❶. 宇宙に滞在すると、無重力の影響で骨量が減り筋肉が衰えてしまうため、体のダメージを回復するのに半年ぐらいかかる。
❷. 国費で宇宙に行け、外側から地球を見られ、宇宙の神秘を満喫できる。	❷. 宇宙空間は放射線が強いので、普通の人が半年間で浴びる量をわずか1日で浴びてしまう。
❸. 非常にクリーンで高潔なイメージがある。	❸. ISSに滞在した宇宙飛行士の20%が視力の低下を報告しているという。
❹. ISSにも毎週1日は休暇があり、無監視なので、自由に振る舞える。	❹. 長期間の宇宙飛行では、味覚と嗅覚の障害も報告されている。
❺. 宇宙開発ベンチャー企業が、続々と起業されている。	❺. 宇宙空間で宇宙酔い～吐き気や嘔吐～を起こす人が半数程度いる。

分野別評価

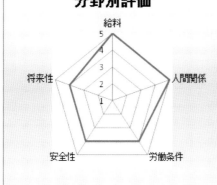

今後の課題

❶. 宇宙探査には多額の費用がかかるため、国家財政が厳しい中で、取り組む案件の取捨選択が難しい。

❷. 宇宙産業のさらなる振興のためには、民間の宇宙開発ベンチャーの活用が求められる。

❸. 宇宙飛行士の募集条件の緩和が2021.11.19に発表されたが、女性などに志願者の幅が広がるか。

関係する話題

・宇宙飛行士候補者選抜試験合格者の学歴
　過去の合格者には、東京大学や慶応大学といった超難関大学の工学部航空学科や機械工学科、理学部、医学部などの卒業生が多いが、自衛隊を目指す人向けの防衛大学校や防衛医科大学校から選抜された人もいる。

・宇宙飛行士の特別手当
　宇宙空間に滞在期間中の宇宙飛行士には、JAXA職員としての本給の10割程度の「宇宙飛行士手当」が支給されるが、高度な語学力やスキルが求められる訓練期間中にも、その難易度に応じて2～5割程度の宇宙飛行士手当が支給される。

基礎データ

・日本人宇宙飛行士の宇宙空間滞在時間
①. 若田 光一氏　　　　347日8時間32分
②. 野口 聡一氏　　　　344日9時間34分
③. 金井 宣茂氏　　　　169日
④. 古川 聡氏　　　　　167日
⑤. 星出 彰彦氏　　　　141日18時間13分
⑥. 油井 亀美也氏　　　141日16時間0分
⑦. 大西 卓哉氏　　　　116日

・宇宙飛行士国籍別人数トップ8（2020年8月14日現在）
順位 国名 宇宙飛行士数
――――――――――――――――
1 アメリカ　347　　4 中国　　　11
2 ロシア　　123　　6 フランス　10
3 日本　　　12　　 6 カナダ　　10
4 ドイツ　　11　　 8 イタリア　 7

職種と位置付け

020	起業家（創業社長）	上位	0.1	％

2020年の小規模企業社長の平均年間所得	3,334	万円

職業キャリア

23歳で大学の商学部を卒業後、一般企業に就職して1年で退職し、自分の会社を創業して社長となり、10年後に東証マザーズの上場に導き、50歳まで社長を務め、その後、エンジェル投資家に転進して70歳になるまで働き続ける。

所得推移

年齢	出来事		
23	大学の商学部卒業後、一般企業に就職する。		
23	1年目	年間所得	364	万円
24	会社を退職し、自分の会社を創業する。		
24		資本金	1,000	万円
24		持ち株数	200	株
34	東証マザーズに上場し、280万株を売り出す。		
34	◆上場直前の状態		
34		資本金	1,000	万円
34	発行済	株式数	1,120	万株
34		持ち株数	224	万株
34		持ち株比率	20	％
〜	平均	年間所得	1,300	万円
〜	平均	年間配当金	1,588	万円
50	社長を辞任し、持ち株200万株を売却する。		
50		退職金	3,800	万円
50	持ち株	売却益	8,000	万円
51	エンジェル投資家に転進する。		
〜	平均	年間所得	1,200	万円
69	エンジェル投資家を退職する。		
69		退職金	0	万円
70	厚生＆国民年金の受給を開始する。		
		終身年金	294	万円

補足説明

内容
■退職時の自社の状況

- 資本金 ──────────── 10億円
  発行済み株式数 ────── 1,400万株
  持ち株数 ────────── 80万株
  持ち株比率 ────────── 5.7％
  持ち株資産価値 ────── 3,200万円
  年間売上高 ───────── 200億円
  経常利益 ─────────── 4億円
  時価 ───────────── 4,000円(100株)
  時価総額 ─────────── 560億円
  1株あたり利益 ─────── 28円
  1株あたり年間配当金 ── 10円

■創業者のプロファイリング
　日本政策金融公庫総合研究所の「2020年度新規開業実態調査」によると、次の通りである。
① 開業時の年齢は「40歳代」が38.1％、「30歳代」が30.7％で、平均年齢は43.7歳である。
② 開業者に占める女性の割合は21.4％である。
③ 開業者の最終学歴は、「大学・大学院」が39.1％、「高校」が28.0％、「専修・各種学校」が24.3％と続いている。

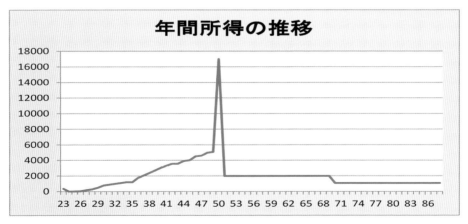

年間所得の推移

生涯所得　　13億3,042万円

お金で換算できない価値

プラス面	マイナス面
❶. 人の指図を受けず、自分のやりたいようにできる。	❶. トップとして決断の連続で、ストレスがかかり、孤独を感じる。
❷. 事業を通じて、社会貢献ができる。	❷. 会社が軌道に載るまでは、気が休まらず、働き続けてしまう。
❸. パイオニア（開拓者）や夢追い人のイメージがある。	❸. 社会的な信用が低く、一から信用を築き上げていくしかない。
❹. 定年がなく、いつまでも働ける。	❹. 常に勉強し続けないと、成功からすべり落ちてしまう。
❺. 起業の成功者は、おしなべて人柄が良いという評価がある。	❺. 一度失敗すると、二度目のチャンスをつかむのが難しい。

分野別評価

今後の課題

分野別評価

❶. 政府や地方自治体は、国民に起業を促すなら、世界ランキングで90位ぐらいに位置するわが国の「起業のしやすさ」を改善する必要がある。

❷. 投資家は短期志向で目先の収益を求めるため、IPO（新規株式公開）を急かされ、未公開のまま大型成長を狙う経営戦略が採りにくい。

❸. ユニコーンと呼ばれる評価額が10億ドル（1,100億円）以上の非上場のベンチャー企業が、ほとんど生まれない。

関係する話題

基礎データ

・起業上の留意点
①. 会社形態は、株式会社だけでなく、合同会社も考えられる。実際、グーグルの日本法人は、株式会社ではなく、合同会社である。
②. 資本金は最低1円あれば会社は創れるが、1円だとすぐ債務超過し赤字経営になって、金融機関から融資が受けにくくなるので、資本金は最低でも1千万円は用意した方がよい。

・起業形態
　中小企業庁のWebによると、「前職の企業を退職し、その企業とは関係を持たないで起業」する「スピンオフ型」、「前職の企業は退職したが、その企業との関係を保ちつつ独立して起業」する「のれん分け型」の順に多く、2つを合わせると、6〜7割を占める。

・日本の開業率
　厚生労働省「雇用保険事業年報」によると、わが国の開業率は、1988年をピークとして減少傾向に転じた後、2000年代は緩やかな上昇傾向で推移し、足元では再び低下傾向となり、2019年度は4.2%に低下した。

・2020年の新規法人数
　東京商工リサーチの調査によると、2020年の新規法人数は前年比0.1%減の13万1,238社だった。

・創業企業の生存率
　中小企業診断士の眞本 崇之氏の分析によると、次の通りである。
●創業1年後の生存率：62.3%
●創業5年後の生存率：25.6%
●創業10年後の生存率：11.6%

職種と位置付け

021	美容師		中位	中の中	層
	2019年度の平均年間所得	311	万円		

職業キャリア

　19歳で高校卒業後、美容専門学校に進学し、技術を身に付けて2年後、21歳の時に美容室に就職し、1年目に美容師国家試験に合格して国家資格を取得し、10年間勤務後、独立してオリジナルサロンを開業し、70歳になるまで働き続ける。

所得推移

年齢	出来事			
19	高校卒業後、美容専門学校に進学する。			
21	美容専門学校を卒業し、美容室に就職する。			
21	美容師試験に合格し、国家資格を取得する。			
21	1年目	年間所得	200	万円
～	平均	年間所得	231	万円
30	退職時	年間所得	260	万円
30	美容室を退職する。			
30		退職金	0	万円
31	独立し、オリジナルサロンを開業する。			
31	1年目	年間所得	340	万円
～	平均	年間所得	376	万円
69	退職時	年間所得	224	万円
69	オリジナルサロンを廃業する。			
69		退職金	0	万円
	◆サービス・メニュー			
	①	カット		○
	②	パーマ		○
	③	カラー		○
	④	セット・ブロー		○
	⑤	縮れ毛矯正		○
	⑥	着付け		○
	⑦	フェイシャル・エステ		
	⑧	まつ毛エクステンション		
	⑨	ネイル		
70	国民年金の受給を開始する。			
	終身年金		110	万円

補足説明

内容
■美容師になるには ・厚生労働大臣の認可を受けた美容専門学校で昼間2年間または通信の場合は3年以上履修し、美容師国家資格に合格しなければならない。 ■美容師が独立するタイミング ・美容師が独立するのにベストな年齢は、一般に、資格を取ってから、だいたい8～10年くらい経過したころ、30歳前後といわれている。 ■開業資金 ・条件によって異なるが、開業資金は最低でも数百万円は用意しなければならないだろう。 ■年金 ・国民年金だけでは金額が少ないので、蓄財するか、追加の年金などの備えをしておいた方がよいだろう。

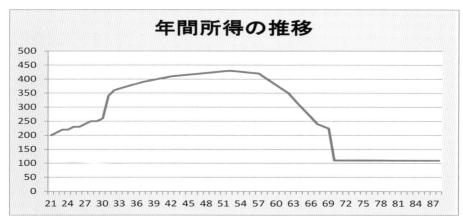

年間所得の推移

生涯所得　　1億9,096万円

50

お金で換算できない価値

プラス面	マイナス面
❶. 人の指図を受けず、自分のやりたいようにできる。	❶. 美容師数が過剰であるため、生存競争が厳しい。
❷. 腕があれば独立でき、子育てしながら働くこともできる。	❷. 一人前になるまで、下積みが長い。
❸. 施術後に、お客様から、「すっきりした！」と感謝されることがある。	❸. 世間の流行や業界の新潮流を常に監視し、時代についていけないと、取り残される。
❹. 国家資格なので全国どこでも働け、福祉美容師の資格も簡単に取得できる。	❹. ランチは手早く済ませ、土・日は稼ぎ時で休めないばかりか、一日中働かなければならない。
❺. 親の髪を切れば、常日頃から親孝行できる。	❺. 接客業でお客様に対していろいろ気を使うので疲れ果ててしまう。

分野別評価

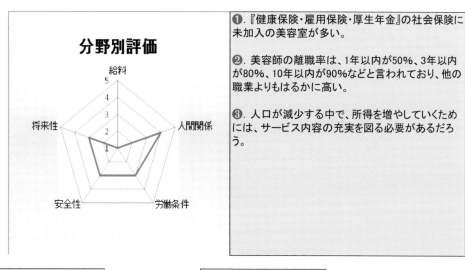

今後の課題

❶.『健康保険・雇用保険・厚生年金』の社会保険に未加入の美容室が多い。

❷. 美容師の離職率は、1年以内が50%、3年以内が80%、10年以内が90%などと言われており、他の職業よりもはるかに高い。

❸. 人口が減少する中で、所得を増やしていくためには、サービス内容の充実を図る必要があるだろう。

関係する話題

・美容学校卒業生の進路
　総合学園ヒューマンアカデミーのWebによると、下記の通りである。
①. 卒業生の30%程度しか美容師にならず、ネイルサロンでアルバイトしたり、エステサロンでエステティシャンとして働いたりする人が多いという。
②. 美容師資格を取得した人の6割は美容師としては働いていないとも言われる。

・美容学校代
　美容学校代は、2年間で、250～300万円程度かかる。

基礎データ

・美容師数と美容所数
　厚生労働省が2021年2月18日に発表した「令和元年度衛生行政報告例」によると、2019年3月末現在の美容所数は25万4,422軒で、従業美容師数は54万2,089人である。

・美容師1人あたりの年間売上額の試算
　美容サービスの全国市場規模を年間1兆5,000億円、現在の美容所数を25万施設、1施設あたりの従業美容師数を2.1人 と仮定すると、

美容師1人あたりの年間売上額 = 1兆5,000億円 / 25万店 / 2.1人 = 285万7,143円

となる。

022	サーカスのパフォーマー	中位	中の上	層
	筆者による推定年間所得	400	万円	

職業キャリア

> 16歳で中学卒業後、群馬県のサーカス学校に進学し、技術を身に付けて4年後、20歳の時にサーカス団に就職し、空中ブランコと組体操を持ちネタにして、65歳になるまで観客に披露し続ける。

所得推移

年齢	出来事		
16	中学卒業後、サーカス学校に入校する。		
20	サーカス学校を卒業し、サーカス団に就職する。		
20	1年目	年間所得	133 万円
～	平均	年間所得	377 万円
64	退職時	年間所得	400 万円
64	サーカス団を退職する。		
64		退職金	1,575 万円
65	厚生年金の受給を開始する。		
		終身年金	171 万円
◆	披露した技芸		

①. 道化芸		
手品	軽業	その他
―	―	―

②. 動物曲芸		
シーソー	火の輪くぐり	その他
―	―	―

③. 空中曲芸		
空中ブランコ	綱渡り	トランポリン
○	―	―

④. 地上曲芸		
スピード芸	バランス芸	組体操
―	―	○

補足説明

内容

■サーカス学校
・群馬県みどり市に、日本で唯一のサーカス学校がある。沢入（そうり）国際サーカス学校といい、NPO法人国際サーカス村協会が運営する民営スクールだ。4年制で、9月から学期が始まる欧米型で、2年間で基礎体力、筋力をつけ、残りの2年で技術や芸を学ぶ。

■国内の主なサーカス団

名称	開業年
主なアトラクション	
木下大サーカス	1877
動物による曲芸や空中ブランコなど	
ポップサーカス	1966
8ヶ国から招致したアーティストのショー	
ハッピードリームサーカス	2010
中国雑技団のようなすごい演技	

★ 世界には、「シルク・ドゥ・ソレイユ」や「ボリショイサーカス」もある。

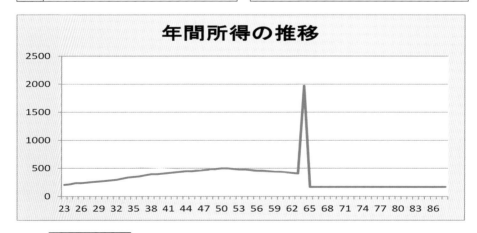

年間所得の推移

生涯所得　　2億2,652万円

お金で換算できない価値

プラス面	マイナス面
❶. 演技が終わった後で観客から受ける喝采は、何物にも代えがたい至福の瞬間だ。	❶. 捻挫や落下による怪我が絶えない。
❷. 努力が結果となって返って来る。	❷. 感染症の流行などで、観客と遮断されてしまうと、経営が成り立たない。
❸. 言葉や前提知識に頼らずに、観客に楽しんでいただける。	❸. 興行で全国を飛び回ることが多いので、のんびりできない傾向がある。
❹. プロのアーティストとして海外で活躍する人もいる。	❹. サーカスは実用的ではないアートと、批判的に見る人たちもいる。
❺. 全国で行われる公演を追いかける熱心なファンもいる。	❺. 基本的に移動公演なので、小さな子供のいる人は、教育で苦労する。

分野別評価

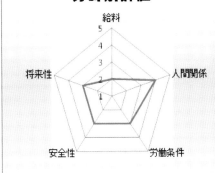

今後の課題

❶.『健康保険・雇用保険・厚生年金』の社会保険に未加入で、ボーナスや退職金の出ないサーカス団があるのは、どうか。

❷. コロナ渦などで公演ができなくなった時、どうやって生きていくか。

❸. ファンの声を大切にし、新しい技に挑戦して、いつまでも飽きられないようにすること。

関係する話題	基礎データ
・サーカス団の入団テスト 　次のようなテストをしているサーカス団がある。 ①. 内容は数学や英語などの簡単な筆記、実技（腕立て・腹筋・背筋・倒立1分間）、面接の3つである。 ②. 面接が1番重要で、人柄が最重要視される。 ③. 実技は途中で失敗しても、大きな支障にはならない。 ・サーカス団のメンバー構成 　あるサーカス団の場合、団長をトップに、バック・オーフィス系の営業、総務系が4割弱、日本人パフォーマーと舞台スタッフが2割強、外国人パフォーマーが2割強だという。	・共演する動物と食費 　あるサーカス団では、ライオン5頭、象2頭、シマウマ3頭、ポニー2頭を抱えていて、動物たちの食事代と健康を管理するための空調や水浴びにかかる費用が毎日のように発生し、エサ代だけでもひと月に100万から150万ほどかかるという。 ・外国人パフォーマー 　あるサーカス団では、ステージごとにギャラ契約している外国人パフォーマーが25人いて、その出身地は、イギリス、イタリア、ロシア、中国、アメリカ、メキシコなど十数か国に及ぶという。

023	個人投資家		上位	1	%
	2019年の5千人の平均年間所得	425	万円		

職業キャリア

中学時代から株式投資を開始し、23歳で大学卒業後、民間企業に就職し、副業として株式投資に取り組み、40歳で会社を退職してからは専業投資家となって、生涯、投資を続ける。

所得推移

年齢	出来事			
13	中学時代から株式投資を開始する。			
23	大学卒業後、民間企業に就職する。			
23	1年目	年間所得	364	万円
～	平均	年間所得	516	万円
40	退職時	年間所得	609	万円
40	民間企業を退職する。			
40		退職金	580	万円
41	個人投資家として活動し始める。			
62	最高額	年間所得	23,500	万円
43	最低額	年間所得	8,400	万円
～	平均額	年間所得	17,457	万円
65	厚生＆国民年金の受給を開始する。			
		終身年金	129	万円

◆投資活動内容

★対象商品

	株式	債券
国内	○	×
海外	○	×

★投資スタイル　（■-対象　-対象外）

株式投資	現物取引	信用取引
投資信託	ブル型	ベア型

補足説明

内容
■企業退職40歳時の資産状況

保有銘柄数 ------------ 10銘柄
持ち株総数 ------------ 1,250万株
持ち株の時価評価額 ------ 5億円
持ち株の年間配当金総額 -- 5,000万円

■年金生活入り65歳時の資産状況
　保有銘柄数 ----------- 10銘柄
　持ち株総数 ----------- 2,500万株
　持ち株の時価評価額 ----- 10億円
　持ち株の年間配当金総額　1億4,700万円

■個人投資家協会
・ 経済評論家の長谷川 慶太郎氏が1995年に創立した、日本で最初の個人投資家のNPO団体で、個人投資家のボランティアで運営され、海外の個人投資家団体とも交流を図り、日本の個人投資家を代表して、日本政府や経済団体などへの提言を行っている。

■2020年度のスタートアップ投資額
・ 2020年度の日本のスタートアップ投資額は1,686社で合計6,800億円で、1社あたりの平均は4.0億円だという。

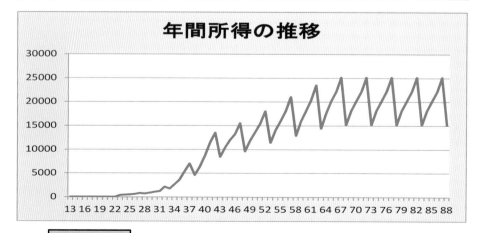

年間所得の推移

生涯所得	88億9,575万円

お金で換算できない価値

プラス面	マイナス面
❶. どこでも仕事ができ、好きなことをして生きていける。 ❷. 努力が結果となって返って来る。 ❸. 副業として取り組むこともできる。 ❹. 一日24時間、自由に時間が使える。 ❺. 失業や定年がない。	❶. 税務当局に目を付けられやすい。 ❷. 書類上、職業は無職になる人もいる。 ❸. 「投資はギャンブル」という悪いイメージがあり、社会的な信用が低い。 ❹. 活動の大半は自宅でのデスクワークなので、世間が狭くなり、運動不足にもなりかねない。 ❺. リッチになると、急に友達が増え、いかがわしい投資話を持ち掛けられることが増える。

分野別評価

今後の課題

❶.「投資はギャンブル」という悪いイメージがあるので、「日本経済の応援隊」のようなイメージに変えていく必要がある。

❷. 個人投資家協会が被災自治体などに寄付をしたら、おもしろい。

❸. 裕福な個人投資家には、スタートアップ企業の支援などの社会貢献が求められるだろう。

関係する話題

基礎データ

・日本で有名な個人投資家
　CIS氏、BNF氏、五味 大輔氏、片山 晃氏、テスタ氏などがいる。五味氏の投資手法は趣味のゲームを生かしたゲーム会社株の「現物取引+長期保有」で、片山氏の投資手法は「小型成長株への集中投資」だという。

・株式投資で失敗するパターン　～格言とともに～
◆「卵は1つのカゴに盛るな」
　すべての資金を1つの銘柄やジャンルにつぎ込む。
◆「株で儲けるにはもう一人のバカを探せ」
　人から勧められた銘柄を勧められるままに買う。
◆「休むも相場なり」
　いつも株式投資をしていないと不安なので、意味も分からず年中、売買を繰り返す。

・株式投資の勝者・敗者
　ある人の分析結果によると、株式投資をして、資産を増やせる人は1割で、トントンの人が1割で、残りの8割は資産を減らしてしまうという。

・個人投資家の実情
　日本証券業協会が2019年7月に実施した有効回答5,000人の「個人投資家の証券投資に関する意識調査(概要)」によると、全体の平均推計年収は、425万円だという。

・ユニコーン数国別トップ7（米国調査会社のCBインサイツの2021年12月20日のWebによる）

1 アメリカ	481	5 ドイツ	24
2 中国	169	6 イスラエル	21
3 インド	51	7 フランス	20
4 イギリス	37	13 日本	6

職種と位置付け

024	将棋棋士		上位	17	%
	2020年獲得賞金・対局料トップ10平均	4,197 万円			

職業キャリア

　小4の時からアマ将棋大会で活躍し、小5の時に八段の棋士に弟子入りして奨励会に入り、高3の時に奨励会四段となってプロ棋士になり、60歳になるまで棋士を続けて最高でA級まで昇り、獲得タイトル1期、九段の記録を残して現役を退いてからは、将棋の普及・指導に尽力し、80歳になるまで続ける。

所得推移

年齢	出来事			
10	小4の時から、アマ将棋大会で活躍する。			
11	小5の時に、八段の棋士の弟子となり、奨励会に入る。			
18	高3の時に、奨励会四段となり、プロ棋士になる。			
28	最高額	年間所得	4,760	万円
18	最低額	年間所得	702	万円
	平均額	年間所得	1,900	万円
60	現役プロ棋士を引退する。			
60		退職金	0	万円
60	◆実績			
		獲得タイトル	1	期
		最終段位	九	段
	順位戦	最高	A	級
	順位戦	最終	C	級2組
61	将棋の普及・指導に従事する。			
	毎年	年間所得	240	万円
65	国民年金の受給を開始する。			
		終身年金	78	万円
80	将棋から、完全に引退する。			
	★得意な戦法			
		居飛車	矢倉	角換わり
		振り飛車	四間飛車	三間飛車

補足説明

内容
■プロの将棋棋士のなり方
・奨励会に入会して満21歳の誕生日までに初段、満26歳の誕生日を含むリーグ終了までに四段に上がる必要がある。そのため小学生の時からアマの大会で活躍してプロ棋士の弟子となり、小学校の高学年から中学生あたりの時期に奨励会に入会する人が多いと言われる。
■プロ棋士の社会保険
・日本将棋連盟は公益社団法人で、棋士は個人事業主の扱いを受けるため、健康保険は国民健康保険であり、年金は国民年金となっている。
■年金
・国民年金だけでは金額が少ないので、蓄財するか、追加の年金などの備えをしておいた方がよいだろう。

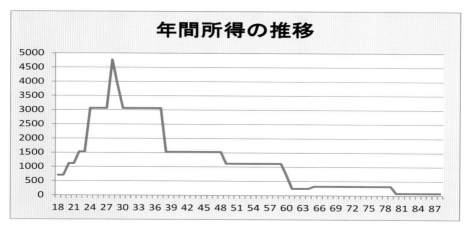

年間所得の推移

生涯所得	8億8,172万円

お金で換算できない価値

プラス面	マイナス面
①. 好きな将棋を生業にでき、自分の世界に沈潜、没頭できる。	①. 実力が全てなので、とにかく競争が厳しい。
②. 努力が結果となって返って来る。	②. タイトル戦では一挙手一投足が注目され、昼食や夕食に何を食べるかまでチェックされてしまう。
③. 頭がいい人というイメージがある。	③. 負けが続くと、気がめいる。
④. 集中力や記憶力や思考力を鍛えられる。	④. ギャンブルなどに溺れる人もいる。
⑤. 盤面を瞬間的に把握する直感が鋭くなる。	⑤. 他業種の人と意識して付き合うようにしないと、世間が狭くなる。

分野別評価

今後の課題

①. AIとの共存を図る必要がある。

②. 囲碁に比べると、世界への展開が弱いので、もっと普及を図りたい。

③. 藤井 聡太四冠が国民の人気を集めている間に、次のスターを発掘する必要がある。

| 関係する話題 | 基礎データ |

・棋士の引退
　順位戦で「C級2組」から陥落すると、給与の出ない「フリークラス」となり、半引退状態に追い込まれる。
　大山 康晴十五世名人や、加藤 一二三九段のように、60歳を過ぎてもA級で活躍する棋士がいる一方で、30代後半で引退となる棋士もいる。

・棋士の引退後の生活
　個人の才覚と努力で、指導、解説、執筆などに従事したり、将棋教室やイベントで稼ぐ棋士もいるという。

・棋士の給与（参稼報償金）
	月々	年間
◇名人	：約106万円	1,696万円
◇A級	：約 65万円	1,040万円
◇B級1組	：約 50万円	800万円
◇B級2組	：約 33万円	528万円
◇C級1組	：約 21万円	336万円
◇C級2組	：約 17万円	272万円

・推定順位戦対局料
◇名人　　：70万円
◇A級　　：40万円
◇B級1組：30万円
◇B級2組：22万円
◇C級1組：18万円
◇C級2組：10万円

職種と位置付け

025	囲碁棋士			上位	20	%
	2020年獲得賞金・対局料トップ10平均	3,621	万円			

職業キャリア

　6歳でミニ碁を始めて頭角を現し、小2の時に八段の棋士に弟子入りして2年後に日本棋院の院生となり、修練を積んで中2の時に院生リーグでトップの成績を収めてプロ棋士となり、60歳になるまで現役棋士を続けて九段まで昇り、獲得タイトル1期の記録を残して現役を退いてからは、囲碁の普及・指導に尽力し、80歳になるまで続ける。

所得推移

年齢	出来事			
6	ミニ碁を始め、目立った活躍をする。			
8	小2の時に、八段の棋士の弟子となる。			
10	日本棋院の院生（研修生）となる。			
14	中2の時に、院生リーグでトップの成績を収め、プロ棋士になる。			
37	最高額	年間所得	2,720	万円
14	最低額	年間所得	396	万円
	平均額	年間所得	1,142	万円
60	プロ棋士を引退する。			
60		退職金	0	万円
60	◆実績			
		獲得タイトル	1	期
		最終段位	九	段
61	囲碁の普及・指導に従事する。			
	毎年	年間所得	240	万円
65	国民年金の受給を開始する。			
		終身年金	78	万円
80	囲碁から、完全に引退する。			

補足説明

内容
■プロの囲碁棋士のなり方
・大きく、次の2つの方法がある。
① 日本棋院、または関西棋院の院生（研修生）となり、院生による入段試験リーグ戦で男女別トップの成績をあげる。
② 日本棋院、または関西棋院の実施する棋士採用試験に合格する。
■プロ囲碁棋士の社会保険
・日本棋院は公益社団法人なので、社会保険は国民健康保険と国民年金だが、関西棋院は一般財団法人なので、一般財団法人社会保険協会が運営する医療保険（健康保険）と厚生年金となっている。
■年金
・日本棋院に所属する棋士は、国民年金だけでは金額が少ないので、蓄財するか、追加の年金などの備えをしておいた方がよいだろう。

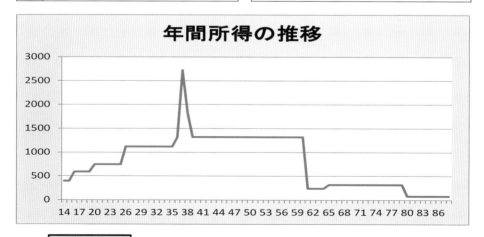

年間所得の推移

生涯所得	6億0,140万円

お金で換算できない価値

プラス面	マイナス面
❶. 好きな囲碁を生業にでき、自分の世界に沈潜、没頭できる。	❶. とにかく競争が厳しい。
❷. 努力が結果となって返って来る。	❷. 将棋よりグローバルな競技なのに、地味なイメージがある。
❸. 頭がいい人というイメージがある。	❸. 負けが続くと、気がめいる。
❹. 集中力や記憶力や思考力を鍛えられる。	❹. ギャンブルなどに溺れる人もいる。
❺. 盤面を瞬間的に把握する直感が鋭くなる。	❺. 他業種の人と意識して付き合うようにしないと、世間が狭くなる。

分野別評価　　　　　　　　　　　　　　今後の課題

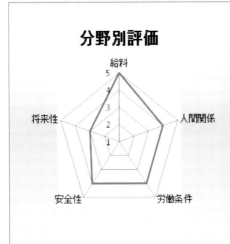

❶. 国際棋戦で、中国や韓国勢に歯が立たない状態が何年も続いている。

❷. スターを輩出して、囲碁人口、特に子供と女性の囲碁ファンを増やしていく必要がある。

❸. 将棋のようにリーグ戦の結果で昇級や降級があると、囲碁界がより活性化され、ファンにも楽しんでもらえるのではないだろうか。

【　関係する話題　】　　　　　【　基礎データ　】

・棋士の最終学歴
芝野 虎丸第44期名人や、藤沢 里菜第29・30・31期女流名人の最終学歴は中卒だという。
・棋士の引退
引退規定はなく、実際、67歳までタイトル防衛戦を戦った藤沢 秀行名誉棋聖や、女流では92歳で本因坊戦本選を戦った杉内 寿子八段のような棋士もいる。
・棋士の引退後の生活
個人の才覚と努力で、指導、解説、執筆などに従事したり、囲碁道場・囲碁サロンやイベントなどで稼ぐ棋士もいるという。

・日本棋院と関西棋院の勝ち星による昇段規定

八段 ⇒ 九段	200勝
七段 ⇒ 八段	150勝
六段 ⇒ 七段	120勝
五段 ⇒ 六段	90勝
四段 ⇒ 五段	70勝
三段 ⇒ 四段	50勝
二段 ⇒ 三段	40勝
初段 ⇒ 二段	30勝

職種と位置付け

026	データ・サイエンティスト	中位	中の中	層

2020年の会員630人の平均年収	791	万円

職業キャリア

23歳で大学の理学部を卒業後、ベンチャー企業に、データ・サイエンティストとして就職し、65歳になるまで働き続ける。その間、資産運用として毎年100株ずつ、自社株を買い足していく。

所得推移

年齢	出来事		
23	大学の理学部を卒業し、ベンチャー企業にデータ・サイエンティストとして就職する。		
23	1年目	年間所得	300 万円
～	平均	年間所得	867 万円
64	退職時	年間所得	700 万円
64	ベンチャー企業を退職する。		
64		退職金	3,100 万円
65	厚生年金の受給を開始する。		
		終身年金	276 万円
	◆業務内容		
	★立場		
		エンドユーザーのデータ・サイエンティスト	
	★よく使用する分析手法		
		アソシエーション分析	◎
		アドホック分析	○
		クラスター分析	◎

補足説明

内容
■データ・サイエンティストのなり方
・大きく、次の3つの方法がある。
① 大学・大学院などを卒業して新卒で就職する。
② エンジニアから転職する。
③ コンサルタントやマーケターから転職する。
■データ・サイエンティストの身分
・大きく、次の3つの在り方がある。
① 一般企業やメーカーの正社員。
② シンクタンクやリサーチ会社の正社員。
③ スポット契約で働く個人事業主。
■データ・サイエンティストの仕事内容
・一般的には、次のような流れになる。
① 解決すべき課題を理解する。
② 課題を解決するための仮説を立てる。
③ 必要なデータの収集を行う。
④ データの編集・加工・集約・分析を行う。必要があればプログラム開発も担当する。
⑤ 提案書を作成しプレゼンテーションを行う。

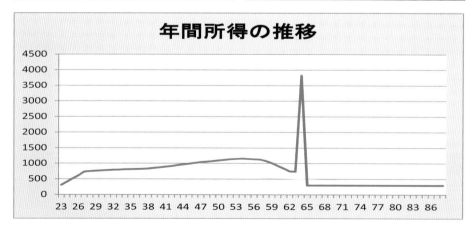

年間所得の推移

生涯所得	4億6,742万円

60

お金で換算できない価値

プラス面	マイナス面
❶. 時代の最先端を走っている印象がある。	❶. 提案した内容がスカだったら、一気に信用を失ってしまう。
❷. 能力次第で、引く手あまたという印象だ。	❷. 発展途上の職種であるため、定まったキャリア・プランがない。
❸. 優秀な人が多く、切磋琢磨していける。	❸. とにかく技術の変化が激しく、常に自己研鑽を求められる。
❹. 実力が認められれば、独立することもできる。	❹. データ・サイエンティストの定義があいまいで、求められるものが会社によって違う。
❺. 物事の本質を追求できる。	❺. プログラム開発、数学や統計学など、幅広い知識が必要になる。

分野別評価　　　　　　　　　　　　　　　今後の課題

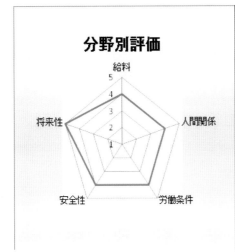

❶. IT人材の不足が言われているが、国家の浮沈を左右しかねないデータ・サイエンティストも不足が懸念されている。

❷. ビッグデータを扱うために、AI（人工知能）との共存が求められる。

❸. ビッグデータ分析には、過学習（overfitting）のリスクがあり、スモールデータと使い分けることが重要になる。

関係する話題	基礎データ
・統計学が学べる学部 ①. 理学部（数学科） ②. 工学部 ③. 情報学部 ④. 経済学部 ⑤. 経営学部 ⑥. 社会学部 ⑦. 心理学部 ・データサイエンス学部のある大学 ①. 横浜市立大学　データサイエンス学部 ②. 武蔵野大学　データサイエンス学部 ③. 滋賀大学　データサイエンス学部	・データ・サイエンティストに求められるスキル ①. 分析や統計学の知識 ②. プログラミング ③. SQLや分析ツールの取り扱いスキル ④. コミュニケーション能力 ⑤. プレゼンテーション能力 ・データサイエンティストの平均収入 　データサイエンティスト協会が2020年に行った標本数630の会員調査によると、2020年の平均年収は約791万円だった。 ・政府のAI戦略（2019年6月まとめ） 　政府は2025年までに全ての大学生・高専生の半数の25万人にデータサイエンス・AIの初級から応用基礎まで身に付けさせ、さらに世界で活躍できるエキスパートを2千人育成しようと計画している。

職種と位置付け

027	パティシエ			上位	0.1	%
	2019年度の平均年間所得	341	万円			

職業キャリア

> 19歳で高校卒業後、製菓専門学校に進学し、技術を身に付けて2年後、21歳の時に洋菓子店に就職し、1年目に製菓衛生師試験に合格して国家資格を取得し、5年間勤務後、独立して洋菓子店を開業し、65歳になるまで働き続ける。

所得推移

年齢	出来事			
19	高校卒業後、製菓専門学校に進学する。			
21	製菓専門学校を卒業し、洋菓子店に就職する			
21	製菓衛生師試験に合格し、国家資格を取得する。			
21	1年目	年間所得	252	万円
〜	平均	年間所得	266	万円
25	退職時	年間所得	280	万円
25	洋菓子店を退職する。			
25		退職金	40	万円
26	独立し、洋菓子店を開業する。			
26	1年目	年間所得	250	万円
〜	平均	年間所得	415	万円
64	退職時	年間所得	420	万円
	◆販売商品			
	洋菓子	プリン、エクレア、シュークリーム、タルトレット、ピザパイ、ミルフィーユ		
	ケーキ	ガトーショコラ、クリスマスケーキ、ショートケーキ、デコレーションケーキ、バターケーキ		
64	洋菓子店を廃業する。			
64		退職金	0	万円
65	厚生＆国民年金の受給を開始する。			
		終身年金	85	万円

補足説明

内容
■パティシエになるには ・特に資格や免許は必要ないが、「製菓衛生師」や「菓子製造技能士」の国家資格を持っていると、箔が付く。 ■パティシエが独立するタイミング ・パティシエが独立するのにベストな年齢は、どのような規模のどのような商品構成の店を開くのかによるが、一般には5年くらい経験を積んでから、といわれている。 ■開業資金 ・条件によって異なるが、開業資金は最低でも300万円は用意しなければならないだろう。 ■年金 ・主要期間が国民年金だけでは金額が少ないので、蓄財するか、追加の年金などの備えをしておいた方がよいだろう。

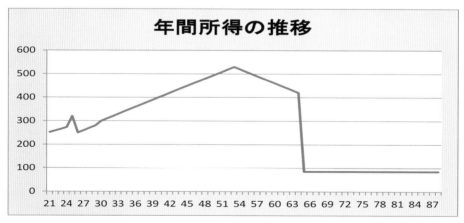

年間所得の推移

生涯所得　1億9,600万円

お金で換算できない価値

プラス面	マイナス面
①．人の指図を受けず、自分の腕一本で勝負できる。	①．個人洋菓子店の開店が頻繁にあるため、生存競争が厳しい。
②．好きなことをして暮らせる。	②．世間の流行や業界の新潮流を常に監視し、時代についていけないと、取り残される。
③．次回来店時に、お客様から、「この間買ったケーキ、おいしかった！」と言われることがある。	③．仕事は体力勝負の要素が大きく、長時間労働の傾向もあり、厳しい。
④．実力が認められれば、レシピを任せてもらえ、やりがいを感じられる。	④．研究のためによく味見をするので、太りやすくなる。
⑤．仕事だけでなく、人生の師に巡り会える可能性がある。	⑤．クリスマスやバレンタイン・デーの前は、特に忙しくなる。

分野別評価　　　　　　　　　　　　　　今後の課題

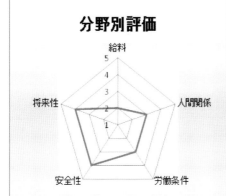

①．コンビニの洋菓子の販売進出に対して、どのように対応するか。

②．パティシエの離職率について、『1年以内に辞める人が70%、3年以内は90%、10年以内は99%』などという衝撃的な俗説がまかり通っている。

③．売り上げを増やすには、ネット通販を始めるのもよいだろう。

関係する話題	基礎データ
・著名人 ●辻口 博啓氏（パティシエ、ショコラティエ） ●向井 聡美氏（パティシエ） ・パティシエの就職先 ①．カフェ ②．ホテル ③．結婚式場 ④．洋菓子店 ⑤．レストラン ⑥．菓子メーカー ・パティシエに有利な資格 ①．製菓衛生師　　：国家資格。 ②．菓子製造技能士：国家資格で、「洋菓子製造技能士」と「和菓子製造技能士」があり、2級（実務経験2年要）と1級（2級合格と実務経験7年要）がある。	・パティシエとショコラティエ ①．パティシエ（pâtissier）とはフランス語で菓子製造人を意味する名詞の男性形で、女性形はパティシエール（pâtissière）である。 ②．ショコラティエ（chocolatier）とはフランス語でチョコレートから様々なデザートや菓子を作る、チョコレート専門の菓子職人を意味する名詞の男性形で、女性形はショコラティエール（chocolatière）である。 ③．一人で、両方を兼ねる人もいる。 ・独立パティシエの成功率 　芦屋の人気店「ポッシュ・ドゥ・レーヴ」を経営する伊東 巌氏によると、パティシエ が独立して10年継続する確率は0.1%だという。1,000人に1人である。

職種と位置付け

028	F1レーサー	上位	57	%

2020年のF1ドライバー推定平均年俸	107,290	万円

職業キャリア

8歳の時からカートレースに参戦し、高校卒業後、プロのカーレーサーになり、F3,F2を経由して、24歳の時にF1に進出し、優勝1回、3位2回の記録を残して、39歳の時にF1から引退し、4年後にはル・マン24時間レースからも撤退し、現役レーサーを完全に引退して、短大の客員教授に就任し、65歳になるまで働き続ける。

所得推移

年齢	出来事			
8	カートレースに参戦する。			
19	高校を卒業し、カーレーサー生活に就く。			
		F3	21～22	歳
		F2	23～23	歳
		F1	24～39	歳
36	最高額	年間所得	99,000	万円
19	最低額	年間所得	120	万円
	平均額	年間所得	19,962	万円
39	F1から引退する。			
39	◆FIの実績			
		タイトル	0	個
		優勝回数	1	回
		表彰台回数	3	回
43	ル・マンから撤退し、現役レーサーを引退する			
44	短大の客員教授に就く。			
44	1年目	年間所得	1,120	万円
～	平均額	年間所得	1,167	万円
64	退職時	年間所得	755	万円
64	短大の客員教授を退職する。			
64		退職金	1,500	万円
65	厚生＆国民年金の受給を開始する。			
		終身年金	197	万円

補足説明

内容
■カーレーサーになるには
・大きく、次の2つの方法がある。
① 幼稚園児か小学生低学年くらいから、カートレースに参戦して頭角を現す。
② レーシングスクールに入校して優秀な成績を収め、才能を評価される。
・最近は、鈴鹿サーキットレーシングスクールや、フォーミュラトヨタ・レーシングスクールの卒業生が増えているという。

■副収入
・オファーがあれば、テレビ出演、CM出演などで副収入が稼げる。

■世界の主な4輪カーレース
・クルマのタイプで、4つある。

カテゴリ	レース名称
フォーミュラカーレース	F1・インディカーなど
GTカーレース	SUPER GTやFIA GT選手権など
ツーリングカーレース	世界ツーリングカー選手権やスーパー耐久レースなど
スポーツカーレース	ル・マン24時間レースなど

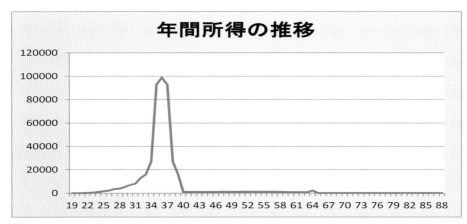

年間所得の推移

生涯所得

45億4,768万円

お金で換算できない価値

プラス面	マイナス面
①. 自分の腕一本で勝負できる。	①. レースは危険と隣り合わせで、生命のリスクを伴う。
②. 好きなことをして暮らせる。	②. レースには車のメンテナンスや運搬に加え、旅費などもかかるため、スポンサーを確保しないと、レーサー生活を続けられない。
③. 優勝すれば自国のみならず、世界のヒーローになれる。	③. レースとはあまりにも環境が違うため、一般道路を走ると緊張する。
④. 女性にもてる。	④. 平均引退年齢は30代半ばと考えられ、現役生活は短いので、引退後の生活設計が大事になる。
⑤. 私生活が派手でも許されるムードがある。	⑤. 筋トレなど、ハードなトレーニングを続ける必要がある。

分野別評価

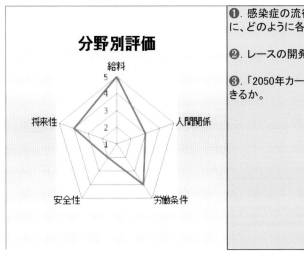

今後の課題

①. 感染症の流行で、レースが開催できない場合に、どのように各チームを守るか。

②. レースの開発コストを抑える必要がある。

③.「2050年カーボンニュートラル」の実現に貢献できるか。

| 関係する話題 | 基礎データ |

・著名人
●中嶋 悟氏
●鈴木 亜久里氏
●片山 右京氏
●佐藤 琢磨氏

・F1ドライバー国籍別人数トップ10
順位 国名 ドライバー数
----
1 イギリス　　160　　6 ブラジル　　32
2 アメリカ　　157　　7 アルゼンチン　24
3 イタリア　　99　　8 スイス　　　23
4 フランス　　71　　9 ベルギー　　22
5 ドイツ　　　58　　10 日本　　　21

・国際レーサーになる条件
　レーシングカーの値段は、ホビー用のレーシングカーで有名なフォーミュラEnjoyですら311万3,000円（税込み）する。月に1度の練習とレースに5回出場する場合、ガレージ保管料を含めて約110万円以上のコストがかかるため、国際レーサーになるには、費用を負担してくれるスポンサーを見つけることが必須の条件となる。

・F1レース中の重力加速度（G）
　コーナリングの時に働く横Gは、Honda F1マシンの場合で、4.5G だという。一般の乗用車は約0.5G なので、9倍の力が働いていることになる。

職種と位置付け

029	騎手（中央競馬会ジョッキー）	上位	0.1	％
	2020年のジョッキーの平均年間所得	3,966	万円	

職業キャリア

　15歳で競馬学校騎手課程の入試に合格し、中学卒業後に競馬学校騎手課程に進学し、3年間学んで騎手免許試験に合格して競馬学校を卒業し、栗東厩舎に配属されて騎手生活を開始し、44歳で騎手を引退後は調教師試験に合格して調教師となり、70歳まで働き続ける。

所得推移

年齢	出来事		
15	中3で、競馬学校騎手課程の入試に合格する		
16	中卒後に、競馬学校騎手課程に進学する。		
18	騎手免許試験に合格して、競馬学校を卒業する。		
19	栗東厩舎に配属され、騎手生活を開始する。		
36	最高額 年間所得	21,000	万円
19	最低額 年間所得	1,200	万円
	平均額 年間所得	10,300	万円
44	騎手を引退する（退職金はゼロ）。		
44	◆騎手の実績		
	重賞勝利	57	勝
	通算勝利	5,914戦	1,087勝
45	調教師試験に合格し、調教師になる。		
51	最高額 年間所得	4,000	万円
45	最低額 年間所得	1,200	万円
	平均額 年間所得	2,616	万円
69	調教師を引退する（退職金はゼロ）。		
69	◆調教師の実績		
	重賞勝利	23	勝
	G1級勝利	7	勝
	通算勝利	3,949戦	402勝
70	国民年金の受給を開始する。		
	終身年金	110	万円

補足説明

内容
■騎手になるには
・大きく、次の2つの方法がある。
① 日本中央競馬会が運営する「日本中央競馬会 競馬学校」に入学して3年間学び、騎手免許試験に合格して卒業し、栗東か美浦のどちらかにある厩舎の所属騎手として活動を開始する。
② 「地方競馬教養センター」に入学して2年間学び、地方競馬の騎手免許試験に合格して卒業し、各競馬場に所属して騎手としての活動を開始する。
■騎手になれる条件
① 15歳か16歳、遅くとも17歳までに競馬学校の入学試験を受けなければ、騎手になるのは難しい。
② 体重制限は年齢によって細かく定められているが、どんな場合でも、50kgを超えたら騎手にはなれない。
■女性騎手数
・2021年12月現在、13名の女性騎手がおり、内訳は、JRAは藤田 菜七子選手を含む3名、地方は宮下 瞳選手を含む10名となっている。

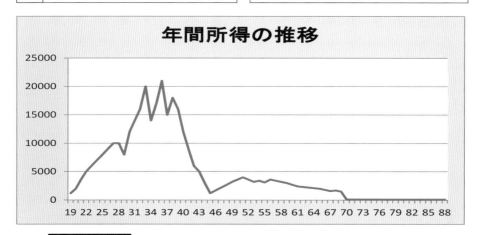

生涯所得

33億5,290万円

お金で換算できない価値

プラス面	マイナス面
❶. 好きな乗馬を生業にできる。	❶. とにかく競争が厳しい。
❷. 努力が結果となって返って来る。	❷. コロナ対応でレースが無観客開催となるなど、大きな影響を受ける。
❸. ファンが多く、競馬や騎手を見る目が熱いので、一体感がある。	❸. 1番人気の馬に乗って、優勝できなかったら、ファンから見放されかねない。
❹. 「騎手エージェント」を利用すれば、レースに勝つことに集中できる。	❹. 厩舎とのしがらみや人間関係に苦しむ人もいる。
❺. 芸能人と結婚する人もいる。	❺. 体重管理は騎手の義務で、申告体重を500グラム超過しただけで、騎乗停止処分を受けてしまう。

分野別評価

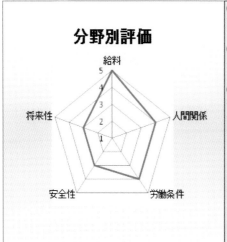

今後の課題

❶. 凱旋門賞など、海外の重賞レースで勝てない状態が何年も続いている。

❷. 感染症の流行で、レースが開催できない場合に、どのように関係者を守るか。

❸. 新型コロナウイルス対策の国の持続化給付金を、日本中央競馬会（JRA）の調教師や調教助手らがを不正受給していたことが発覚するなど、モラルの低い人がいるのは問題だ。

関係する話題	基礎データ

・騎手の最終学歴
　競馬学校を卒業しても高卒の資格は取れないため、最終学歴は中卒の騎手が多い。

・騎手の引退
　引退規定はなく、実際、62歳までJRAのレースに参戦した的場 文男騎手のような人もいるが、多くは30代後半から40代で騎手を引退する。

・騎手の引退後の生活
　調教師になる人が多いが、そのためには、調教師試験に合格する必要がある。

・賞金の配分
「年収ガイド」のWebによると、次の通りである。
①. 馬主　　：80%
②. 調教師：10%
③. 厩務員：　5%
④. 騎手　：　5%

・騎手の収入源
「年収ガイド」のWebによると、次の通りである。
①. 獲得賞金 × 5%（騎手の取り分）
②. 出走数 × 騎手奨励手当（16,000円）
③. 出走数 × 騎乗手当（重賞：43,000円，一般：26,000円）

職種と位置付け

030	お笑い芸人	上位	0.6	%

2019年の業界TOP40の平均年間所得	36,725	万円

職業キャリア

> 高校卒業後、アマチュアで活動し始め、24歳の時に相方とコンビを組み、事務所と契約してプロとなってから10年ぐらい下積みが続いたが、33歳の時、「M-1」で優勝して人気が急上昇し、2年後には「キングオブコント」でも優勝して足場を固め、ピンとしてMCなどにも進出して、70歳まで働き続ける。

所得推移

年齢	出来事		
19	高校を卒業し、アマチュアで活動し始める。		
24	相方とコンビを組み、事務所と契約して、プロとなる。		
33	M-1優勝を果たし、人気が急上昇する。		
35	キングオブコントで、優勝する。		
53	最高額	年間所得	23,100 万円
19	最低額	年間所得	20 万円
	平均額	年間所得	10,758 万円
69	お笑い芸人を引退する（退職金はゼロ）。		
70	国民年金の受給を開始する。		
	終身年金		110 万円
	◆仕事内容		
	役割	ツッコミ	
	★仕事の広がり		
	漫才、コント、作家、MC		
	★得意な芸		
	全力ツッコミ		◎
	例えツッコミ		◎
	スカシツッコミ		○
	ノリツッコミ		◎
	★受賞歴		
	M-1優勝		33歳
	キングオブコント優勝		35歳

補足説明

内容
■お笑い芸人になるには ・大きく、次の4つの方法がある。 ① 吉本のNSCや松竹芸能タレントスクールなどの養成所で学ぶ。 ② フリーで活動して事務所のオーディションを受け、採用される。 ③ 中堅やベテランのお笑い芸人の弟子になる。 ④ フリーで活動してライブやショーで注目される。 ■年金 ・国民年金だけでは、繰り下げ受給しても金額が少ないので、蓄財に励むか、追加の年金などの備えをしておいた方がよいだろう。

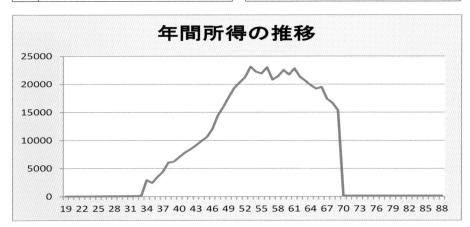

年間所得の推移

生涯所得	55億0,792万円

お金で換算できない価値

プラス面	マイナス面
❶. 自分の考えたネタで勝負できる。	❶. とにかく競争が厳しい。
❷. 売れれば異性にモテて、芸能人と結婚する人もいる。	❷. 1回当てても、落ちた後はい上がれないと、一発屋と言われてしまう。
❸.「最初はグー！」の考案者が志村 けん氏であるように、時代を超えて文化の担い手になれる。	❸. テレビなどで「便利屋」の扱いを受け、リスペクトが足りないのではと感じることがある。
❹. 話しかけられやすい。	❹. テレビ番組などでは、放送コードが厳しく、自由に活動できない。
❺. テレビ番組などに、なくてはならない存在になっている。	❺.「おもしろいこと、やって！」と無茶振りされることがある。

分野別評価

今後の課題

❶. トップ層の新陳代謝が進んでいない。

❷. 感染症の流行で、ライブが開催できない場合に、どのように関係者を守るか。

❸. お笑いのスキルをビジネスに生かせたら、お笑い（芸人）の評価がもっと高まるだろう。

| 関係する話題 | 基礎データ |

・お笑い芸人の学歴や前職、転職先
①. ハーバード大学を卒業した「パックンマックン」のパックン、東大を卒業した石井 てる美氏や「田畑藤本」の藤本 敦史氏、京大を卒業した「ロザン」の宇治原 史規氏のように高学歴の人もいる。
②. サンドウィッチマンの伊達 みきお氏のように、サラリーマン生活を経験している人もいる。
③. 参院議員から大阪府知事になった横山 ノック氏、参院議員を3期務めた西川 きよし氏、宮崎県知事から衆院議員になった東国原 英夫氏などがいる。

・お笑い芸人の引退
　50代の後半で引退した上岡 龍太郎氏（58歳）や、島田 紳助氏（55歳）と、生涯現役を目指す萩本 欽一氏や加藤 茶氏のタイプに分かれる。

・お笑い芸人の成功確率
　吉本NSCへの入学者数は毎年全国で1,000人を超えるが、その中でテレビで脚光を浴びるところまでいけるのは、せいぜい2～3組と言われている。仮に3組が成功し、1組当たりの構成メンバー数を2名と仮定すれば、成功確率は0.6％ということになる。

・事務所と芸人のギャラの配分
　事務所によって異なり、「会社3:芸人7」や「会社4:芸人6」が普通だが、「会社5:芸人5」や「会社9:芸人1」の事務所もあるという。

職種と位置付け

031	ピアニスト		上位	0.01	%
	2020年の調査協力者の平均年収	599	万円		

職業キャリア

　4歳でピアノを弾き始め、私立高校の音楽科を卒業後、私立大学のピアノ科に進学し、3年の時にショパンコンクールに出場して3位入賞を果たし、プロのピアニストとして国内外で活動を開始し、大学を卒業後、ドイツに留学してさらに腕を磨き、50歳からは母校で教壇に立ちながら、80歳まで現役ピアニストとして頑張る。

所得推移

年齢	出来事			
4	ピアノを弾き始める。			
16	私立高校の音楽科に入学する。			
19	私立大学のピアノ科に進学する。			
21	ショパンコンクールに3位入賞し、以後、プロのピアニストとして国内外で活動を開始する。			
34	最高額	年間所得	7,000	万円
22	最低額	年間所得	50	万円
	平均額	年間所得	4,828	万円
23	私立大学を卒業し、独の音楽大学に留学する			
33	カーネギーホールで、リサイタルを行う。			
50	私立大学の教授に就任する。			
50	1年目	年間所得	1,200	万円
～	平均	年間所得	1,100	万円
69	退職時	年間所得	900	万円
69	私立大学の教授を退職する。			
69		退職金	1,500	万円
70	国民＆厚生年金の受給を開始する。			
		終身年金	267	万円
80	ピアニストを引退する（退職金はゼロ）。			
80	◆実績			
21		ショパンコンクール	3位	
33		カーネギーホール・リサイタル	開催	
	◆レパートリー			
	スカルラッティ、バッハ、モーツァルト、シェーンベルク、ブラームス、ベートーヴェン			

補足説明

内容
■ピアニストになるには
・次のような方法が普通である。
① 音大のピアノ科でピアノを学び、在学中や卒業後に有名なコンクールに挑戦して入賞するなどして世間に認められ、プロになる。
② ジャズピアニストを目指すには、アメリカの名門「バークリー音楽大学」に留学する人も多い。
■音楽大学の種類
・国立と公立と私立がある。
① 国立は、東京藝術大学1校だけである。
② 公立は、愛知県立芸術大学、京都市立芸術大学、沖縄県立芸術大学の3校ある。
③ 私立は、桐朋学園大学、東京音楽大学など35校ある。
■ショパンコンクールの賞金
・下表の通りである。

順位	賞金	円換算額
1位	4万ユーロ	512万8,205円
2位	3万ユーロ	384万6,153円
3位	2万ユーロ	256万4,102円

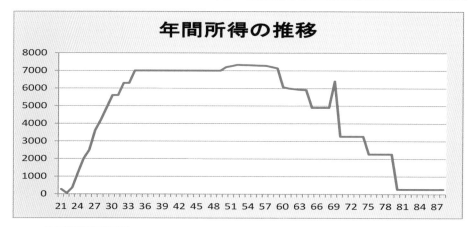

年間所得の推移

生涯所得

31億3,453万円

お金で換算できない価値

プラス面	マイナス面
❶. 好きなピアノを生業にできる。	❶. とにかく競争が厳しい。
❷. 演奏終了後の観客の拍手は、生きる励みになる。	❷. ピアノやエレクトーンを習う子供の数が、年々減っている。
❸. 有名な指揮者、演奏家、オーケストラと共演できることもある。	❸. 仕事をするのに、衣装にも気を遣う。
❹. 売れっ子になれば、世界に進出していける。	❹. 生演奏だけで食べていける人は少ない。
❺. 女性では子育てしながら、活動している人もいる。	❺. ピアニストは意外に肉体労働なので、体力の維持・強化が大変である。

分野別評価　　　　　　　　　　　　今後の課題

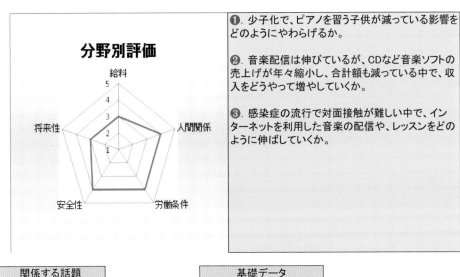

❶. 少子化で、ピアノを習う子供が減っている影響をどのようにやわらげるか。

❷. 音楽配信は伸びているが、CDなど音楽ソフトの売上げが年々縮小し、合計額も減っている中で、収入をどうやって増やしていくか。

❸. 感染症の流行で対面接触が難しい中で、インターネットを利用した音楽の配信や、レッスンをどのように伸ばしていくか。

関係する話題	基礎データ
・ピアニストへの道が開ける世界三大コンクール ①. ショパン国際ピアノコンクール ②. チャイコフスキー国際コンクール ③. エリザベート王妃国際音楽コンクール ・ピアニストのギャラ 　1ステージ10万円のピアニストがいる一方で、海外で活躍しているような人は1ステージ1,000万円で、20世紀を代表するピアニストであるウラディミール・ホロヴィッツ氏は1ステージ1億円だったという噂もあるらしい。 ・高齢ピアニスト 　国内最高齢のピアニストは、室井 摩耶子氏で100歳だという。海外では、89歳まで現役だったアルトゥール・ルービンシュタインのような人もいる。	・音楽大学で学ぶ費用 　音楽系の国立大学は東京藝術大学1校で、公立は愛知県立芸術大学、京都市立芸術大学、沖縄県立芸術大学の3校あり、4年間の学費（入学金等を含む）は、300万円台で収まるが、残りの私立では900万円程度かかることが珍しくない。 　このほかに、自宅でのレッスン設備や楽器のメンテナンスなどにもさらに費用がかかるので、相応の出費は覚悟しなければならない。 ・ピアノ系ユーチューバー 　ユーチューバーの中には、ピアノ系ユーチューバーもいて、ストリートピアノだけでなく、ピアノライブ動画なども投稿して人気を博している人もいる。

職種と位置付け

032	ミュージシャン（シンガーソングライター）	上位	0.01	%
	筆者の推定平均年収	360	万円	

職業キャリア

　大学で音楽サークルに入って、バンド活動を始め、4年の時、ソロとしてメジャーデビューを果たし、大学を中退した6年後に、シングル曲がミリオンヒットして人気を獲得し、70歳まで現役ミュージシャンとして頑張る。

所得推移

年齢	出来事		
19	私立大学に入学する。		
20	音楽サークルのメンバーとバンドを組み、バンド名を決定して活動する。		
22	レコード会社と契約し、ソロとして、メジャーデビューを果たし、大学を中退する。		
28	シングル曲がミリオンヒットする。		
33	最高額	年間所得	9,500	万円
22	最低額	年間所得	43	万円
	平均額	年間所得	3,907	万円
69	現役を引退する（退職金はゼロ）。		
69	◆実績		
	CD・DVD累計売り上げ枚数	2,000万枚
	コンサート実演回数	1,000回
	コンサート観客動員延べ人数	1,000万人
70	国民年金の受給を開始する。		
	終身年金	110	万円

補足説明

内容
■ミュージシャンになるには
・ 大きく、次のような方法がある。
① 生演奏、生歌のオーディションで才能を認められる。
② ネットのオーディションに音源をアップロードして応募する。
③ YouTubeなどに音源をアップロードして、音楽ファンに向けてアピールする。
■国民年金
・ 20歳から60歳までの40年間、保険料を納め、65歳過ぎから年金を満額受け取るのが原則で、払込期間が足りない場合の年金受給額は次の通りとなる。

ケース	納付期間	割合	年金受給額
原則	40年間	満額	780,900
例外①	10年間	1/4	195,225
例外②	20年間	2/4	390,450
例外③	30年間	3/4	585,675

なお、70歳から繰り下げ受給すると、年金受給額が42%増える。

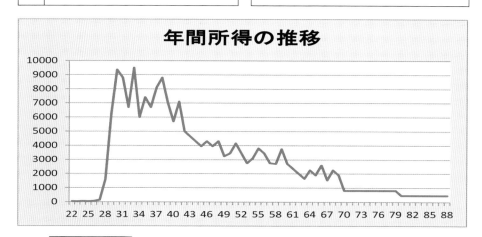

年間所得の推移

生涯所得

19億9,815万円

お金で換算できない価値

プラス面	マイナス面
❶. 好きな音楽を生業にできる。	❶. とにかく売れないと、食べていけない。
❷. CDやDVDがミリオン・ヒットしたり、コンサートやライブの最後に観客から拍手や歓声を浴びたりするのは、生きる励みになる。	❷. 国民の間に、「音楽はただで聞くもの」という意識が浸透している。
❸. 尊敬している有名なミュージシャンと共演できることもある。	❸. レコード会社などから突然、契約を切られることがある。
❹. 売れっ子になれば、世界に進出していける。	❹. 国民的なヒット曲が生まれにくくなっている。
❺. 他の歌手やグループに楽曲を提供したり、プロデュースを手掛ける人もいる。	❺. レコードしかなかった時代と比べると、収益源が細っている。

分野別評価

今後の課題

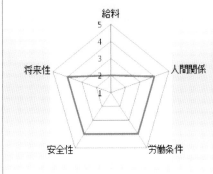

❶. CD・DVDの売上減少や楽曲のネット配信の隆盛で、ミュージシャンが稼ぎにくくなっている環境下でどのように生きていくか。

❷. 感染症の流行で対面接触が難しい中で、インターネットを利用した音楽の配信などをどのように伸ばしていくか。

❸. 大スターを輩出して、業界全体を盛り上げていきたい。

関係する話題	基礎データ
・ミュージシャンの職業病 ①. 声帯ポリープや声帯結節 　喉に炎症性のこぶができて、声質が変化してしまう。痛みを伴うこともある。 ②. 腱鞘炎 　ギターやドラムで指を酷使することで起きる。 ③. フォーカル・ジストニア 　手指の柔らかさが損なわれ、固まってしまったり、意図せずに動いてしまったりして、手や指を思い通りに動かせなくなる。 ④. 椎間板ヘルニア 　ドラムで首を酷使することで起きる。 ⑤. 突発性難聴 　常に大きな音にさらされているためかかる。	・ミュージシャンの収入源（ネット収集情報による） ◆CDやDVDの売上による ①. 原盤印税：1%〜 ②. 著作権印税 ☆「作詞印税」、「作曲印税」：ともに、1.41% ☆「歌唱印税（アーティスト印税）」：1〜6% ◆ダウンロード販売 ☆「iTunes」の場合は1ダウンロードあたり16.6円、「Spotify」の場合は4.6円らしい。 ◆定額配信 ☆「iTunes」の場合は1再生あたり0.55円、「Spotify」の場合は0.15円、「YouTube」の場合は0.03円らしい。 ◆カラオケの著作権料（1曲あたり） ☆歌手　　　　　：1〜3円 ☆作詞家や作曲家：2〜7円

職種と位置付け

033	YouTuber		上位	0.01	%
	日本の高年間所得YouTuberトップ10平均	13,407	万円		

職業キャリア

　17歳の高2の時、YouTubeに自身の公式チャンネルを開設し、高校卒業後、投稿を繰り返し、23歳でYouTuberになると、翌年、事務所と契約し、32歳の時に、チャンネル登録者が500万人を超え、49歳まで現役YouTuberとして頑張った後は、事務所の正社員となって70歳まで後進の指導に当たる。

所得推移

年齢	出来事			
17	高2の時、YouTubeに自身の公式チャンネルを開設する。			
19	高校卒業後、投稿を繰り返す。			
21	YouTuberとなる。			
35	最高額	年間所得	6,000	万円
21	最低額	年間所得	1.5	万円
	平均額	年間所得	3,764	万円
24	YouTuberの事務所と契約する。			
32	チャンネル登録者が500万人を突破する。			
49	現役YouTuberを引退する(退職金はゼロ)。			
49	◆実績			
		チャンネルの最大登録者数	600万人	
		動画投稿本数	2,750本	
		累計再生回数	109億回	
50	事務所の正社員となる。			
50	1年目	年間所得	600	万円
～	平均	年間所得	590	万円
69	退職時	年間所得	510	万円
69	事務所を退職する。			
69		退職金	650	万円
70	国民&厚生年金の受給を開始する。			
		終身年金	202	万円

補足説明

内容
■YouTuberになるには
・次のようなことを決める必要がある。
① どのジャンルで勝負するか。
② コンテンツのコンセプトは何か。
③ 1人でやるか、友人や家族とチームを組むか。
④ どの撮影機材を使うか。
■成功のロール・モデル
・YouTuberは、2007年ぐらいから現れた新しい職業であるため、現在成功している人や、過去の一定期間人気があった人はいるが、YouTuberとして一生を終えた成功者はまだ存在しない。
■第一人者であるHIKAKIN氏の苦労
・2018年に放送されたNHK「プロフェッショナル　仕事の流儀」での発言によると、7分の動画編集に6時間もかけているという。

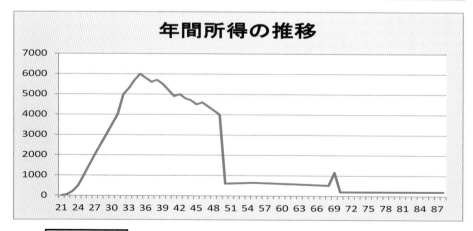

年間所得の推移

生涯所得　　12億5,449万円

お金で換算できない価値

プラス面	マイナス面
❶. 好きなことを生業にできる。 ❷. YouTuberとして知名度が上がれば、別のビジネスを展開する道が開ける。 ❸. 学歴は一切関係ない。 ❹. 友達と助け合って、成長できる。 ❺. 男女ともに小学生のなりたい職業トップ5に選ばれ、時流に乗っている。	❶. Googleの独断で、YouTubeの利用規約が変更され、アカウントが突然、停止になったり、広告単価が激減したりすることがあり得る。 ❷. 数分の動画に数時間かけないと、再生数が増えない。 ❸. 同じことの繰り返しではすぐに飽きられてしまうため、常に新しいことを考えなければならない。 ❹. 視聴者から嫌がらせを受けたり、安全性やプライバシーを侵害されたりするリスクがある。 ❺. 燃え尽き症候群になったり、ストレスに苦しみ、PTSDを発症してしまう人がいる。

分野別評価　　　　　　　　　　　　　今後の課題

分野別評価

給料
5
4
3
2
1
将来性　人間関係
安全性　労働条件

❶. 安易な考えで参入して、途中で挫折してしまう人が多い。

❷. 子供たちには人気があるが、親の世代から「うちの子に是非ついてほしい職業」にはなっていない。

❸. おもしろさばかりが重視される結果、過激な動画が増え、芸術性の高い動画が少ない。

関係する話題	基礎データ

| ・動画の再生状況分析結果
　2019年に、ネットのアクセス分析会社Pexが、公開されたYouTubeコンテンツを分析したところ、10万回以上再生される動画は全体の0.64%ほどにしかすぎず、それがYouTube全体の再生数の81.6%を占めていることがわかったという。

・小学生のなりたい職業調査結果
　「進研ゼミ小学講座」の2020年の調査によると、小学生のなりたい職業で、「ユーチューバー」は男子では2位、女子では4位になっている。 | ・ユーチューブチャンネルに動画広告を掲載できる条件
①. チャンネル登録者1,000人を獲得。
②. 過去12か月で総視聴時間4,000時間を達成。

・YouTuberの月収（簡易計算式）
予想月収 ＝ チャンネル登録者数 × 1月あたりの動画投稿本数 × 0.1円（広告収入単価）

・YouTuberの業種別年収（「平均年収.JP」による）
①. ゲーム実況ユーチューバー：数万円～5,000万円以上
②. KIDSユーチューバー　　：数万円～7,000万円
③. ガジェット・モノ紹介ユーチューバー：数万円～4,000万円以上
④. 面白いことをやるユーチューバー　：数万円～4,000万円以上 |

職種と位置付け

034	漫画家		上位	0.01	%
	2020年の高所得漫画家トップ20平均	45,875	万円		

職業キャリア

> 小さい頃から漫画が好きで、19歳・高校卒業時には将来漫画家になると決め、21歳でデビューし、27歳の時に生涯最大のヒット作に恵まれて地位を確立し、50歳で大学の教壇に立って漫画を教え始め、70歳になるまで続けながら、現役漫画家として80歳まで活動する。

所得推移

年齢	出来事			
19	高校卒業時、将来漫画家になると決める。			
21	デビュー作が週刊誌に掲載される。			
27	生涯最大のヒット作の連載が開始し、31歳の時まで続く。			
30	最高額	年間所得	150,000	万円
21	最低額	年間所得	12	万円
	平均額	年間所得	33,939	万円
50	大学教授として、漫画を教え始める。			
50	1年目	年間所得	1,200	万円
～	平均	年間所得	1,061	万円
69	退職時	年間所得	720	万円
69	大学を退職する。			
69		退職金	1,325	万円
70	国民&厚生年金の受給を開始する。			
		終身年金	260	万円
80	現役漫画家を引退する(退職金はゼロ)。			
	◆実績			
		作品数	500本	
		単行本の総冊数	2,000冊	
	(含電子)	単行本の累計発行部数	1億部	
	◆ジャンル			
		少年漫画	少女漫画	青年漫画

補足説明

内容
■漫画家になるには
・次のような方法がある。
① 雑誌のコンテストに応募して、大賞や新人賞を受賞する。
② 漫画家のアシスタントをしながら、デビューを目指す。
③ 漫画投稿サイトに作品を投稿して、ファンの注目を集める。
■漫画が学べる学校
・大学、短大、専門学校がある。
① マンガ学部がある大学
私立の京都精華大学だけ。
② 漫画が学べる国公立大学
なし。
③ 漫画が学べる私立大学
大阪芸術大学など19校。
④ 漫画が学べる私立短大・大学の短期大学部
桐生大学短期大学部など5校。
⑤ 漫画が学べる私立専門学校
東京デザイン専門学校など65校。

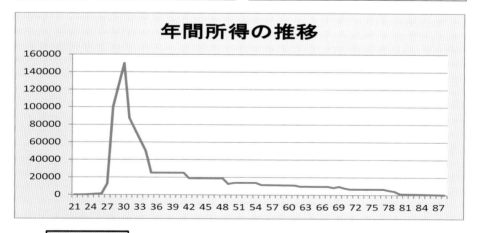

年間所得の推移

生涯所得　127億7,495万円

お金で換算できない価値

プラス面	マイナス面
❶. 好きなことを生業にできる。 ❷. 絵があるので読者に伝わりやすい。 ❸. 学歴は一切関係ない。 ❹. 海外の人とも漫画で心がつながれる。 ❺. 子供を育てながら、仕事ができる。	❶. 過激な漫画に影響される人がいたり、漫画家の発言が物議を醸すことがある。 ❷. インドアの仕事が基本で、外部との接触が少ない。 ❸. 運動不足と不健康な食生活が、職業病となっている。 ❹. 指を酷使する長時間の座り仕事なので、腱鞘炎や肩こり、頭痛、痔などになりやすい。 ❺. 若い読者が親たちから、「漫画ばかり読んでないで、もっと勉強しなさい！」と言われることがある。

分野別評価　　　　　　　　　　　　今後の課題

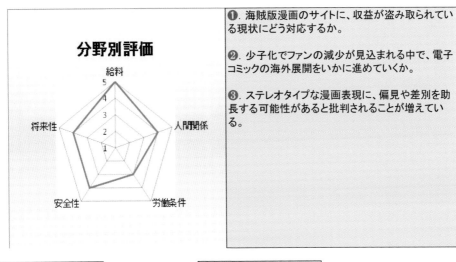

❶. 海賊版漫画のサイトに、収益が盗み取られている現状にどう対応するか。

❷. 少子化でファンの減少が見込まれる中で、電子コミックの海外展開をいかに進めていくか。

❸. ステレオタイプな漫画表現に、偏見や差別を助長する可能性があると批判されることが増えている。

関係する話題	基礎データ
・漫画家の成功確率 　漫画家の成功を、雑誌に連載を持てる人と定義し、 ①. 雑誌社が主催する漫画コンテストで大賞に選ばれるのは、10,000作品中1つだけ。 ②. 読み切り作家としてデビューできた人のうち、短期連載にたどり着けるのは、1,000人に1人。 と仮定すると、 ①をクリアできる確率は、0.01％ ①と②を両方クリアできる確率は、0.00001％となる。	・漫画家の主な収入源（「マンガ業界情報局 by アミューズメントメディア総合学園」による） ①. 連載漫画の原稿料 　1ページあたり4,000円〜7,000円から、2万円〜3万5,000円前後まで幅広い。仮に単価を2万円とすると、週刊連載漫画を1週間に19ページで4週描くと、原稿料は、2万円×19枚×4週間＝152万円となる。 ②. 単行本の印税 　印税は出版社によって異なるが、一般的には8％〜10％ほどである。仮に印税が10％の場合、定価税込1,000円の本が1万部売れたら漫画家に入る印税は、1,000円×0.1×1万部＝100万円になる。 ③. その他 　アニメが1話分放送されると漫画家には10〜15万円分入り、ゲーム化されると売り上げの3％が漫画家に支払われると言われている。

職種と位置付け

035	国家公務員（総合職）	中位	中の中	層
	2020年国家公務員平均年間所得	673	万円	

職業キャリア

　19歳で国立大学の経済学部に入学し、大学4年の時、国家公務員・総合職試験に合格し、卒業後、経産省に入省して、係長、課長補佐、室長、課長と順調に昇進し、65歳で定年退職した時、俸給表上の座標は、9級17号だった。

所得推移

年齢	出来事		
19	国立大学の経済学部に入学する。		
22	大学4年の時、国家公務員試験を受け、合格する。		
23	大学を卒業し、経産省に入省する。		
23	1年目	年間所得	360 万円
～	平均	年間所得	951 万円
65	退職時	年間所得	900 万円
25	係長に昇進する。		
30	課長補佐に昇進する。		
40	室長に昇進する。		
50	課長に昇進する。		
65	経産省を定年退職する。		
65	退職金	2,790 万円	
	◆実績		
	退職時の階級	課長	
	俸給表上の最終座標	9級17号	
65	厚生年金の受給を開始する。		
	終身年金	302 万円	

補足説明

内容
■国家公務員になるには
・次の手順を踏む必要がある。
① 国家公務員試験を受け、合格する。試験は大きく、「総合職試験（大卒程度・院卒者）」、「一般職試験（大卒程度・高卒者・社会人）」、「専門職試験（大卒程度・高卒程度）」の3種類に分かれている。
② 「官庁訪問」を行うと、各省庁はその採用候補者の中から採用面接等を行い、内定者を決定する。
■公務員の年金制度
・少し前まで、公務員の年金は、共済年金と言われていたが、2015年10月から共済年金は厚生年金に一元化されたため、従来ほどのうま味はなくなったと考えられている。
■見落とされがちな国家公務員
・次の専門技官は、採用試験が免除される。

技官名	職種
医系技官	医師、歯科医師
薬系技官	薬剤師など
獣医系技官	獣医師
看護系技官	看護師、保健師、助産師
栄養系技官	管理栄養士

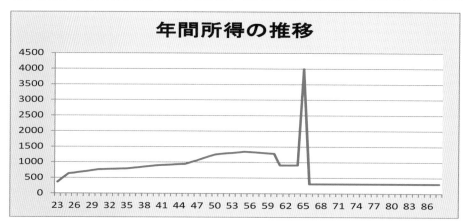

年間所得の推移

生涯所得　　5億0,963万円

お金で換算できない価値

プラス面	マイナス面
❶. 期限はあっても、ノルマはないので、仕事のストレスが少なく、雇用が安定していて、不祥事でも起こさない限り、リストラされる心配はない。 ❷. 社会的な信用力が高い。 ❸. カレンダー通り、ほぼ確実に休みが取れ、産休・育休もしっかり取れる。 ❹. 国家、国民のために尽力できる。 ❺. 政治家に転身する人もいる。	❶. 残業や異動が多い。 ❷. 労働基本権が保障されておらず、公務員法で、営利目的の副業も禁止されている。 ❸. 一部の公務員が事件を起こすと、関係のない人も社会から犯罪者のような扱いを受けることがある。 ❹. 雇用保険がなく、もし失業しても失業手当をもらえない。 ❺. 国民から評価されるより、批判されることの方が圧倒的に多い。

分野別評価　　　　　　　　　　　　今後の課題

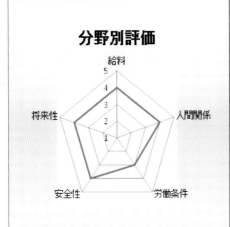

❶. 国家公務員の志願者がここ数年、顕著に減っているが、どうやって盛り返していくか。

❷. 雇用の流動性が低く、人材が劣化したと批判されることが増えている。

❸. 人口千人あたりの国家公務員数を国際比較してみると、わが国は有意に少ないが、現状で適正規模と言えるのだろうか。

関係する話題	基礎データ
・国家公務員出身の有名人 ●作家・著述家 　佐藤 優氏　（外務省） 　浅田 次郎氏（自衛隊） ●タレント・声優 　山村 紅葉氏（国税庁） 　水島 大宙氏（自衛隊） ●大学教授 　髙橋 洋一氏（大蔵省） ●漫画家 　本宮 ひろ志氏（自衛隊） 　武論尊氏　　（自衛隊） ●お笑い芸人 　亘 健太郎氏（フルーツポンチ・自衛隊）	・国家公務員の種類 ①. 総合職 　中央省庁（1府12省庁や各出先機関など）で働く、公務員の中のエリートのような存在で、一般に「キャリア」と呼ばれ、1年目から幹部候補の立場に就ける。 ②. 一般職 　中央省庁や出先機関で働き、総合職が企画立案した政策を実行に移すのが主な仕事で、勤務先は中央省庁のほかに、税関や労働局などの地方機関もあり、他の省庁への異動がないという特徴を持つ。 ③. 専門職 　「皇宮護衛官」、「財務専門官」、「国税専門官」、「法務省専門職員」、「外務専門職」など専門的な業務にあたる人たちである。

036	国連職員		中位	中の上	層
	P-4 Step6の3都市平均年間所得	1,722	万円		

職業キャリア

　23歳で国立大学の法学部を卒業し、米国のコロンビア大学国際公共政策大学院に留学して国際関係論を学び、修士学位を取得後、国連難民高等弁務官事務所（UNHCR）に入所し、以降も65歳までずっと、国連内の各組織を渡り歩く。

所得推移

年齢	出来事		
19	国立大学の法学部に入学する。		
23	大学を卒業し、米国のコロンビア大学国際公共政策大学院に留学し、国際関係論を学ぶ。		
25	コロンビア大学国際公共政策大学院修士課程を修了し、国際関係論の修士学位を取得後、国連難民高等弁務官事務所（UNHCR）に入所し、以降もずっと、国連内の各組織を渡り歩く。		
25	1年目	年間所得	840	万円
～	平均	年間所得	1,720	万円
65	退職時	年間所得	2,400	万円
65	国連を定年退職する。		
65		退職金	0	万円
65	国連合同職員年金基金の受給を開始する。		
		終身年金	561	万円

補足説明

内容
■国連職員になるには
・主に、次の6つの方法がある。
① 空席ポストに応募する。
② 外務省が管轄する国連職員採用競争試験を受けて、合格する。
③ 外務省が35歳以下の若手日本人を2年間国連に派遣して、正規採用を目指す「JPO派遣制度」を利用する。
④ 政府や関係機関から「出向」する。
⑤ 国連機関職員が来日した折に、即戦力人材を採用する「採用ミッション」の恩恵に与る。
⑥ 国連事務局が実施する、32歳以下の若い職員の採用試験（YPP：Young Professional Program）を受け合格する。
■国連職員の年金制度
・国連職員は6か月以上勤務すると、国連合同職員年金基金に自動加入するしくみがあり、5年以上勤務すると、年金の給付が受けられる。

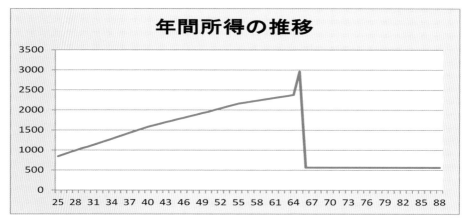

年間所得の推移

生涯所得	8億3,989万円

お金で換算できない価値

プラス面	マイナス面
❶. 国際標準を身をもって知ることができる。	❶. 赴任先によっては、治安状況の悪いところもあり、生命のリスクを負う。
❷. 一般に労働時間が短い。	❷. 外国に居住するので、国民年金の要件から外れてしまう。
❸. 世界の舞台で活躍でき、企画力、決断力、交渉力などが身に付く。	❸. 日本政府の政策と自分の主張が食い違う場合に、苦しい説明を強いられる。
❹. 国際人として扱われる。	❹. 基本的に有期雇用なので、長期的な見通しが立てにくい。
❺. 世界平和に貢献できる。	❺. 異動が多く、家庭との両立が難しい。

分野別評価　　　　　　　　　　　　　　　今後の課題

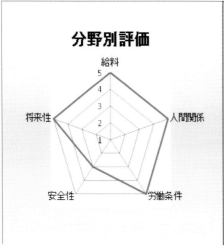

❶. 多額の拠出金を負担している割に、国際機関に勤務する日本人は少ないので、いかに増やしていくか。

❷. 退職してから、日本に帰国後の就職が難しいという問題がある。

❸. 仕事の赴任先で苦労する人が多いので、赴任後の研修が求められる。

関係する話題

・国連職員の経験がある有名人
●明石 康氏
　国際連合事務次長や国際連合事務総長特別代表を歴任した。
●緒方 貞子氏
　日本人初の第8代国連難民高等弁務官を務めた。
●中満 泉氏
　日本人女性初の国際連合事務次長として軍縮担当(UNODA)上級代表を務める。

・国連職員になるための最低限の資格
①. 修士号以上の学歴を有すること。
②. 応募するポストと関連する分野で2年以上の職務経験があること。
③. 英語またはフランス語で職務遂行が可能であること。

基礎データ

・国連勤務の特徴
①. 国連職員は基本、本部も含めてみんな有期契約である。
②. 定年は原則、65歳である。
③. 6か月以上勤務すると、自動的に国連合同職員年金基金に加入するシステムとなっている。
④. 国連職員の給与は、「国際機関職員の給与は世界で最も高い給与水準の国の公務員体系を基礎に置く」というノーブルメイヤーの原則に基づき、米国連邦政府公務員よりも約3割程度高い金額に設定されていると言われる。
⑤. 給与は、希望する国の通貨で受け取れる。

・日本人の国連職員数
　外務省のWebによると、国連関係機関で働く日本人は、2019年12月末現在で、912人いるという。

職種と位置付け

037	プロゲーマー		上位	0.01	%
	2018年日本人プロゲーマー年間獲得賞金トップ10平均	1,778	万円		

職業キャリア

　　小学生の頃からゲームに熱中し、17歳の時、国内の大会で初めて優勝し、23歳で私立大学の経営学部を卒業すると、26歳の時、企業と契約して専業プロゲーマーとなり、30歳の時に米国で行われた格闘ゲーム大会で初優勝を飾り、40歳で現役を引退して、eスポーツ専門学校の講師に転職して65歳まで働き続ける。

所得推移

年齢	出来事			
17	国内の大会で初めて優勝し、学生プロゲーマーとなる。			
23	私立大学の経営学部を卒業する。			
26	企業と契約し、専業プロゲーマーになる。			
30	アメリカで行われた格闘ゲーム大会で、初優勝する。			
30	最高額	年間所得	3,240	万円
17	最低額	年間所得	130	万円
	平均額	年間所得	1,253	万円
40	現役を引退し、eスポーツ専門学校の講師に転職する。			
40	1年目	年間所得	550	万円
〜	平均	年間所得	584	万円
65	退職時	年間所得	460	万円
65	eスポーツ専門学校を定年退職する。			
65		退職金	1,000	万円
65	国民&厚生年金の受給を開始する。			
		終身年金	161	万円
	◆仕事内容			
		立場	競技プロ選手	
		ジャンル	格闘	

補足説明

内容
■プロゲーマーになるには ・次のような手順が考えられる。 ① ゲームに熱中し、スキルを磨き上げる。 ② 個人として大会に出場し、結果を残す。 ③ チームを作る、またはチームに加入する。 ④ チームとして大会に出場し、結果を残す。 ⑤ 企業と契約し、プロゲーマーとして活躍する。 ■プロゲーマーの種類 　①専業プロゲーマー、②社会人プロゲーマー、③学生プロゲーマー の3つがある。 ■成功者のロール・モデル ・プロゲーマーは、2010年ぐらいから国内に現れた発展途上の新しい職業であるため、現在成功している人や、過去の一定期間人気があった人はいるが、プロゲーマーとして一生を終えた成功者はまだ存在しない。 ■プロゲーマーの市場規模 ・アメリカの市場調査会社newzooによると、2020年のeスポーツの世界市場規模は10.593億ドル（約1,165億円）で、KADOKAWA Game Linkageによると、2019年の日本の規模は61億円だという。

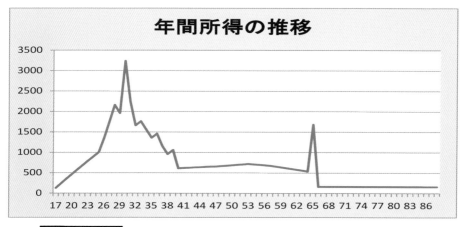

年間所得の推移

生涯所得　　5億0,459万円

お金で換算できない価値

プラス面	マイナス面
❶. 好きなゲームを仕事にできる。	❶.「ゲームは悪」という風潮が強い。
❷. 相手との接触プレーがないため、怪我をしにくい。	❷. 動体視力や反射時間など肉体的な能力に大きく左右されるため、選手寿命が短い。
❸. 審判がいないため、誤審がない。	❸. 既存のプロスポーツ選手よりも、扱いが低い。
❹. 練習や試合の場として、広いスタジアムなどは必要ない。	❹. ゲームタイトルの人気がなくなると、活躍の場が失われるリスクがある。
❺. オリンピック種目として採用されたら、人気が爆発する可能性が高い。	❺. 新しいゲームが出ると、選手は対応せざるを得ない。

分野別評価

今後の課題

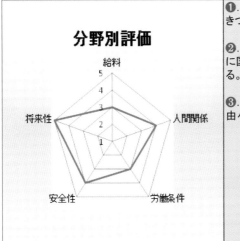

❶.「賭博罪」や「景品表示法」、「風営法」の縛りがきつい。

❷. 専業のプロゲーマーを増やすには、ファンや特に国内で開催される大会をもっと増やす必要がある。

❸. 小・中学生のゲーム依存症が増えているのは、由々しき問題である。

関係する話題	基礎データ

・プロゲーマーの有名人 ●ときど選手 　東大卒プロゲーマーで、格闘系eスポーツでもっとも人気が高い「ストリートファイター」などを得意とする。 ●ウメハラ(Daigo)選手 　「The Beast」の異名で海外でも知られる伝説的プロゲーマーで、格闘ゲームを得意とする。 ●かずのこ選手 　プロ格闘ゲーマーで、攻撃的なプレースタイルを売りにする。 ●ふぇぐ選手 　2018年12月に、対戦型カードゲーム「Shadowverse(シャドウバース)」の世界大会「ワールドグランプリ2018」で優勝し、賞金100万ドル(約1億1,000万円)を獲得した。24歳だった。	・プロゲーマーの主な収入源 ①. 大会の賞金 　ゲーム大会の主戦場は海外で、賞金も桁違いに多い。 ②. ゲーム関連企業からのスポンサー年間収入 　所属チーム経由で契約料を受け取る場合と、個人が直接企業と契約して受け取る場合がある。 ③. 動画サイトの広告収入 　ゲーム動画の配信に特化したtwitchというサービスはドネーションやサブスクライブなどの機能があり、プロゲーマーの重要な収入源となっている。 ④. 講演会やイベントへの出演料 　人気のあるプロゲーマーなら講演会などの依頼が増え、出演料を受け取れる。

職種と位置付け

038	声優			上位	上の上	層
	2020年の声優の推定年間所得トップ25平均	1,461	万円			

職業キャリア

　小さい頃から声優という職業に憧れを抱き、高校卒業後、声優の専門学校に入学して基本を学び、21歳の時に声優事務所のオーディションに合格して事務所所属となって声優として本格的に活動し始め、生涯現役で人生を駆け抜ける。

所得推移

年齢	出来事		
19	高校卒業後、声優の専門学校に入学する。		
21	声優事務所のオーディションに合格して事務所の所属となり、声優として活動し始める。		
60	最高額	年間所得	4,000	万円
21	最低額	年間所得	50	万円
	平均額	年間所得	2,412	万円
65	国民年金の受給を開始する。		
	終身年金		78	万円
	◆活動領域		
	①	アニメのアフレコ	
	②	洋画の吹替え	
	③	ゲームやアプリのせりふ吹込み	
	④	テレビ番組やCMなどのナレーション	
	⑤	ラジオや商業施設などのアナウンス	
	⑥	ラジオ・パーソナリティ	
	⑦	イベントの司会	
	⑧	舞台役者	
	⑨	歌手	
	◆所属団体		
		団体交渉	協同組合日本俳優連合

補足説明

内容
■声優になるには
・次のような手順が考えられる。
① 声優の専門学校、または養成所に入って、声優業の基本を身に付ける。
② 声優事務所のオーディションに合格して、事務所の所属となる。
③ アニメや映画のオーディションを受け、役を勝ち取る。
■声優の引退
・定年という概念はなく、自分の意志で引退を表明する人もいれば、若山 弦蔵氏や広川 太一郎氏のように、生涯現役を貫く人もいる。
■年金
・国民年金だけでは、金額が少ないので、蓄財するか、追加の年金などの備えをしておいた方がよいだろう。

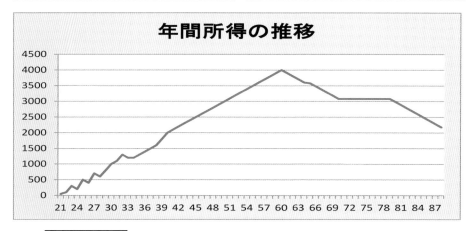

年間所得の推移

生涯所得	16億5,922万円

お金で換算できない価値

プラス面	マイナス面
❶. 声で仕事ができる。	❶. イメージ通りの仕事ができないと、落ち込む。
❷. 年齢に関係なく、活動できる。	❷. 喉の調子を整えるための健康管理が欠かせない。
❸. 外見がメインではないため、いろいろな役を演じられる。	❸. ひとつのキャラクターで人気が出ると、他の役を演じにくくなる。
❹. 人気が出れば、ユニットを組んで、CDやDVDを出したり、コンサートもできる。	❹. 名前が売れるまでは、オーディションに出て役を勝ち取るしかない。
❺. アニメは世界的な市場を持つので、海外でも有名になれる可能性がある。	❺. 東京で行われる仕事が多い。

分野別評価　　　　　　　　　　　　　今後の課題

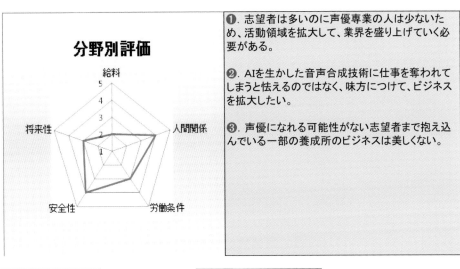

❶. 志望者は多いのに声優専業の人は少ないため、活動領域を拡大して、業界を盛り上げていく必要がある。

❷. AIを生かした音声合成技術に仕事を奪われてしまうと怯えるのではなく、味方につけて、ビジネスを拡大したい。

❸. 声優になれる可能性がない志望者まで抱え込んでいる一部の養成所のビジネスは美しくない。

関係する話題	基礎データ
・声優の有名人 ◆女性 　①. 林原 めぐみ氏 　②. 花澤 香菜氏 　③. 早見 沙織氏 ◆男性 　①. 神谷 浩史氏 　②. 宮野 真守氏 ・声優の厳しい現実（ネット上で流布している情報による） 　専門学校や養成所で声優の勉強をしている人は年間約3万人おり、このうち事務所に所属でき、新人声優になれるのは約200人（0.6％）と言われている。	・声優の9つの仕事内容（「東京アニメ・声優＆eスポーツ専門学校」のWebより） ①. アニメのアフレコ ②. 洋画の吹替え ③. ゲームやアプリのせりふ吹込み ④. テレビ番組やCMなどのナレーション ⑤. ラジオや商業施設などのアナウンス ⑥. ラジオ・パーソナリティ ⑦. イベントの司会 ⑧. 舞台役者 ⑨. 歌手 ・声優業界のランク制 　声優業界には日本俳優連合が定めたランク制があり、ギャラはランクで決まり、たとえば30分のアニメなら、新人は約1万5千円、大御所のベテラン声優は約4万5千円が相場だという。

039	専業農家		中位	中の中	層
	2019年専業農家の平均年間所得	418.5	万円		

職業キャリア

　高校卒業後、大学の理工学部に進学してシステム工学を学び、23歳で大学を卒業すると、家業の農業を引き継ぎ、最初は生産物の販売を100%農協に委託するが、徐々に直販率を高めて、58歳の時に直販率100%を達成し、同時に生産性も年々向上させて、60歳の時に1haあたりの販売額710万円のピークを付けて、82歳まで農業に親しむ。

所得推移

年齢	出来事			
19	高校卒業後、大学の理工学部に進学する。			
23	大学を卒業し、家業の農業を引き継ぐ。生産物は、最初は100%農協に販売を委託するが、直販をだんだん増やしていく。			
	◆販売先別店頭価格100の内訳想定			
	販売先	流通コスト	売上額	手取収入
	農協	55	45	18
	直販	20	80	53
	◆年間所得変動			
52	最高額	年間所得	539	万円
23	最低額	年間所得	96	万円
	平均額	年間所得	273	万円
65	国民年金の受給を開始する。			
	終身年金		78	万円
	◆農業の内容　（農地面積：2ha）			
	★概要			
		1	2	3
		米	野菜	果物
		4	5	
		畜産	花き	
	★詳細			
		2	果菜類	トウモロコシ
				キュウリ
			葉菜類	白菜
		3	果実的野菜	イチゴ

補足説明

内容
■農業を始めるには
・次のような方法が考えられる。
① 実家の家業の農業を継ぐ。
② 農業法人に就職する。
③ 市町村農業委員会に「認定申請書」や「営農計画書」などを提出して、「農家資格」を得、農地を手当てし、農機具を揃えて、ゼロから農業を始める。
■「自給的農家」を超える「販売農家」の条件
・「経営耕地面積30アール以上または農産物販売金額が年間50万円以上」を満たさなければならない。
■年金
・国民年金だけでは金額が少ないので、蓄財するか、農業者年金に加入するなどの備えをしておいた方がよいだろう。
■農業関係の資格
① 普通自動車運転免許
② けん引免許
③ 危険物取扱者（乙種第4類）
④ 毒物劇物取扱責任者（農業用品目または一般）
⑤ 産業用無人ヘリコプター技能認定

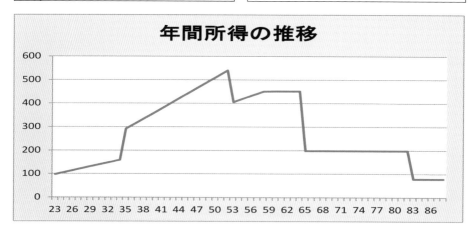

年間所得の推移

生涯所得　1億8,299万円

お金で換算できない価値

プラス面	マイナス面
❶．新鮮なコメや野菜、鶏卵などが食べられる。	❶．洪水や干ばつなどの天候不順の影響をもろに受けてしまう。
❷．自然の厳しさと日々向き合い、自然の恵みに感謝して生きている人は、笑顔のきれいな人が多い。	❷．単純作業の繰り返しが多い。
❸．いろいろな仕事をこなすため、手先が器用になる。	❸．旅行などで何日も家を空けるのは難しい。
❹．農繁期には家族総出で作業することもあるので、助け合いの精神が自然に身に付く。	❹．場所や季節によっては、害虫や害獣に農作物や鶏舎などを荒らされることがある。
❺．漬物や梅酒などに、その家独特の味わいがある。	❺．肉体労働が多いので、怪我をすると仕事ができなくなってしまう。

分野別評価

分野別評価

今後の課題

❶．就農者の高齢化と減少の傾向に歯止めをかけるためには、生産性を向上させなければならない。

❷．地球温暖化を思うと、高温に強い農産物の生産を考えていかなければならない。

❸．二酸化炭素の排出、化学農薬や化学肥料の使用を減らしていかなければならない。

関係する話題

基礎データ

・農業関係の有名人
●黒毛和牛飼育
　有限会社農業生産法人のざき代表取締役
　野﨑 喜久雄氏
●養豚・就農支援
　「NPO法人農家のこせがれネットワーク」代表
　理事 兼「株式会社みやじ豚」代表取締役社長
　宮治 勇輔氏
●農産物直売
　株式会社農業法人みずほ代表取締役社長
　長谷川 久夫氏
●ミニトマト栽培
　キノシタファーム代表
　木下 健司氏
●農産品・海産品のオンライン直売
　「食べチョク」を運営する株式会社ビビットガーデン のCEO 秋元 里奈氏

・意外な農業
　競馬の調教に携わっている厩舎関係者も農業に属するという。

・農業の厳しい現実
　農林水産省が2020年11月27日に発表した2020年の「農林業センサス」によると、農業を主な仕事とする「基幹的農業従事者」は136万1千人で、15年の前回調査と比べて22.5%、39万6千人減少し、平均年齢は0.7歳上昇して67.8歳だった。

・トマト農家の販売額試算
　トマトの1kgあたり販売単価が350円で、10a当たりの反収を10tとすると、販売額は350万円になるので、100a、つまり1haでは3,500万円、2haなら7,000万円になる。

職種と位置付け

040	冒険家		上位	上の中	層
	筆者の推定平均年収	300	万円		

職業キャリア

　高校卒業後、大学の農学部に進学して山岳部に入り、植村直己の伝記を読んで感動し、エベレストに登る夢を抱いて、スポンサー探しに奔走する。23歳で大学を卒業すると、プロの冒険家としてエベレスト登頂に成功し、34歳からは冒険を続けながら、大学でも教え始め、客員教授は65歳まで、冒険は70歳になるまで続ける。

所得推移

年齢	出来事			
19	高校卒業後、大学の農学部に進学し、山岳部に入る。			
20	植村直己の伝記を読んで感動し、エベレストに登る夢を抱き、企業やマスコミにメールを送り、スポンサー探しに奔走する。			
23	大学を卒業し、プロの冒険家として、エベレスト登頂に成功する。			
24	最高額	年間所得	2,100	万円
20	最低額	年間所得	30	万円
	平均額	年間所得	1,165	万円
34	冒険を続けながら、大学の客員教授に就任する。			
34	1年目	年間所得	480	万円
～	平均	年間所得	564	万円
65	退職時	年間所得	420	万円
65	大学を定年退職する。			
65		退職金	1,350	万円
65	国民＆厚生年金の受給を開始する。			
		終身年金	177	万円
70	冒険家を引退する。			
	◆冒険内容			
		立場	登山家	

補足説明

内容
■冒険家になるには
・次のような手順が考えられる。
① 大学の山岳部や冒険部、探検部に入部して、冒険の経験を積む。
② 英語を習得する。
③ 冒険家の本を読み、研究する。
④ 自分の冒険計画を立てる。
⑤ 企業などにプレゼンをして、スポンサーになってもらう。
⑥ 訓練を重ね、入念な準備をする。
⑦ 決行する。
■冒険家とスポンサー
・冒険家の中には、難波 康子氏のようにスポンサーに一切頼らなかった人もいるが、このような人は珍しく、スポンサーの世話になるのが普通である。

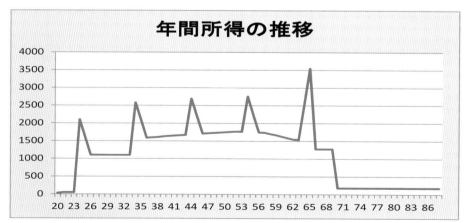

年間所得の推移

生涯所得	8億1,948万円

お金で換算できない価値

プラス面	マイナス面
❶. 仕事内容が夢とロマンにあふれている。 ❷. 特別な学歴や資格は必要ない。 ❸. 有名になると、本を書いたり、CMに出演したりできることもある。 ❹. 誰も見たことがないものを見たり、「非日常」を体験することができる。 ❺. カッコいいというイメージがあり、人々の注目を集められる。	❶. 場所や季節、天候、体調などの条件によっては、落命するリスクがある。 ❷. 一度冒険に出ると、何か月もの間、家に帰れないことがある。 ❸. 極限状態を想定した訓練は大変である。 ❹. ライバルに負けたくないという意識が強く出すぎると、冒険中に前進か撤退かの究極の判断を間違いかねない。 ❺. 冒険のすべての責任は自分にあるので、孤独である。

分野別評価　　　　　　　　　　　　　　今後の課題

分野別評価

❶. 人々をびっくりさせるような冒険は見いだしにくくなっている。

❷. 宇宙での冒険が期待されている。

❸. 最近、映画になるような冒険がない。

| 関係する話題 |

| 基礎データ |

・冒険家の有名人（生年月日順）
●三浦 雄一郎氏
●堀江 謙一氏
●田部井 淳子氏
●植村 直己氏（↘）
●難波 康子氏（↘）
●南谷 真鈴氏

・冒険家の寿命：
　冒険家の中には、三浦 雄一郎氏や堀江 謙一氏のように長命な人もいるが、冒険中に落命する人もいる（上記の有名人の人名の後の「↘」印）。

・冒険家の定義と特徴
◆定義
①. 冒険家とは、日本全国や世界の海、山、川、極地などを旅して、チャレンジを続ける人のことを指し、その主たる目的は、人類未踏の場所へ出かけ、新たな発見をすることである。

◆特徴
①. フリーランス（個人事業主）として活動する人が多い。
②. 通常は、スポンサーの支援を受ける。
③. 副業として、大学の非常勤講師や客員教授、私立高校の校長を務めたり、社団法人の会長に就く人もいる。

第1章の見方

職種と位置付け　通番　職業名　下記事例の所属階層

001	プロ野球選手		上位	0.3	％
	2021年現役全選手の平均年間所得	4,287	万円		

職業の所得情報

職業キャリア

18歳で高校を卒業すると、国内のプロ野球球団に入団して、8年間活躍した後、アメリカ大リーグに移籍して7年間働き、その後国内に復帰して5年間活躍して引退し、解説者として生きる。

下記事例の「職業キャリア」の説明

所得推移　「所得推移」に関係する「出来事」の説明　足説明　「所得推移」に関係する「出来事」の補足説明

年齢	出来事			
18	高校卒業後、国内のプロ野球球団に入団する。			
18	契約時	契約金	10,000	万円
18	契約時	年俸	1,200	万円
19	1年目	年俸	1,200	万円
～	平均	年俸	14,925	万円
26	退団時	年俸	50,000	万円
26	国内球団を退団し、米大リーグに移籍する。			
26	契約時	年俸	82,000	万円
27	1年目	年俸	82,000	万円
～	平均	年俸	146,714	万円
33	退団時	年俸	176,000	万円
33	米大リーグを離れ、国内の球団に復帰する。			
33	契約時	年俸	50,000	万円
34	1年目	年俸	50,000	万円
～	平均	年俸	50,000	万円
38	退団時	年俸	50,000	万円
39	現役を引退し、解説者に転職する。			
39	契約時	年俸	960	万円
62	米大リーグ年金の受給（70％）を開始する。			
	終身年金		1,620	万円
65	国民年金の受給を開始する。			
	終身年金		78	万円

◆実績	勝敗	防御率
国内リーグ	97勝67敗	2.39
米大リーグ	79勝79敗	3.45
通算	176勝146敗	2.88

内容

■副収入
・オファーがあれば、テレビ出演や著書の出版などが考えられる。

■現役引退後の就職先
・現役引退後、オファーがあれば、コーチや監督などの指導者に就く選択もあり得る。

■米大リーグ年金
・5年以上のメジャー登録があれば給付を受けられる。在籍10年で満額で、62歳から終身受け取れる。

満額受給	62歳から	年間	21万ドル
登録年数(年)	支給率(%)	振込み金実額	
5	50	円で受け取るな	
6	60	ら、その時点の	
7	70	円ドル相場に依	
8	80	存する。	
9	90		
10	100		

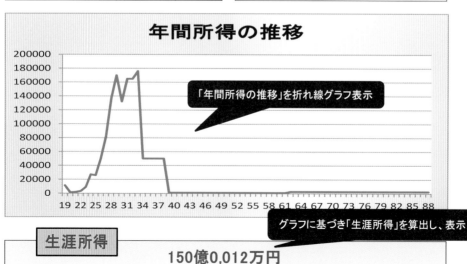

年間所得の推移

「年間所得の推移」を折れ線グラフ表示

グラフに基づき「生涯所得」を算出し、表示

生涯所得	150億0,012万円

お金で換算で...

当該職業の「お金で換算できない価値」の「プラス面」の説明

当該職業の「お金で換算できない価値」の「マイナス面」の説明

プラス面	マイナス面
❶. 子供が憧れる職業である。 ❷. プロ野球界から、国民栄誉賞の受賞者を、2022年1月7日現在で、4人輩出している。 ❸. 被災地や身障者などに対して、社会貢献をしている選手たちがいる。 ❹. 名球会や殿堂入りなど、貢献者を顕彰するシステムが整っている。 ❺. 有名になれば、テレビCMに出たり、著書を出版したりできる。	❶. 肩や肘を壊してしまい、引退に追い込まれる選手がいる。 ❷. プロ野球選手の平均在籍期間は9年で、引退時の平均年齢は29歳であるため、引退後の人生設計が重要になる。 ❸. 監督やコーチの中には特定の選手をえこひいきする人もいて、上司に恵まれないと試合に出られないこともあり得る。 ❹. まれに、賭博事件を起こす人が出る。 ❺. 有望な若手選手がどんどん米大リーグに行ってしまうと、国内リーグが寂しくなる。

分野別評価

今後の課題

当該職業の「分野別評価」をレーダーチャート表示

評価

給料 / 人間関係 / 労働条件 / 安全性 / 将来性
（4, 3, 2, 1）

❶. 才能のある子供たちがほかのスポーツに流れずにプロ野球を選んでくれるか。

❷. プロ野球機構として、選手に年金がないのはどうか。

❸. 2016年に広島の黒田 博樹選手が達成して以来、200勝投手が誕生していない。

当該職業の「今後の課題」の説明

関係する話題

基礎データ

・日米双方で活躍した著名人
●近鉄：野茂 英雄氏
●オリックス：鈴木 一朗氏
●広島：黒田 博樹氏
●巨人：松井 秀喜氏
●巨人：上原 浩治氏
●西武：松坂 大輔氏

・選手としては大成しなかったが、監督として大成したプロ野球人
●西本 幸雄氏（阪急 ⇒ 近鉄）
●上田 利治氏（阪急 ⇒ オリックス ⇒ 日本ハム）

当該職業の「関係する話題」の説明

・高卒ルーキーの開幕一軍昇格率
　2005年ドラフト以降の10年間で、高校卒業後に直接プロ入りした選手は298人（育成契約は除く）。その中で1年目の開幕を一軍で迎えたのは6名で、開幕一軍昇格率は、2.0％にすぎない。

・現役引退後の進路
　日本プロ野球選手会事務局長の森 忠仁氏によると、引退した選手の約50％は、そのまま球団職員として球団に残り、15～20％が独立リーグ、海外も含めてNPB以外で現役を続け、それ以外の約30％が一般企業に就職したり、自分で起業したりと、野球以外の道に進んでいくという。

当該職業の「基礎データ」の説明

第2章

転職や兼業の展開

　少子高齢化が進み、人工知能（ＡＩ）が発展し、グローバル化の流れにさらされる今は、終身雇用が保証された労働環境ではありません。

　現に３年ぐらい前の分析で、定年まで同じ会社で働き続ける男性は32％、女性は6.5％というデータがありました。女性には最初の会社に就職後、結婚を機に寿退社して専業主婦になるルートなどもあることを考慮すると、「男女ともに 7 割近くの人々が転職の経験者である」と言えるのです。

　また、マイナビが 2020 年 10 月 22 日に発表した「働き方、副業・兼業に関するレポート(2020 年)」によると、副業や兼業を認める企業が 49.6％あったといいます。

　ならば、職業生活を考える際に、これらに触れないでいいわけがありません。というわけで、ここでは転職と兼業について考えます。

※　特長　※

①. 掲載する職業分類
転職を6例、兼業を4例、挙げてある。

②. 実用性の重視
現実に存在する実例を意識して書いてある。

③. 有名人の名前の記述
その職業に関係する有名人の名前を記述してある。

④. 数値データの提示
その職業に関係する重要な数値データを提示してある。

⑤. ビジュアルの重視
目で見て楽しめるように、ビジュアルを重視してある。

転職例

001	会社員　→　作家					推定	7	人
	★★★	文学賞の受賞	関係者の推薦	本人の熱意	★★★			

職業キャリア

　私立大学の経済学部を卒業後、生保会社に商品開発担当として就職し、33歳の時に専業作家となって、80歳まで仕事を続ける。

所得推移

年齢	出来事			
22	私立大学の経済学部を卒業する。			
23	生保会社に商品開発担当として就職する。			
23	1年目	年間所得	364	万円
～	平均	年間所得	466	万円
32	退社時	年間所得	530	万円
32	生保会社を退職する。			
32		退職金	265	万円
33	専業作家となる。			
33	1年目	年間所得	2,200	万円
～	平均	年間所得	2,200	万円
80	引退時	年間所得	2,200	万円
80	専業作家を引退する。			
65	厚生＆国民年金の受給を開始する。			
		終身年金	103	万円
	◆文学ジャンル			
		恋愛小説	歴史小説	政治小説
	◆実績			
		出版点数		16点
	（含電子）累計出版部数			480万部
	◆所属団体			
		著作権管理	公益社団法人日本文藝家協会	
		表現の自由	一般社団法人日本ペンクラブ	

補足説明

内容
■元会社員出身の作家
・男性では、東野 圭吾氏、貴志 祐介氏、池井戸 潤氏、伊坂 幸太郎氏、女性では、恩田 陸氏などがいる。
■作家の所得
・3年に1冊小説（税込1,100円）を出版して、1年間に10万部、3年間で30万部、内訳は紙の本15万部で印税は1割、電子書籍15万部で印税は3割と仮定すると、毎年の印税は、紙の本550万円、電子書籍1,650万円で、合計2,200万円となる。
■文芸美術国民健康保険組合
・個人事業主のタレント、芸能人、作家、文化人の中には、保険料が収入に比例する「国民健康保険」ではなく、定額の「文芸美術国民健康保険組合」に加入している人も多い。
■ノーベル文学賞を受賞した日本人作家
・3名おり、1968年の川端 康成氏、1994年の大江 健三郎氏、2017年のカズオ・イシグロ氏である。

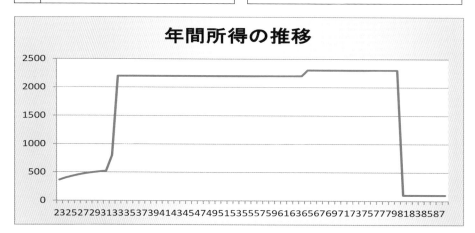

年間所得の推移

生涯所得　11億3,006万円

転職例

002	クラブホステス　→　女優	推定	数	人
	★★★ ｜ 業者のスカウト ｜ 艶やかさ ｜ 会話力 ｜ ★★★			

職業キャリア

　私立の女子高校を卒業後、キャバクラで働き、スカウトされて22歳でグラビア・デビューを果たし、浮き沈みの激しい世界をたくましく生き抜いて、80歳まで現役女優を続ける。

所得推移

年齢	出来事			
18	私立の女子高校を卒業する。			
19	六本木のキャバクラで働き始める。			
19	1年目	年間所得	480	万円
～	平均	年間所得	1,200	万円
21	退社時	年間所得	1,800	万円
21	キャバクラを退職する。			
21		退職金	0	万円
22	グラビアでデビューし、のちに女優になる。			
33	1年目	年間所得	480	万円
～	平均	年間所得	3,600	万円
80	引退時	年間所得	5,400	万円
80	女優、タレントを引退する。			
65	国民年金の受給を開始する。			
		終身年金	78	万円
	◆実績			
		映画出演本数	12本	
		テレビCM出演本数	3本	
		著書＆写真集出版点数	1点	
		音楽発表曲数	0曲	
	◆所属団体			
		団体交渉	協同組合日本俳優連合	

補足説明

内容
■女優業の難しさ ・ 女優は一般に、年齢を重ねれば重ねるほど、仕事のニーズが減っていくので、生き残るためには、確かな人気と実力が必要になる。 ■世界的な映画に出演した日本の女優 ① 浜 美枝 　ルイス・ギルバート監督の「007は二度死ぬ（1967年）」に出演した。 ② 栗山 千明 　クエンティン・タランティーノ監督の「キル・ビル Vol.1（2003年）」に出演した。 ■年金 ・ 国民年金だけでは金額が少ないので、蓄財するか、国民年金基金に加入する等の対応をしておいた方がよいだろう。 ■国民栄誉賞を受賞した女優 ・ 女優は、2009年7月に受賞した森 光子氏ただひとりである。ちなみに、男優は3人いて、1984年4月受賞の長谷川 一夫氏と、1996年9月受賞の渥美 清氏と、2009年12月受賞の森繁 久彌氏である。

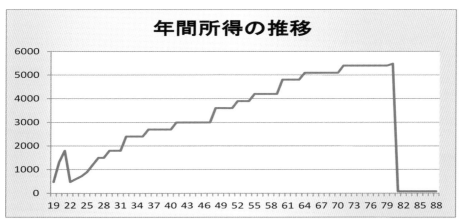

年間所得の推移

生涯所得

21億7,872万円

003	プロ野球選手　→　プロゴルファー	推定	2	人
	★★★ ｜ 視野の広さ ｜ 関節の筋力 ｜ マインド・コントロール ｜ ★★★			

職業キャリア

> 　野球の強い高校で、3年の春と夏に甲子園大会に出場し、ドラフトの指名を受けてプロ野球の球団に入団するが、3年で退団し、3年後、24歳の時にゴルフのプロテストに合格して、プロゴルファーに転向し、75歳まで現役を続ける。

所得推移

年齢	出来事		
18	野球の強い高校で、3年の春と夏に甲子園大会に出場し、卒業する。		
19	プロ野球の球団に入団する。		
18	契約時	契約金	5,000 万円
18	契約時	年俸	600 万円
19	1年目	年間所得	600 万円
～	平均額	年間所得	480 万円
21	退団時	年間所得	360 万円
21	球団を退団する。		
21		退職金	0 万円
24	ゴルフのプロテストに合格し、プロゴルファーに転向する。		
25	最高額	年間所得	8,000 万円
32	最低額	年間所得	120 万円
	平均額	年間所得	1,981 万円
65	国民年金の受給を開始する。		
		終身年金	78 万円
75	プロゴルファーの現役を引退する。		
75	◆実績		
		国内ツアー	5 勝
		米ツアー	0 勝

補足説明

内容
■スポーツ選手の他のスポーツへの転向例

・（プロ野球　→　プロゴルファー）では、尾崎 将司選手が有名である。そのほかでは、古い話だが、（プロ野球　→　プロレス）のジャイアント馬場選手や、（大相撲　→　プロレス）の力道山 光浩選手、天龍源一郎選手などがいる。

■プロゴルファーの職業病

・左手親指付け根付近の痛みで、松山 英樹プロだけでなく、丸山 茂樹プロも、かつて苦しめられていた。ボールをできるだけ遠くに飛ばそうとして、クラブを強く振るためと考えられる。

■プロゴルファーに左打ちが少ない理由

・次の理由が考えられる。
① 左打ち用のゴルフクラブが少ない。
② 利き腕が左でも、右打ちの選手が多い。海外では、アーノルド・パーマー、ジャック・ニクラウス、トム・ワトソン、タイガー・ウッズ、国内では、岡本 綾子選手などもそうだという。

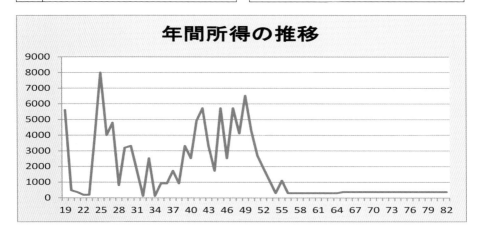

生涯所得	11億0,928万円

兼業例

010	予備校講師　＋　テレビ・タレント	推定	1	人

★★★　若者への共感　まばゆい才能　人間への奉仕　★★★

職業キャリア

　大学の法学部を卒業後、都市銀行に入行して5か月で退職し、いくつかの職を経て、予備校講師に辿り着き、充実した時を過ごすうち、47歳の時に、ふとしたきっかけでタレントとして活動を開始し、予備校講師とテレビ・タレントの二刀流として生き、予備校講師は60歳、タレント活動は70歳で引退する。

所得推移

年齢	出来事		
23	大学の法学部を卒業し、都市銀行に入行するも、5か月で依願退職する。		
23	1年目	年間所得	112.5 万円
27	予備校講師に転身し、現代文を担当する。		
40	最高額	年間所得	3,000 万円
27	最低額	年間所得	712 万円
	平均額	年間所得	2,472 万円
47	芸能事務所に所属し、タレントとしても働き始める。		
51	最高額	年間所得	5,000 万円
47	最低額	年間所得	1,200 万円
	平均額	年間所得	3,765 万円
60	予備校講師を退職する。		
60		退職金	5,000 万円
70	タレント活動から引退する。		
70	厚生＆国民年金の受給を開始する。		
		終身年金	383 万円
	◆実績		
	★予備校講師として		
	受験参考書の出版点数		2点
	★タレントとして		
	一般書の出版点数		7点
	テレビ冠番組の出演本数		3本
	テレビCM出演本数		5本

補足説明

内容
■（予備校講師 ＋ テレビ・タレント）の二刀流例 ・（予備校講師 ＋ テレビ・タレント）の二刀流例としては、林 修氏などがいる。 ■予備校講師のメリットとデメリット ＜メリット＞ ・教えることに集中できる。 ・学生をたくさん集めたり、志望校に合格させたりすると、給料が上がる。 ・学生が志望校に合格したり、大学卒業後に大成したりすると、うれしい。 ・実力が認められれば、受験参考書を執筆・出版できる。 ＜デメリット＞ ・教え方が下手で、学生に人気がないと、すぐクビになる。 ・学生の学力が伸びないと、責任を感じる。 ・教え子が事故や病気で亡くなったり、犯罪を犯したりすると、悲しい。

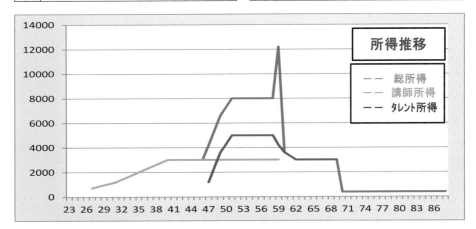

生涯所得	18億0,581万円

転職例

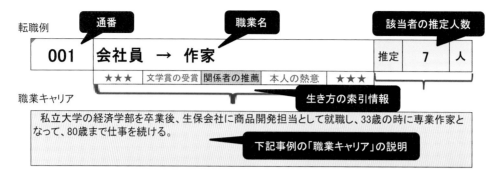

通番	職業名	該当者の推定人数
001	**会社員 → 作家**	推定　7　人

| ★★★ | 文学賞の受賞 | 関係者の推薦 | 本人の熱意 | ★★★ |

生き方の索引情報

職業キャリア

　私立大学の経済学部を卒業後、生保会社に商品開発担当として就職し、33歳の時に専業作家となって、80歳まで仕事を続ける。

下記事例の「職業キャリア」の説明

所得推移

「所得推移」に関係する「出来事」の説明　　足説明　「所得推移」に関係する「出来事」の補足説明

年齢	出来事		
22	私立大学の経済学部を卒業する。		
23	生保会社に商品開発担当として就職する。		
23	1年目	年間所得	364 万円
〜	平均	年間所得	466 万円
32	退社時	年間所得	530 万円
32	生保会社を退職する。		
32		退職金	265 万円
33	専業作家となる。		
33	1年目	年間所得	2,200 万円
〜	平均	年間所得	2,200 万円
80	引退時	年間所得	2,200 万円
80	専業作家を引退する。		
65	厚生＆国民年金の受給を開始する。		
		終身年金	103 万円
◆文学ジャンル			
	恋愛小説	歴史小説	政治小説
◆実績			
	出版点数		16点
（含電子）累計出版部数			480万部
◆所属団体			
	著作権管理	公益社団法人日本文藝家協会	
	表現の自由	一般社団法人日本ペンクラブ	

内容
■元会社員出身の作家
・男性では、東野 圭吾氏、貴志 祐介氏、池井戸 潤氏、伊坂 幸太郎氏、女性では、恩田 陸氏などがいる。
■作家の所得
・3年に1冊小説（税込1,100円）を出版して、1年間に10万部、3年間で30万部、内訳は紙の本15万部で印税は1割、電子書籍15万部で印税は3割と仮定すると、毎年の印税は、紙の本550万円、電子書籍1,650万円で、合計2,200万円となる。
■文芸美術国民健康保険組合
・個人事業主のタレント、芸能人、作家、文化人の中には、保険料が収入に比例する「国民健康保険」ではなく、定額の「文芸美術国民健康保険組合」に加入している人も多い。
■ノーベル文学賞を受賞した日本人作家
・3名おり、1968年の川端 康成氏、1994年の大江 健三郎氏、2017年のカズオ・イシグロ氏である。

年間所得の推移

「年間所得の推移」を折れ線グラフ表示

生涯所得	グラフに基づき「生涯所得」を算出し、表示
11億3,006万円	

第3章
女性目線の夫婦所得

　近年は婚姻率が低下し、離婚率が増加していますが、それでも職業生活の大半の期間を結婚して過ごす男女が国民の半数以上を占めています。

　ならば、これに触れないわけにはいきません。そこで、ここでは結婚と関連付けて職業生活を語ります。結婚について語るなら、離婚についても語ることになります。

※ 特長 ※

①. 掲載する夫婦パターン数

　　5例を採り上げ、1例につき2ページをあてている。

②. 実用性の重視

　　夫婦別に所得を計算し、妻の立場で一家の生涯所得を導き出している。

③. 有名人の名前の記述

　　その職業に関係する有名人の名前を記述してある。

④. 数値データの提示

　　その職業に関係する重要な数値データを提示してある。

⑤. ビジュアルの重視

　　目で見て楽しめるように、ビジュアルを重視してある。

夫婦例

001	再婚して生きる女性（専業主婦）	推定	95	万人

★★★	結婚	離婚	再婚	★★★

職業キャリア

　私立大学の文学部を卒業後、民間食品メーカーに営業として就職し、25歳の時に結婚を機に寿退社したが、翌年離婚し、復職後、28歳で再婚し、出産と子育てのために再度退職し、専業主婦として生きる。

所得推移　　　　　　　　　女性Ｘ

補足説明

年齢	出来事		
22	私立大学の文学部を卒業する。		
23	民間食品メーカーに営業として就職する。		
23	1年目	年間所得	260	万円
～	平均	年間所得	300	万円
25	退職時	年間所得	340	万円
25	民間食品メーカーを退職する。		
25		退職金	0	万円
23	将来の結婚相手・5歳年上のAと出会う。		
25	Aと結婚する。		
26	Aと離婚する。		
27	民間食品メーカーに営業として復職する。		
27	1年目	年間所得	340	万円
～	平均	年間所得	370	万円
30	退職時	年間所得	400	万円
27	将来の結婚相手・3歳年上のBと出会う。		
28	Bと再婚する。		
30	民間食品メーカーを退職する。		
30		退職金	50	万円
70	厚生＆国民年金の繰下げ受給を開始する。		
		終身年金	129	万円

内容
■退職金規定
・ 勤続年数が3年未満だと、退職金は出ない企業が多い。

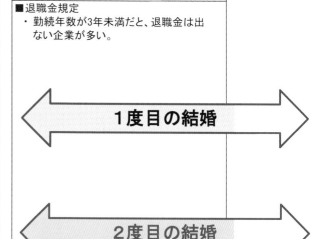

1度目の結婚

2度目の結婚

■年金の繰下げ受給
・ 厚生年金も国民年金も、70歳から繰下げ受給するようにすると、年間受給額が42%増える。

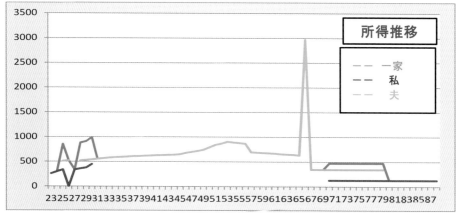

所得推移

－ － 一家
－ － 私
－ － 夫

－　年齢表記は、女性基準　－

生涯所得	3億8,951万円

離婚時の確認内容

①. 子供はいない。	→	○
②. 離婚の慰謝料はない。	→	○
③. 養育費はない。	→	○

履行内容

■ペットの扱い■
　ペットは「物」として扱われるため、民法の「扶養義務」や「面会交流権」はなく、引き取る側が財産分与の一環として、ペットの現在価値の半額を相手に支払い、かつ、飼育の費用を全額負担するのが普通だという。

所得推移　　　**男性A, B**

年齢	出来事		
	◆1度目の結婚相手A		
22	国立大学の工学部を卒業する。		
23	民間シンクタンクにSEとして就職する。		
23	1年目	年間所得	364	万円
～	平均	年間所得	459	万円
28	出会年	年間所得	488	万円
31	離婚年	年間所得	521	万円
28	将来の結婚相手・5歳年下のXと出会う。		
30	Xと結婚する。		
31	Xと離婚する。		
	◆2度目の結婚相手B		
22	私立大学の経済学部を卒業する。		
23	民間IT企業にSEとして就職する。		
23	1年目	年間所得	364	万円
～	平均	年間所得	635	万円
30	出会年	年間所得	513	万円
70	退職年	年間所得	619	万円
30	将来の結婚相手・3歳年下のXと出会う。		
31	Xと結婚する。		
70	民間IT企業を退職する。		
70	退職金	2,350	万円
70	厚生年金の繰下げ受給を開始する。		
	終身年金	343	万円

補足説明

内容

■離婚原因
・裁判所のWebで公開されている司法統計の「婚姻関係事件数 申立ての動機別申立人別」によると、2019年の離婚理由トップ5は下記の通りである（3つまでの複数回答）。

＜妻が離婚したい理由＞

順位	離婚したい理由	割合(%)
1	性格が合わない	39.2
2	生活費を渡さない	29.4
3	精神的に虐待する	25.2
4	暴力を振るう	20.5
5	異性関係	15.4

＜夫が離婚したい理由＞

順位	離婚したい理由	割合(%)
1	性格が合わない	60.3
2	精神的に虐待する	20.2
3	その他	20.2
4	異性関係	13.4
5	家族親族と折り合いが悪い	13.1

女性の結婚相手に対する評価

基礎データ

　総務省統計局の「労働力調査特別調査」と「労働力調査（詳細集計）」によると、2020年は共働き世帯が1,240万世帯、専業主婦世帯が571万世帯となっており、共働き世帯の方が専業主婦世帯より2.17倍多い。

　男性は、離婚して次の日には再婚することができるが、女性は民法733条（再婚禁止期間）の規定により、離婚してから100日間経過しないと、再婚できない。

夫婦例

002	シングルマザーとして生きる女性	推定	106	万人

★★★	結婚	離婚	シングルマザー	★★★

職業キャリア

> 私立大学の文学部を卒業後、民間旅行代理店に営業として就職し、25歳の時に結婚を機に寿退社するが、35歳の時に離婚し、同年復職して働き始め、別れた元夫から養育費を受け取り、途中で打ち切られると、生活保護を受けながら、70歳まで働き、シングルマザーとして生きる。

所得推移 　女性Ｘ

年齢	出来事		
22	私立大学の文学部を卒業する。		
23	民間旅行代理店に営業として就職する。		
23	1年目	年間所得	233	万円
～	平均	年間所得	245	万円
25	退職時	年間所得	257	万円
25	民間旅行代理店を退職する(退職金はゼロ)。		
23	将来の結婚相手・5歳年上のAと出会う。		
25	Aと結婚する。		
35	Aと離婚し、5歳の一人息子を引き取る。		
35	Aから養育費を受け取り始める。		
	20迄毎年	60	万円
35	民間スーパーにパート従業員として復職する。		
35	1年目	年間所得	120	万円
～	平均	年間所得	120	万円
70	退職時	年間所得	120	万円
40	生活保護の受給を開始する。		
40	1年目	年間受給	60	万円
～	平均	年間受給	60	万円
88	最終年	年間受給	60	万円
65	厚生&国民年金の受給を開始する。		
	終身年金	82	万円
70	民間スーパーを退職する(退職金はゼロ)。		

補足説明

内容
■シングルマザーの定義
・「シングルマザー」には、結婚後に夫と離婚または死別した女性のほかに、いわゆる「未婚の母」も含まれる。

結婚

■退職金規定
・勤続年数が3年未満だと、退職金は出ない企業が多い。

■生活保護が受給できる条件
・収入 ＜ 最低生活費   のとき、収入が最低生活費に満たない分の金額を受け取れる。 最低生活費は、住所、子供の数、障害の有無、母子家庭かどうか、などによって決定されるが、外国人の場合には、①永住者、②定住者、③日本人の配偶者等の前提条件がある。

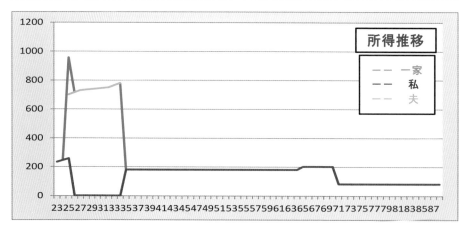

所得推移

－－ 一家
－－ 私
－－ 夫

― 年齢表記は、女性基準 ―

生涯所得	1億6,223万円

離婚時の確認内容	履行内容	
①. 子供が1人いる。	→	○
②. 離婚の慰謝料はない。	→	○
③. 養育費は子供が20歳になるまで、毎月5万円年額にして60万円が支払われるものとし、これは妻側が再婚しても変わらないものとする。	→	△ 子供が5歳～9歳時までの5年間は支払われたが、以降は支払われなかった。
④. 別れた子供との面会は月1回以内で、宿泊も認めるものとする。	→	○
⑤. 子供とのメールのやりとりは原則、認める。	→	○

所得推移　　　【男性A】

年齢	出来事		
	◆1度目の結婚相手A		
22	国立大学の工学部を卒業する。		
23	自動車メーカーに技術職として就職する。		
23	1年目	年間所得	300 万円
～	平均	年間所得	652 万円
28	出会年	年間所得	660 万円
31	離婚年	年間所得	780 万円
28	将来の結婚相手・5歳年下のXと出会う。		
30	Xと結婚する。		
40	Xと離婚する。		

<< 2人が結婚時に交わした結婚契約書の内容（抜粋）>>

第2条（婚姻中の財産関係）
1 甲と乙は、夫婦共有の財産を管理するための銀行口座（以下「共有口座」）を甲名義で開設するものとする。

第9条（離婚後の子どもの親権、養育費など）
1 万が一、甲と乙が離婚することになった場合には、離婚後の子どもの親権、および、養育費については、両者の協議により決定するものとする。

補足説明

内容
■平均初婚年齢、離婚件数など ・厚生労働省「令和元年人口動態統計」などによると、次のことが言える。 ① 男女の平均初婚年齢は年々上がっており、2019年は女性29.6歳、男性31.2歳だった。 ② 離婚件数は、1960年代と比較して大幅に増加しており、近年は、年間60万件の婚姻件数に対し、年間21万件となっている。 ③ 親が離婚した未成年の子は毎年20万人ずつ発生しており、2000年以降は未成年人口の1%を占めている。 ■子供の貧困率、ひとり親家庭の貧困率 ・厚生労働省の調査によると、わが国の子供の貧困率は、2018年に14.0%、ひとり親家庭の貧困率は、48.3%となっていて、どちらも先進国の中で最悪な水準である。 ■生活保護申請件数、生活保護受給世帯数 ・厚生労働省の発表によると、2020年の生活保護の申請件数は、前年比2.3%増の22万8,081件で、生活保護受給世帯数は2021年3月時点で、前年同月比6,336世帯増の164万1,536世帯だという。

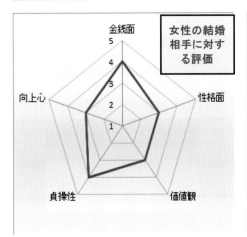

女性の結婚相手に対する評価

基礎データ

厚労省の平成21年度「離婚に関する統計」の概況によると、2018年の離婚種類ごとの構成割合は、①協議離婚：87.8%、②調停離婚：9.7%、③和解離婚：1.4%、④判決離婚：1.0%となっている。

また、厚労省によると、離婚した父親から養育費を受給している元妻は2016年度のデータで39.8%であり、平均受給月額は43,707円である。

夫婦例

003	IT企業社長と結婚する女子アナウンサー	推定	2	人
	★★★ 　女子アナ　 IT社長　 玉の輿　 ★★★			

職業キャリア

　私立大学の政治経済学部を卒業後、民放テレビ局にアナウンサーとして就職し、31歳の時にフリーとなって3年後にIT企業の創業社長と結婚してからも仕事を続け、56歳の時には私立大学の客員教授に就いてアナウンス術を65歳まで教え続け、70歳でアナウンサー業からも引退する。

所得推移　　　　　　女性X

補足説明

年齢	出来事		
22	私立大学の政治経済学部を卒業する。		
23	民放テレビ局にアナウンサーとして入社する。		
23	1年目	年間所得	360	万円
～	平均	年間所得	550	万円
30	退職時	年間所得	700	万円
31	民放テレビ局を退社し、フリーになる。		
30		退職金	200	万円
51	最高額	年間所得	4,200	万円
31	最低額	年間所得	2,100	万円
	平均額	年間所得	3,605	万円
33	将来の結婚相手・1歳年上のAと出会う。		
34	Aと結婚する。		
56	アナウンサーを続けながら、私立大学の客員教授に就任する。		
56	1年目	年間所得	480	万円
～	平均	年間所得	540	万円
65	退職時	年間所得	500	万円
65	大学を定年退職する。		
65		退職金	270	万円
65	厚生＆国民年金の受給を開始する。		
		終身年金	132	万円
70	アナウンサーを引退する（退職金はゼロ）。		

内容
■女子アナウンサーになるには
・次のような方法がある。
① アナウンススクールに通って、エントリーシートの書き方から、発声や滑舌など、アナウンサーの基礎技術を身に付ける。
② 普段からよく本を読み、ボキャブラリーを増やす。
③ ミスコンに挑戦して、上位入賞を目指す。
④ アピールできる特技を持つ。

結婚

■フリー・アナウンサーの生き方
　・フリー・アナウンサーは自分で仕事を確保する必要があるため、事務所に所属して、マネジメントを任せる人が多い。

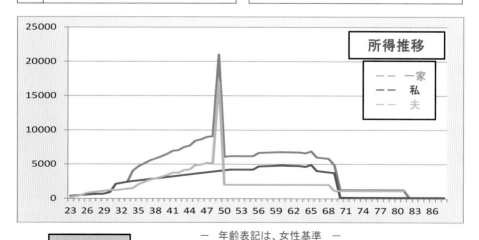

所得推移

ーー 一家
ーー 私
ーー 夫

― 年齢表記は、女性基準 ―

生涯所得	27億7,674万円

夫婦生活の光と影

①. 夫の先妻および愛人との子供は何人？	→	3	人。内訳は、先妻：2、愛人：1。
②. 夫婦間の子供は何人？	→	2	人。
③. 夫の愛車は何台？	→	4	台。内訳は、国産車：1、外国車：3。
④. 別荘は何軒？	→	2	軒。内訳は、国内：1、海外：1。
⑤. 自家用クルーザーは？	→	0	艇。
⑥. 自家用ジェットは？	→	0	機。
⑦. プライベート・ビーチは？	→	0	

現実

所得推移　　　【男性A】

年齢	出来事		
22	国立大学の工学部を卒業する。		
23	総合電機メーカーにSEとして就職する。		
23	1年目	年間所得	300	万円
24	会社を退職し、自分の会社を創業する。		
24	資本金	1,000	万円
24	持ち株数	200	株
50	最高額	年間所得	17,000	万円
24	最低額	年間所得	200	万円
	平均額	年間所得	3,000	万円
34	出会年	年間所得	1,400	万円
34	東証マザーズに上場し、200万株を売り出す。		
34	◆上場直前の状態		
34	資本金	1,000	万円
34	発行済	株式数	1,120	万株
34	持ち株数	224	万株
34	持ち株比率	20	％
34	将来の結婚相手・1歳年下のXと出会う。		
35	Xと結婚する。		
50	社長を辞任し、持ち株200万株を売却する。		
50	退職金	3,800	万円
50	持ち株	売却益	8,000	万円
51	エンジェル投資家に転進する。		
～	平均	年間所得	1,200	万円
69	エンジェル投資家を退職する。		
69	退職金	0	万円
70	厚生＆国民年金の受給を開始する。		
	終身年金	318	万円

補足説明

内容
■退職時の自社の状況

資本金 ──────────── 10億円
発行済み株式数 ────── 1,400万株
持ち株数 ────────── 80万株
持ち株比率 ────────── 5.7％
持ち株資産価値 ────── 3,200万円
年間売上高 ────────── 200億円
経常利益 ────────── 4億円
時価 ────────────── 4,000円(100株)
時価総額 ────────── 560億円
1株あたり利益 ─────── 28円
1株あたり年間配当金 ── 10円

■IT企業社長のメリットとデメリット
＜メリット＞
・自分のビジョンを実現できる。
・毎日が新しく、エキサイティングである。
・異性にもてる。

＜デメリット＞
・経営の全責任を負う。
・業界の動きが速く、ストレスが半端ない。
・激務なので、体力も必要になる。

女性の結婚相手に対する評価

基礎データ

　各局とも、アナウンサーの採用倍率は公表していないため、推測するしかないが、ある年に民放テレビ・キー局に3万人の就職希望者がいて、3名だけ採用されたと仮定すると、採用倍率は、0.01％ということになる。

夫婦例

004	同性婚カップルの人生		推定	37	万組
	★★★	LGBT	同性婚	世間の無理解	★★★

職業キャリア

　高校生の時、路上でスカウトされ、19歳で高校を卒業すると、事務所に所属してタレントとしてデビューし、LGBTとして2度結婚する。最初の人は10歳年上で、30歳で結婚して45歳で離婚し、2人目の人は7歳年下で、51歳で結婚して68歳で離婚する。仕事はずっと続け、70歳でタレントを引退する。

所得推移　　　　私 X

年齢	出来事		
18	東京の繁華街の路上で、スカウトされる。		
19	高校卒業後、事務所に所属して、タレントとしてデビューする。		
49	最高額	年間所得	4,000	万円
19	最低額	年間所得	120	万円
	平均額	年間所得	2,683	万円
29	将来のパートナー・10歳年上のAと出会う。		
30	Aと結婚する。		
45	Aと離婚する。		
50	将来のパートナー・7歳年下のBと出会う。		
51	Bと結婚する。		
68	Bと離婚する。		
65	国民年金の受給を開始する。		
	終身年金	78	万円
70	タレントを引退する(退職金はゼロ)。		
	◆実績		
	映画出演本数	7本	
	テレビCM出演本数	3本	
	著書&写真集出版点数	2点	
	音楽発表曲数	5曲	
	◆所属団体		
	団体交渉	協同組合日本俳優連合	

補足説明

内容
■路上スカウトの傾向変化

・一昔前は、路上やイベント会場などでスカウトが盛んだったが、現在は効率を重視して、SNSのインフルエンサーなどに声を掛けることが増えているという。

■芸能人年金共済制度の廃止
・かつては芸能人にも、サラリーマンの企業年金にあたる「日本芸能実演家団体協議会(芸団協)」が1973年4月から運営してきた『芸能人年金共済制度』があったが、2009年7月に廃止され、現在はない。

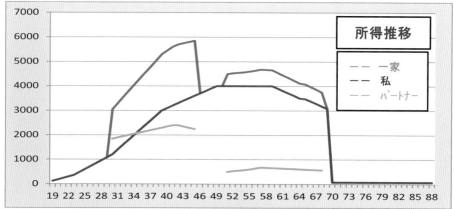

― 年齢表記は、女性基準 ―

生涯所得

18億4,442万円

日本の同性婚の現状　　　　　　　　　　　現実

		現実
①. 同性婚あるいはパートナーシップ法が認められているか？	→ ✕	G7の中で、認められていないのは、日本だけである。
②. 2人共同で子供の親になれるか？	→ ✕	共同で親権は持てない。
③. 一方が亡くなった時、他方は法定相続人になれるか？	→ ✕	なれない。
④. 手術の際に、意思表明の同意者になれるか？	→ ✕	なれない。
⑤. 税制上の配偶者控除を受けられるか？	→ ✕	受けられない。

所得推移　　　　パートナーＡ，Ｂ　　　　補足説明

年齢	出来事		
	◆1度目のパートナーA：映画監督		
22	国立大学の文学部を卒業する。		
23	映画会社に監督希望で就職する。		
51	最高額	年間所得	2,400 万円
39	最低額	年間所得	1,800 万円
	平均額	年間所得	2,152 万円
39	出会年	年間所得	1,800 万円
55	離婚年	年間所得	2,250 万円
39	将来のパートナー・10歳年下のXと出会う。		
40	Xと結婚する。		
55	Xと離婚する。		
	◆2度目のパートナーB：ダンサー		
19	高校卒業後、ダンス専門学校に入学する。		
21	専門学校を卒業し、ダンサーになる。		
50	最高額	年間所得	680 万円
43	最低額	年間所得	480 万円
	平均額	年間所得	598 万円
43	出会年	年間所得	480 万円
61	離婚年	年間所得	570 万円
43	将来のパートナー・7歳年上のXと出会う。		
44	Xと結婚する。		
61	Xと離婚する。		

内容
■同性婚の日本の現状
・ 次のような状況にある。
① 役所が、「婚姻届」や「離婚届」を受け付けることはない。
② 「結納を交わした」という話は、聞いたことがない。
③ 「結婚式を挙げた」という話は、聞いたことがある。
④ 「パートナーシップ制度を認めている都市に引っ越した」という話は、聞いたことがない。
⑤ パートナーが外国人の場合に、その人の母国で結婚することにしたという話は、聞いたことがある。
■同性愛に対する国家の対応
・ 次の3通りある。
① 同性婚を法的に認めている。
② 同性婚は認めていないが、パートナーシップ制度は認めている。
③ 同性婚も、同性愛も禁じている。
★ 日本は②の変形で、パートナーシップ制度を国としては認めていないが、いくつかの地方自治体が認めている。

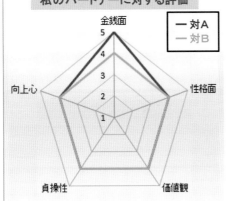

私のパートナーに対する評価

ー 対A
ー 対B

金銭面・性格面・価値観・貞操性・向上心

基礎データ

世界では、同性婚は2001年にオランダで初めて合法化されて以来、欧州を中心に容認の動きが広がり、現在約30か国・地域で法的に認められているが、アジアでは台湾のみにとどまっている。
世界の主要7ヵ国（G7）の中で同性婚を認めていない国は日本だけである。

夫婦例

| 005 | 国際結婚する人生（国内居住ケース） | 推定 | 93 | 万人 |

| ★★★ | 外国人との恋 | 国際結婚 | 国内居住 | ★★★ |

職業キャリア

　高校生の時、ある企業のキャンペーンガールに選ばれて、事務所にスカウトされ、高校卒業後、本格的にタレントとしてデビューし、33歳の時に、5歳年上のアメリカ人男性と結婚してからも仕事を続け、70歳でタレントを引退する。

所得推移　　　| 女性 X |

年齢	出来事		
17	ある企業のキャンペーンガールに選ばれる。		
18	事務所にスカウトされ、高校卒業後、本格的にタレントとしてデビューする。		
49	最高額	年間所得	4,000	万円
19	最低額	年間所得	120	万円
	平均額	年間所得	2,683	万円
32	将来の結婚相手・5歳年上のAと出会う。		
33	Aと結婚する。		
65	国民年金の受給を開始する。		
	終身年金	78	万円
70	タレントを引退する（退職金はゼロ）。		
	◆実績		
	映画出演本数	23本	
	テレビCM出演本数	8本	
	著書＆写真集出版点数	3点	
	音楽発表曲数	0曲	
	◆所属団体		
	団体交渉	協同組合日本俳優連合	

補足説明

内容
■該当例
・外国人と結婚して国内に居住している有名人には、女優の寺島 しのぶ氏などがいる。

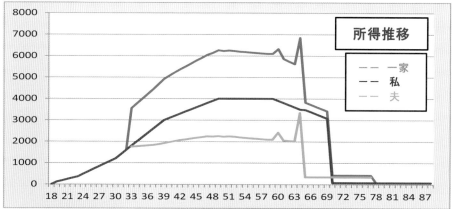

結婚

■小説を出版した若手女性タレント
・次のような人たちが小説を出版している。

属性	氏名
元乃木坂46	高山 一実
元グラビアアイドル	吉木 りさ
元アイドル	松井 玲奈
ファッションモデル	滝沢 カレン

■年金
・国民年金だけでは、金額が少ないので、蓄財するか、追加の年金などの備えをしておいた方がよいだろう。

所得推移

凡例：
-- 一家
-- 私
-- 夫

― 年齢表記は、女性基準 ―

| 生涯所得 | 21億0,987万円 |

国際結婚の分岐点

①. どこに住むか、自国、または相手の国？	→ 海外に住むなら、言語、民族、宗教、習慣、法律などが異なるため、覚悟が必要になる。
②. 自分の国籍は、どうするか？	→ 日本のままか、相手の国に帰化するか、熟慮すべきだ。
③. もし子供が生まれたら、子供の国籍はどうするか？	→ 初期値は日本人だが、子供の将来を考えて最終決定すべきだ。
④. 夫婦2人の名前は、どうするか？	→ 別姓が基本なので、相手の姓を公的に使用したい場合には、手続きが必要になる。

考慮点

所得推移　　**男性A**

年齢	出来事		
	◆1度目の結婚相手A：アートディレクター		
23	美大のグラフィックデザイン科を卒業後、広告代理店に就職する。		
23	1年目	年間所得	360 万円
～	平均	年間所得	908 万円
25	退職時	年間所得	1,100 万円
35	広告会社を退職する。		
35		退職金	720 万円
35	独立し、自分の会社を創立して、社長に就く。		
54	最高額	年間所得	2,260 万円
38	最低額	年間所得	1,750 万円
	平均額	年間所得	2,065 万円
37	出会年	年間所得	1,730 万円
69	廃業年	年間所得	2,000 万円
37	将来の結婚相手・5歳年下のXと出会う。		
38	Xと結婚する。		
65	厚生年金の受給を開始する。		
		終身年金	343 万円
70	会社を清算する。		
70		清算金	1,000 万円

補足説明

内容
■国際結婚の留意点 ・次のようなことに注意すべきだ。 ① 国際結婚の届け出は、自国と相手の国の双方で、行う必要がある。 ② 子供が二重国籍となった場合には22歳までに国籍を選択しなければならない。 ③ 離婚時には日本の法律が適用されるが、離婚に関する条件や手続きは相手の国によってさまざまなので、日本では離婚が成立しても相手の国では離婚が成立しないケースもあり得る。 ④ 離婚したあと、どちらか一方が相手の許可を得ずに子供を国外へ連れ出すことは、ハーグ条約で禁止されている。 ⑤ 離婚した場合、子供の親権は「子供の国籍地の法律」に従って決定されることになっている。 ■外国人労働者の年金 ・次のようなルールがある。 ① 日本に住む外国人が会社（強制適用事業所）で働く場合には、国民年金に加えて厚生年金にも加入する必要がある。 ② もし、年金を受け取る前に帰国することになった場合には、一定額の脱退一時金を受け取ることができる。

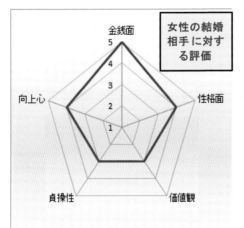

女性の結婚相手に対する評価

基礎データ

　政府統計によると、2018年の婚姻件数は58万6,481件、離婚件数は20万8,333件で、同年の国際結婚の婚姻数は2万1,852件、離婚数は1万1,044件なので、「その年に提出された婚姻届件数に対する離婚届件数の割合」を、離婚率と定義すると、全体の離婚率は35.5%、国際結婚のそれは50.5%となり、国際結婚の離婚率は、15ポイント高いと言える。

　ちなみに離婚裁判のポイントは、どこの国で裁判を行うかと、どこの国の法律が適用されるかの2点である。

第3章の見方

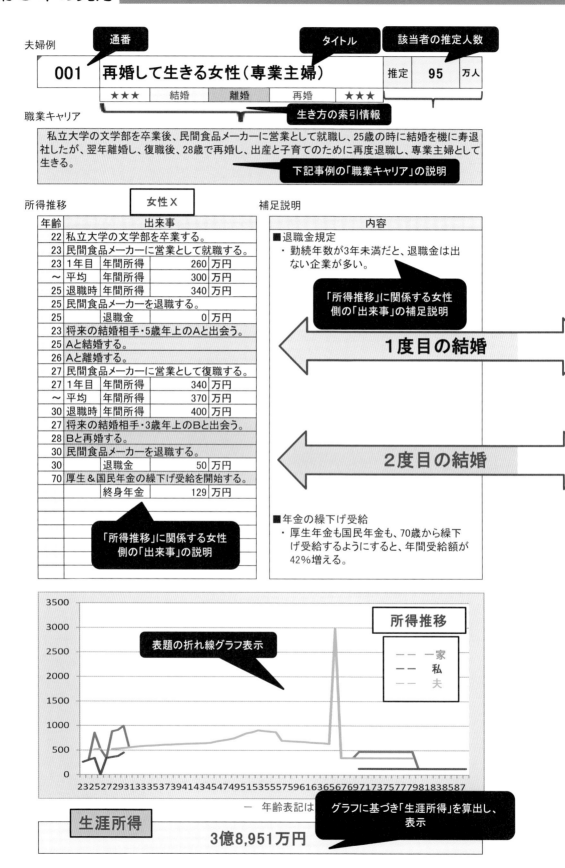

夫婦例

通番　**001**　タイトル **再婚して生きる女性（専業主婦）**　該当者の推定人数 推定 **95** 万人

★★★　結婚　離婚　再婚　★★★

生き方の索引情報

職業キャリア

　私立大学の文学部を卒業後、民間食品メーカーに営業として就職し、25歳の時に結婚を機に寿退社したが、翌年離婚し、復職後、28歳で再婚し、出産と子育てのために再度退職し、専業主婦として生きる。

下記事例の「職業キャリア」の説明

所得推移　女性X　補足説明

年齢	出来事		
22	私立大学の文学部を卒業する。		
23	民間食品メーカーに営業として就職する。		
23	1年目	年間所得	260 万円
〜	平均	年間所得	300 万円
25	退職時	年間所得	340 万円
25	民間食品メーカーを退職する。		
25		退職金	0 万円
23	将来の結婚相手・5歳年上のAと出会う。		
25	Aと結婚する。		
26	Aと離婚する。		
27	民間食品メーカーに営業として復職する。		
27	1年目	年間所得	340 万円
〜	平均	年間所得	370 万円
30	退職時	年間所得	400 万円
27	将来の結婚相手・3歳年上のBと出会う。		
28	Bと再婚する。		
30	民間食品メーカーを退職する。		
30		退職金	50 万円
70	厚生＆国民年金の繰下げ受給を開始する。		
		終身年金	129 万円

内容
■退職金規定
・ 勤続年数が3年未満だと、退職金は出ない企業が多い。

「所得推移」に関係する女性側の「出来事」の補足説明

1度目の結婚

2度目の結婚

■年金の繰下げ受給
・ 厚生年金も国民年金も、70歳から繰下げ受給するようにすると、年間受給額が42%増える。

「所得推移」に関係する女性側の「出来事」の説明

所得推移

3500
3000
2500
2000
1500
1000
500
0

23 25 27 29 31 33 35 37 39 41 43 45 47 49 51 53 55 57 59 61 63 65 67 69 71 73 75 77 79 81 83 85 87

表題の折れ線グラフ表示

―― 一家
―― 私
―― 夫

― 年齢表記は

グラフに基づき「生涯所得」を算出し、表示

生涯所得　　　**3億8,951万円**

118

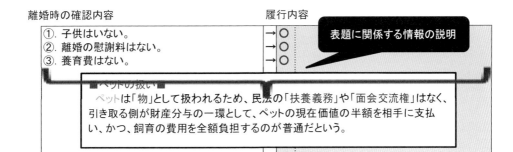

離婚時の確認内容

①. 子供はいない。
②. 離婚の慰謝料はない。
③. 養育費はない。

履行内容

→ ○
→ ○
→ ○

（吹き出し）表題に関係する情報の説明

■ペットの扱い
　ペットは「物」として扱われるため、民法の「扶養義務」や「面会交流権」はなく、引き取る側が財産分与の一環として、ペットの現在価値の半額を相手に支払い、かつ、飼育の費用を全額負担するのが普通だという。

所得推移　　　男性A，B

年齢	出来事		
	◆1度目の結婚相手A		
22	国立大学の工学部を卒業する。		
23	民間シンクタンクにSEとして就職する。		
23	1年目	年間所得	364	万円
～	平均	年間所得	459	万円
28	出会年	年間所得	488	万円
31	離婚年	年間所得	521	万円
28	将来の結婚相手・5歳年下のXと出会う。		
30	Xと結婚する。		
31	Xと離婚する。		
	◆2度目の結婚相手B		
22	私立大学の経済学部を卒業する。		
23	民間IT企業にSEとして就職する。		
23	1年目	年間所得	364	万円
～	平均	年間所得	635	万円
30	出会年	年間所得	513	万円
70	退職年	年間所得	619	万円
30	将来の結婚相手・3歳年下のXと出会う。		
31	Xと結婚する。		
70	民間IT企業を退職する。		
70		退職金	2,350	万円
70	厚生年金の繰下げ受給を開始する。		
		終身年金	343	万円

（吹き出し）「所得推移」に関係する男性側の「出来事」の説明

補足説明

内容
■離婚原因

・ 裁判所のWebで公開されている司法統計の「婚姻関係事件数 申立ての動機別 申立人別」によると、2019年の離婚理由トップ5は下記の通りである（3つまでの複数回答）。

＜妻が離婚したい理由＞

順位	離婚したい理由	割合（%）
1	性格が合わない	39.2
2	生活費を渡さない	29.4
3	精神的に虐待する	25.2
4	暴力を振るう	20.5
5	異性関係	15.4

＜夫が離婚したい理由＞

順位	離婚したい理由	割合（%）
1	性格が合わない	60.3
2	精神的に虐待する	20.2
3	その他	20.2
4	異性関係	13.4
5	家族親族と折り合いが悪い	13.1

（吹き出し）「所得推移」に関係する男性側の「出来事」の補足説明

女性の結婚相手に対する評価

（レーダーチャート：金銭面、性格面、価値観、貞操性、向上心　—対A　—対B　目盛り1〜5）

（吹き出し）表題のレーダーチャート表示

基礎データ

　総務省統計局の「労働力調査特別調査」と「労働力調査（詳細集計）」によると、2020年は共働き世帯が1,240万世帯、専業主婦世帯が571万世帯となっており、共働き世帯の方が専業主婦世帯より2.17倍多い。

　男性は、離婚して次の日には再婚することができるが、女性は民法733条（再婚禁止期間）の規定により、離婚してから100日間経過しないと、再婚できない。

（吹き出し）「基礎データ」の説明

あとがき

　皆様は通読されてみて、いかがだったでしょうか。就職や転職についての考え方は変わったでしょうか、あるいは確信が一層深まったでしょうか。

　私は、文字情報が中心の文芸作品の形態について、既成の原稿用紙に文字を書き入れることを前提にしているものと、書き手自身が、まるで一幅の絵のように原稿用紙のレイアウトのデザインから始めるものとに分類し、前者を「LW(Literary Works) 1.0」、後者を「LW 2.0」と呼んでいます。

　この文脈では、本書は、私の知る限りでは、「LW 2.0」で書かれた世界で最初の本になります。これがビジュアル重視の風潮の中で埋没しがちな文学界の挽回を図る一助となるのか、ひょっとしてわが国を突き抜けて、ひいては世界へと波及していくのか、に深い関心を抱いているのです。

　それぞれの内容については、皆様にはご意見やご感想があろうかと存じます。私としては、今後の議論の出発点にすべき第1版を、とりあえず作ったという認識なので、読者の皆様のご意見やご感想を聞かせていただけないものだろうかと考えております。

　たとえば、
　ここの考え方はおかしいとか、
　この金額は高すぎる／安すぎるとか、
　こういう職業についても書いてほしいとか、
　こういう場合の考慮が欠けているのではないかとか、
　こういう生き方をしている人はどうですかとか、いう話です。

　もし、私の趣旨にご賛同いただける方は、この項の最後に添付したQRコードに、お持ちのスマホや携帯電話をかざしてくださるか、URLをご利用ください。皆様のご意見やご感想を入力できるWebページにアクセスしますので、入力していただけたら幸いです。

なお、各章に掲載した「年間所得の推移」グラフの基となった Excel ファイルの無料ダウンロードも可能となっておりますので、ご希望の方はどうぞご利用くださいませ。

<　読者の皆様への 誘い 　>

作業	アクセス手段		備考
	QR コード	URL（ハイパーリンク）	
アンケート入力		https://customform.jp/form/input/96648/	「CustomForm」を利用。
ダウンロードファイル		https://app.box.com/s/5bccx47wwnbyirf5e3lnwqd8rq4rqd94	「Box」を利用。

＜著者略歴＞

加藤賢治

1957年埼玉県幸手町（現幸手市）生まれ。大学でドイツ文学を学び、30年ほどの
システムエンジニア生活を経て、文壇に転生の道を見いだす。悩み多き就活生や
転職希望者にあてて渾身のメッセージをしたためた本作は、当人の企図する「疾
風怒濤の３部作」の中で、2020年２月発売のデビュー小説「猫はこう語った」（幻
冬舎）に続く第２作である。

あなたの人生はいくらですか？

2023年　3月　18日　　初版第１刷発行

著者　　　　加藤賢治
発行者　　　千葉慎也
発行所　　　合同会社 AmazingAdventure
　　　　　　　（東京本社）東京都中央区日本橋 3-2-14
　　　　　　　　　　新槇町ビル別館第一２階
　　　　　　　（発行所）三重県四日市市あかつき台 1-2-108
　　　　　　　　　　電話　050-3575-2199
　　　　　　　　　　E-mail info@amazing-adventure.net
発売元　　　星雲社（共同出版社・流通責任出版社）
　　　　　　　〒112-0005 東京都文京区水道 1-3-30
　　　　　　　　　　電話　03-3868-3275
印刷・製本　　シナノ書籍印刷

転職例

004	女子アナウンサー　→　政治家	推定	5	人

★★★	先輩のスカウト	政治センス	スピーチ力	★★★

職業キャリア

国立大学の経済学部を卒業し、テレビ局にアナウンサーとして入社して14年後、36歳の時に首相に口説かれて参院選に出馬して当選し、実力を磨いて閣僚の経験を積み重ねながら、権謀術数渦巻く政治の世界をたくましく生き抜いて、73歳まで参議院議員を務める。

所得推移

年齢	出来事			
22	国立大学の経済学部を卒業し、テレビ局にアナウンサーとして入社する。			
22	1年目	年間所得	480	万円
〜	平均	年間所得	700	万円
35	退社時	年間所得	1,000	万円
36	時の首相から参院選の出馬要請を受け、テレビ局を依願退職する。			
36		退職金	800	万円
36	参院選に立候補して、初当選を果たす。			
56	最高額	年間所得	4,933	万円
36	最低額	年間所得	4,168	万円
	平均額	年間所得	4,364	万円
70	厚生＆国民年金の受給を開始する。			
		終身年金	187	万円
73	参議院議員を引退する。			
70	◆実績			
		参院議員	5	期
		閣僚経験	3	回

補足説明

内容
■（女子アナウンサー → 政治家）の転身例 ・（女子アナウンサー → 政治家）の転身例としては、自民党の丸川 珠代氏や、立憲民主党の石川 香織氏などがいる。 ■女性閣僚の割合 ・2021年11月10日現在、岸田文雄内閣の全閣僚ポスト20のうち、女性は少子化担当の野田 聖子氏とワクチン担当の堀内 詔子氏とデジタル担当の牧島 かれん氏の3人だけなので、閣僚に占める女性の割合は15.0％であり、世界平均の21.9％の7割弱にとどまっている。 ■女性政治家の最高位 ・下記の通り、首相はまだ誕生していない。

① 衆議院議長

氏名	政党名	執務期間
土井 たか子	社会党	1993.8.6-1996.9.27

② 衆議院議長

氏名	政党名	執務期間
扇 千景	自民党	2004.7.30-2007.7.28
山東 昭子	自民党	2019.8.1-

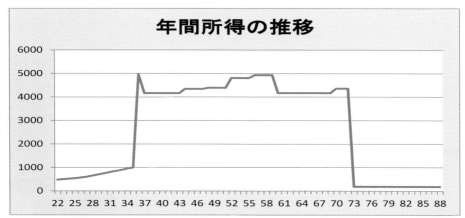

年間所得の推移

生涯所得	17億5,647万円

005	プロボクサー → 建築家	推定	1	人

★★★	観察力	美的センス	リーダーシップ	★★★

職業キャリア

高2の時、プロボクサーのライセンスを取得し、フェザー級でデビューするが、10試合戦って限界を感じ、ボクサーは1年半で引退し、高校卒業後、独学で建築学を勉強し、建築士試験に合格して、28歳の時、自分の事務所を設立し、個人住宅を多く手掛け始め、80歳まで現役を続ける。

所得推移

年齢	出来事		
17	高2の時、プロボクサーのライセンスを取得し、フェザー級でデビューする。		
18	10試合戦って、限界を感じ、ボクサーは1年半で引退する。		
17	1年目	年間所得	36 万円
18	2年目	年間所得	60 万円
～	平均	年間所得	48 万円
24	高校卒業後、独学で建築学を勉強し、建築士試験に合格する。		
28	自分の事務所を設立し、個人住宅を多く手掛け始める。		
54	最高額	年間所得	1,560 万円
28	最低額	年間所得	360 万円
	平均額	年間所得	1,114 万円
70	厚生年金の受給を開始する。		
		終身年金	500 万円
79	建築家の現役を引退する。		
80		退職金	5,000 万円

補足説明

内容
■（プロボクサー → 建築家）の転職例

・（プロボクサー → 建築家）の転職例としては、安藤 忠雄氏などがいる。
　一般人の中には、健康維持のために、ボクシングに取り組む人もいるほか、芸能人の中には芸域を広げたり、本格的にボクシングに進出する人もおり、片岡鶴太郎氏、トミーズ雅氏、南海キャンディーズの「しずちゃん」などがいる。

■プリツカー賞を受賞した日本人
・下表の通りである。

受賞年	受賞者	
1987	丹下 健三	*
1993	槇 文彦	*
1995	安藤 忠雄	
2010	妹島 和世、西沢 立衛	
2013	伊東 豊雄	
2014	坂 茂	
2019	磯崎 新	*

（＊）日本藝術院の会員であることを示す。
（＊）文化勲章の受賞者であることを示す。

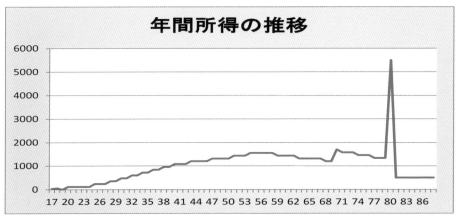

年間所得の推移

生涯所得	7億3,876万円

転職例

006	銀行員 → シンガーソングライター	推定	1	人
	★★★　聴力　構想力　独創性　★★★			

職業キャリア

　国立大学の法学部を卒業し、都市銀行に入行して4年後、27歳の時に銀行に勤務しながら歌手としてデビューを飾り、49歳の時に銀行を退職して音楽活動に専念し、70歳になるまで続ける。

所得推移

年齢	出来事		
23	国立大学の法学部を卒業し、都市銀行に入行する。		
22	1年目	年間所得	360 万円
～	平均	年間所得	691 万円
49	退行時	年間所得	1,000 万円
27	銀行に勤務しながら、シンガーソングライターとしてデビューする。		
31	最高額	年間所得	9,600 万円
27	最低額	年間所得	73 万円
	平均額	年間所得	4,398 万円
49	銀行を退職する。		
49		退職金	1,850 万円
69	音楽活動から引退する（退職金はゼロ）。		
	◆実績		
	CD・DVD累計売り上げ枚数		2,000万枚
	コンサート実演回数		1,000回
	コンサート観客動員延べ人数		1,000万人
70	厚生＆国民年金の受給を開始する。		
		終身年金	256 万円

補足説明

内容
■（銀行員 → シンガーソングライター）の転身例
・（銀行員 → シンガーソングライター）の転身例としては、小椋 佳氏、（銀行員 → 作家）の転身例としては、江上 剛氏などがいる。
■アーティストの累計売上ランキング
・洋楽情報サイト　～MUSIC BOX～ によるシングル＆アルバムの総セールス・ランキングは、下表の通りである。

	アーティスト名	売上枚数	
1	B'z	8,200	万枚
2	AKB48	6,200	
3	Mr. Children	6,000	
4	嵐	5,400	
5	浜崎あゆみ	5,000	
6	サザンオールスターズ	4,900	
7	DREAMS COME TRUE	4,490	
8	松任谷由美	3,900	
9	GLAY	3,880	
10	ZARD	3,760	
11	宇多田ヒカル	3,730	

年間所得の推移

生涯所得	22億5,717万円

兼業例

007	ミュージシャン ＋ 天体物理学者	推定	1	人

| ★★★ | 音への興味 | 宇宙への関心 | 人間への理解 | ★★★ |

職業キャリア

> 大学で宇宙工学を専攻し、大学院を卒業後、中学校の先生となるが、ミュージシャンへの夢断ちがたく、25歳から音楽活動に専念して成功をつかみ、還暦になってから天体物理学の研究を再開して博士号を取得し、音楽活動と天体物理学者の二刀流で生き、音楽活動は75歳の時に手を引く。

所得推移

年齢	出来事		
22	大学で宇宙工学を専攻し、大学院に進学する。		
24	大学院を卒業し、中学校の先生となる。		
24	1年目	年間所得	396	万円
25	2年目	年間所得	404	万円
	平均	年間所得	400	万円
25	音楽活動に専念し始める。		
35	最高額	年間所得	9,500	万円
25	最低額	年間所得	37	万円
	平均額	年間所得	3,753	万円
60	天体物理学の研究を再開し、論文を書いて博士号を取得し、在野で活動する。		
60	最高額	年間所得	500	万円
63	最低額	年間所得	100	万円
	平均額	年間所得	124	万円
70	厚生＆国民年金の受給を開始する。		
	終身年金	117	万円
75	音楽活動から引退する。		
	◆実績		
	CD・DVD累計売り上げ枚数	2,000万枚	
	コンサート実演回数	1,000回	
	コンサート観客動員延べ人数	1,000万人	

補足説明

内容
■（ミュージシャン ＋ 天体物理学者）の二刀流例
・（ミュージシャン ＋ 天体物理学者）の二刀流例としては、クイーンのブライアン・メイ氏などがいる。

■ある天体物理学者の思考回路
・下記の通りである。

> 宇宙は、どうやって始まったのか？
> 何でできているのか？
> これからどうなるのか？
> どのような法則で動いているのか？
> 私たちはなぜ宇宙に存在するのか？

を解き明かして、

> 神は存在するのか？

に結論を下す。

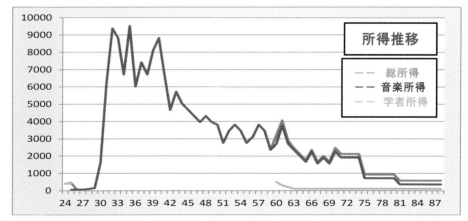

所得推移

-- 総所得
-- 音楽所得
-- 学者所得

生涯所得　20億1,297万円

兼業例

008	歯科医　＋　ミュージシャン	推定	4	人
	★★★　手先の器用さ　音への興味　人間への奉仕　★★★			

職業キャリア

　大学の歯学部に在学中に、仲間と音楽グループを結成し、レコード会社との契約に漕ぎ着けて、メジャー・デビューを果たし、28歳で歯学部を卒業して翌年、歯科医師免許を取得してからは、歯科医とミュージシャンの二刀流として生き、歯科医は70歳、音楽活動は75歳で引退する。

所得推移

年齢	出来事		
21	大学の歯学部に入学する。		
24	音楽グループを結成する。		
26	レコード会社と契約する。		
27	メジャー・デビューする。		
37	最高額	年間所得	9,500 万円
27	最低額	年間所得	37 万円
	平均額	年間所得	3,909 万円
28	歯学部を卒業する。		
29	歯科医師免許を取得し、勤務医として働き始める。		
29	1年目	年間所得	180 万円
～	平均	年間所得	911 万円
69	引退時	年間所得	850 万円
70	歯科医師を引退する。		
70		退職金	3,300 万円
70	厚生＆国民年金の受給を開始する。		
		終身年金	396 万円
75	音楽活動から引退する。		
	◆実績		
	CD・DVD累計売り上げ枚数		2,000万枚
	コンサート実演回数		1,000回
	コンサート観客動員延べ人数		1,000万人

補足説明

内容
■（歯科医　＋　ミュージシャン）の二刀流例 ・（歯科医　＋　ミュージシャン）の二刀流例としては、GReeeeNなどがいる。 ■音楽家と障害 ・下記の通りである。 ① ルートヴィヒ・ヴァン・ベートーヴェン 　20代後半頃より持病の難聴が徐々に悪化して、28歳の時に最高度難聴者となり、音楽家として聴覚を失う。 ② スティーヴィー・ワンダー 　6週間の早産で生まれ、保育器内での過量酸素が原因で生まれてすぐに目が見えなくなる。 ③ 辻井 伸行 　出生時から眼球が成長しない「小眼球症」と呼ばれる原因不明の障害を患っていた。

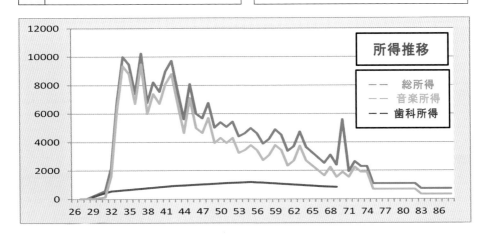

生涯所得	24億3,568万円

兼業例

009	タレント ＋ 酪農家（Uターン）	推定	1	人

★★★ 動物への愛情 まばゆい才能 人間への理解 ★★★

職業キャリア

高校卒業後、酪農大学に進学して酪農を学びながら、シンガーソングライターとして活動し始め、大学卒業後はタレントして活動するが、36歳の時に北海道に牧場を開業して、生キャラメルやチーズなどの製造・販売に乗り出し、タレントと酪農家の二刀流で生き、タレント活動は75歳の時に手を引く。

所得推移

年齢	出来事			
18	高校卒業後、酪農大学に進学して酪農を学ぶ。			
20	シンガーソングライターとしての活動を開始する。			
22	大学を卒業し、北海道を中心に、タレントとして活動し始める。			
36	最高額	年間所得	3,000	万円
22	最低額	年間所得	240	万円
	平均額	年間所得	1,931	万円
36	北海道で乳菓子製造の会社を創業する。			
59	最高額	年間所得	5,000	万円
36	最低額	年間所得	120	万円
	平均額	年間所得	3,439	万円
40	母校の大学で特命教授に就任する。			
40	1年目	年間所得	500	万円
～	平均	年間所得	591	万円
64	退職時	年間所得	450	万円
65	大学の特命教授を退職する。			
65		退職金	900	万円
70	厚生＆国民年金の受給を開始する。			
		終身年金	593	万円
75	タレント活動から引退する。			
	◆畜産の実績			
		豚の最大数	400	頭

補足説明

内容
■（タレント ＋ 酪農家）の二刀流例 ・（タレント ＋ 酪農家）の二刀流例としては、田中 義剛氏などがいる。 ■酪農業のメリットとデメリット ＜メリット＞ ・売上金額は、飼育頭数に比例する。 ・毎日、売り上げが立ち、変動が少ない。 ・販売を委託や委任する場合には、広告、宣伝、営業の必要がない。 ・牛や豚と心が通い合う。 ＜デメリット＞ ・初期投資が非常に大きい。 ・乳牛の購入価格が高い。 ・1日24時間 365日管理が必要で、気が休まらない。 ・乳牛は乳が出なくなると、廃用になるのがつらい。

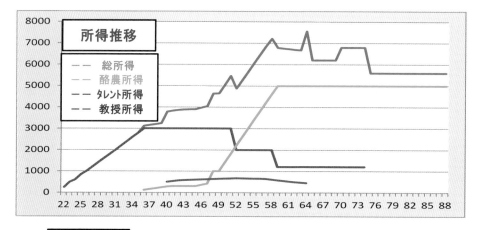

生涯所得

31億1,587万円